河南省高等教育力学"十二五"规划教材

材 料 力 学（II）

CAILIAO LIXUE

主编　杜云海

郑州大学出版社
郑州

内容简介

本书为郑州大学系列力学教材之《材料力学（Ⅱ）》，内容包括：薄壁梁的非对称弯曲、非圆截面杆扭转、弹性基础梁、曲梁强度与变形、轴对称变形问题、构件的应力集中、非线性变形问题、蠕变力学基础等共8章，并以附录形式编入材料纳米力学简介和复合材料力学简介。相关章节附有适量的习题，以方便课外辅助训练。本教材主要用于力学专业本科生后继32学时材料力学课程的知识加深与扩展性教学，也可作为工科硕士的高等材料力学课程教材，以及作为相关工程技术人员的参考书。

图书在版编目（CIP）数据

材料力学（Ⅱ）/杜云海主编. —郑州：郑州大学出版社，2012.9
ISBN 978-7-5645-0956-9

Ⅰ.①材…　Ⅱ.①杜…　Ⅲ.①材料力学-高等学校-教材
Ⅳ.①TB301

中国版本图书馆 CIP 数据核字（2012）第 157158 号

郑州大学出版社出版发行　　　　　　　　　邮政编码：450052
郑州市大学路40号　　　　　　　　　　　　发行部电话：0371-66966070
出版人：王　锋
全国新华书店经销
河南省华彩印务有限公司印制
开本：710 mm×1 010 mm　1/16
印张：20.25
字数：374 千字
版次：2012 年 9 月第 1 版　　　　　　　　印次：2012 年 9 月第 1 次印刷

书号：ISBN 978-7-5645-0956-9　　　　定价：33.00 元

前　言

在高等学校教学方法研究与教学内容不断深入改革的大环境下,如何设计材料力学课程的教学内容,在极其有限的教学课时内使学生掌握尽可能多的专业知识,并能有效地应用它来解决实践中遇到的各种问题,使学生的能力得到有效培养和增长,是当前建设创新型国家和为之培养所需创新型、应用型人才所必须认真研究的复杂课题。郑州大学力学与工程科学学院在新教学形式下计划出版的系列力学教材,就是为了满足新时期教学需要而开展的一项工作。在各高等学校新培养计划中,公共材料力学课程教学的学时(60~80)多少不等,目前要以一个统一的教学内容安排来实施教学几乎是不可能的,但我们至少可以做到保证基本内容要求的一致性,然后考虑针对具体学时的扩展性教学内容。出于这种考虑,本教材分为《材料力学(Ⅰ)》和《材料力学(Ⅱ)》两册。《材料力学(Ⅰ)》包括材料力学课程教学的基本内容,主要是为了适应普通工科专业 64 学时材料力学课程教学要求,但内容具有可伸缩性,目的是适应各专业不同的培养需要,给任课教师一个自主组织教学内容的空间,也给学生一个自主学习的空间。《材料力学(Ⅱ)》的内容主要包括非圆截面杆扭转、弹性基础梁等系列材料力学专题、非线性材料力学问题、蠕变力学基础等扩展性教学内容,主要适用于力学专业 32 学时材料力学课程教学。截面的几何性质、型钢表、材料力学术语,以及一些需要让学生了解的相关内容以附录形式编入。

本套教材的编写分工为 *:李晓玉负责编写第 1 章、第 4 章、第 5 章、第 12 章和附录Ⅰ;刘雯雯、王志合编第 2 章,第 16 章由刘雯雯编写,第 15 章、第 18 章由王志编写;杨峰编写第 3 章、第 6 章、第 11 章;姚姗姗编写第 7 章和附录Ⅱ;刘彤担任副主编,编写第 8 章、第 9 章、第 10 章、第 13 章、第 14 章与附录Ⅲ、Ⅴ;杜云海担任主编,负责编写第 17 章、第 19 章和附录Ⅳ、Ⅵ,并对教材文稿进行了全面审核与修订。在本教材编写过程中,具有三十余年丰富教学经验的秦力一

---

　* 涉及《材料力学(Ⅱ)》相关章节的编写内容及分工有所调整。

副教授对教材的内容组织与安排提出了许多宝贵建议,在此深表感谢!

　　编者期待本教材能在新时期工科教学实践中得到较好的应用效果,为工科人才培养做出应有的贡献,而不违编写委员会开展本项工作的初衷。但因时间仓促,教材成稿后的瑕疵之处还在所难免,望读者在教材使用过程中能及时提出宝贵意见,以便今后对本教材进行进一步修改与完善。

编　者

2012 年 4 月

目　录

第12章　薄壁梁的非对称弯曲

12.1　概述

　　一般工程结构中常用的梁截面都具有一根或两根对称轴,当横向载荷作用在纵向对称平面内时,所产生的弯曲变形为对称弯曲,其应力的计算如第4章里所述。但在工程实践中,不具有纵向对称平面的构件承受弯曲变形也越来越常见。一些大型结构,如船体结构、飞机结构、桥梁结构、起重及车辆结构、建筑结构都会使用各类型材作为结构构件,如工字钢、角钢、槽钢以及现代门窗型材(图12.1)等。这些型材均为薄壁构件,一般用来承受轴向载荷,但由于结构受力条件的复杂性,它们不可避免地也会承受附带的弯曲变形。在讨论弯曲变形时,我们称这类薄壁杆件为薄壁截面梁。

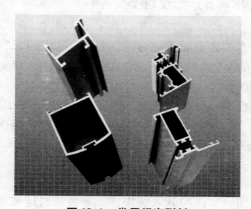

图12.1　常用门窗型材

　　假如梁截面具有两个纵向对称平面,但外力的作用平面与任一纵向对称平面均不重合,此时外力作用平面虽然不是纵向对称平面,但可先将外力分解到两个互相垂直的纵向对称平面内,分别加以讨论,然后在材料符合线弹性假设的情况下利用叠加原理,即可求得梁任意横截面内任意一点的正应力为

$$\sigma_x = \frac{M_z y}{I_z} + \frac{M_y z}{I_y} \tag{a}$$

值得注意的是，这一情形属于斜弯曲，弯曲变形后的梁轴线不再保持在外力作用平面内，横截面的中性轴也不再与外力作用平面相垂直。第7章已经给出中性轴与纵向对称平面的夹角 α 的关系，即

$$\tan\alpha = \frac{I_z}{I_y}\tan\varphi \tag{b}$$

假如梁截面本身就不具有对称性，则产生另一种非对称弯曲。一些型材截面是具有纵向对称平面的，或通过组合使用可使其具有对称平面（单向或双向），如不等边角钢等；但有的却不具有纵向对称平面，在实际使用中也不可能组合利用，如门窗型材等。在工程实际中，非对称薄壁梁的弯曲变形往往是不可忽视的，这就需要对非对称截面梁的分析计算问题进行一般性的研究。

在横向荷载作用下，薄壁杆件将主要发生弯曲和扭转，由于壁厚较小，当承受某些特定荷载时，薄壁构件还会发生屈曲失稳现象。本章主要讨论一般非对称梁的弯曲变形以及薄壁梁（特别是开口薄壁梁）弯曲时的剪应力计算，并重点讨论薄壁截面剪切中心。关于薄壁杆件的屈曲问题，将在第13章里论述。

12.2　非对称纯弯的一般理论

这里首先考察非对称截面梁纯弯曲的情形。如图12.2所示非对称截面，任选两个互相垂直的坐标轴 y 和 z，假定只有弯矩作用于该截面上，研究使 z 轴成为中性轴的必要条件。

由第4章，距离 z 轴为 y 处的面元 $\mathrm{d}A$ 上的应力为 $\sigma_x = Eky$（$k = 1/\rho$ 为纯弯梁的曲率），该面元上作用的相应力为 $Eky\mathrm{d}A$。由于没有轴向外力作用，由静力平衡条件，整个截面上沿 x 方向的合力必为零，因此

$$kE\int_A y\mathrm{d}A = 0 \text{ 或} \int_A y\mathrm{d}A = 0 \tag{c}$$

由截面的几何性质知，(c)式表明中性轴 z 必须通过截面的形心 C，它应是一条形心轴。

不妨假定，y、z 轴为互相垂直的两根任意方向形心轴，寻求相应的应力计算公式。沿用第7章中的符号约定，如图12.3所示，假定使第一象限受拉的弯矩及其曲率为正，图中弯矩矢按右手螺旋定则绘制。将弯矩矢 M 分解为 y 向分量 M_y 和 z 向分量 M_z，它们的大小分别为

$$M_y = M\sin\varphi, \quad M_z = M\cos\varphi$$

其中 φ 为弯矩矢 M 与 z 轴之间的夹角。设相应的曲率分别为

$$k_y = 1/\rho_y, \quad k_z = 1/\rho_z$$

在小变形条件下应用叠加原理,此时截面上任一点 A 处的应力为

$$\sigma_x = k_y Ey + k_z Ez \tag{d}$$

由静力平衡条件 $\sum X = 0$,可得条件

$$k_y \int_A y\mathrm{d}A + k_z \int_A z\mathrm{d}A = 0 \tag{e}$$

由于坐标轴 y、z 均为形心轴,该条件自然满足。

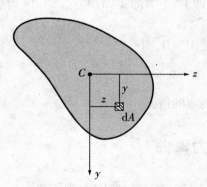

图 12.2　非对称截面

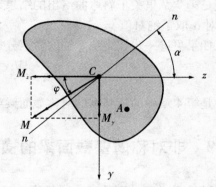

图 12.3　非对称截面弯矩分析

由力矩平衡条件 $\sum M_y = 0$ 和 $\sum M_z = 0$,可得

$$M_y = k_y EI_{yz} + k_z EI_y \tag{f}$$

和

$$M_z = k_y EI_z + k_z EI_{yz} \tag{g}$$

联立求解式(f)和式(g),可得以弯矩表示的曲率表达式为

$$k_y = \frac{M_z I_y - M_y I_{yz}}{E(I_y I_z - I_{yz}^2)}, \quad k_z = \frac{M_y I_z - M_z I_{yz}}{E(I_y I_z - I_{yz}^2)} \tag{12.1}$$

将式(12.1)代入式(d),得任意点 $A(y,z)$ 处的弯曲正应力计算公式为

$$\sigma_x = \frac{(M_z I_y - M_y I_{yz})y + (M_y I_z - M_z I_{yz})z}{(I_y I_z - I_{yz}^2)} \tag{12.2}$$

式(12.2)称为广义弯曲公式。在弯矩已知的条件下,该式可用于计算一般梁的弯曲应力,只要坐标原点位于截面形心,坐标轴可任意选取,而不必是形心主轴。

令 $\sigma_x = 0$,由式(12.2)可得中性轴 n–n 的方程为

$$(M_z I_y - M_y I_{yz})y + (M_y I_z - M_z I_{yz})z = 0 \tag{12.3}$$

中性轴 $n\text{-}n$ 与 z 轴的夹角为

$$\alpha = \arctan\left[-\frac{(M_y I_z - M_z I_{yz})}{(M_z I_y - M_y I_{yz})}\right] \tag{12.4}$$

如果选取的两个坐标轴是梁截面的形心主轴，由截面的几何性质，这时 $I_{yz}=0$，利用式（12.2）、式（12.4），可得

$$\sigma_x = \frac{M_z y}{I_z} + \frac{M_y z}{I_y}, \quad \tan\alpha = -\frac{I_z}{I_y}\cdot\frac{M_y}{M_z} = -\frac{I_z}{I_y}\tan\varphi$$

这就是第 7 章里关于斜弯曲给出的结果，即 12.1 节的式（a）和式（b），区别是式（b）对 α 取了绝对值。

如果更进一步假定绕 y 轴的弯矩分量 $M_y=0$，则有

$$\sigma_x = \frac{M_z y}{I_z}, \quad \alpha = 0$$

这就是第 4 章中的最基本的对称截面梁纯弯的情况。

12.3　非对称薄壁截面梁的横力弯曲

12.2 节关于非对称截面梁纯弯曲应力的计算，虽然比《材料力学（Ⅰ）》里的弯曲应力计算复杂很多，但还没有出现什么出乎预料之处。那么，非对称截面梁在受到横向载荷作用时会出现什么现象呢？为了认识这个问题，这里考察图 12.4 所示的一根非对称工字形截面悬臂梁。

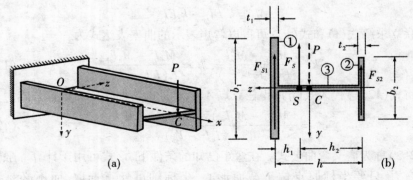

图 12.4　非对称工字形截面悬臂梁示意图

第 12 章　薄壁梁的非对称弯曲

假定该梁沿非对称轴(y 轴)方向承受通过截面形心 C 的集中力 P,只绕 z 轴产生弯矩,显然 z 轴就是中性轴。如果要求此梁在载荷 P 作用下只产生 xy 平面内的弯曲变形,则梁在任意截面处存在两个内力,即弯矩 M 和剪力 F_s(其大小等于 P),整个截面将产生相应的法向正应力和切向剪应力。正应力的合力等于弯矩 M;剪应力的合力大小等于 P。假定剪力 F_s 的作用线通过与 C 点有一定距离的 S 点,下面考察 S 点是否与 C 点重合。

将此梁的横截面看做由两块翼缘和一块腹板组成,如果它们在 xy 平面内弯曲,则应具有相同的曲率,即

$$k = \frac{M_1}{EI_1} = \frac{M_2}{EI_2} = \frac{M_3}{EI_3}$$

其中,M_1、M_2、M_3 分别为部分 1、2、3 所承受的弯矩,I_1、I_2、I_3 分别为各自对 z 轴的惯性矩。所以每一部分截面所承受的弯矩分量与它们对 z 轴的惯性矩成正比。由于腹板面积分布在中性轴附近,其承受的弯矩所占份额很小,可以忽略掉部分 3,而认为弯矩全部由两块翼缘 1、2 承担,于是得

$$\frac{M_1}{I_1} = \frac{M_2}{I_2}$$

因 $M_1 + M_2 = M_z$(总弯矩),于是得

$$M_1 = \frac{I_1}{I_1 + I_2} M_z \ , \quad M_2 = \frac{I_2}{I_1 + I_2} M_z$$

类似地,也可得到两块翼缘中的剪力分别为

$$F_1 = \frac{I_1}{I_1 + I_2} F_s \ , \quad F_2 = \frac{I_2}{I_1 + I_2} F_s \tag{h}$$

其中 $F_s = F_1 + F_2$ 为总剪力。设总剪力的作用线所通过的 S 点至两翼缘中心线的距离分别为 h_1、h_2,由平衡条件 $\sum M_S = 0$,可得

$$F_1 h_1 = F_2 h_2$$

利用式(h),并代入 $I_1 = t_1 b_1^3 / 12$, $I_2 = t_2 b_2^3 / 12$,以及关系 $h_1 + h_2 = h$,可得到 S 点的位置

$$h_1 = \frac{t_2 b_2^3 h}{t_1 b_1^3 + t_2 b_2^3} \ , \quad h_2 = \frac{t_1 b_1^3 h}{t_1 b_1^3 + t_2 b_2^3} \tag{12.5}$$

以上过程相当于假定腹板的厚度为零。不妨还令腹板厚度为零,设形心 C 至翼缘中心线的距离分别为 h_1' 和 h_2',根据截面对形心轴的静矩为零的性质,应有

$$t_1 b_1 h_1' = t_2 b_2 h_2'$$

并注意 $h_1' + h_2' = h$,解得形心 C 的位置为

$$h'_1 = \frac{t_2 b_2 h}{t_1 b_1 + t_2 b_2}, \ h'_2 = \frac{t_1 b_1 h}{t_1 b_1 + t_2 b_2}$$

由此得 S 点与 C 点之间的距离

$$\Delta z = h'_1 - h_1 = h_2 - h'_2 = \frac{t_1 t_2 b_1 b_2 h (b_1^2 - b_2^2)}{(t_1 b_1^3 + t_2 b_2^3)(t_1 b_1 + t_2 b_2)}$$

在 $b_1 = b_2$ 的情况下，有

$$h_1 = h'_1 = \frac{t_2}{t_1 + t_2} h, \ h_2 = h'_2 = \frac{t_1}{t_1 + t_2} h$$

即此时 S、C 两点重合；而在一般情况下，两点之间存在距离 Δz。因此当我们截取自由端部分梁段作为研究对象时（图 12.4b），右侧外力 P 与左侧截面上的剪力 F 就组成一对力偶，其作用效果使梁产生扭转变形。如果要让梁只弯不扭，就必须保证力偶为零，即外力作用线应与剪力的作用线处于过 S 点的同一纵向平面内。

看来，要使梁只弯不扭，确定 S 的位置是很有必要的。后面的研究将着力寻找 S 点的位置。因这个点是截面上剪应力合力的作用点，人们把这个点特称为剪切中心。由于载荷通过该点时，梁将只弯不扭，工程中也称这个点为弯曲中心。

确定横截面的剪切中心一般来说并不容易。对于实心截面或对称的箱形截面，剪切中心通常靠近截面形心。这类截面一般具有较高抗扭刚度，如果载荷通过形心或接近形心，引起的扭转影响比较小，扭转剪应力可以忽略不计。但对于开口薄壁截面梁（如槽型、角形截面等），其抗扭刚度一般很小，知道剪切中心的位置对于设计外载荷作用位置以避免扭转或计算已定载荷位置所附加的扭矩尤为重要，这就是后面要仔细讨论剪切中心的原因。

12.4　薄壁截面梁的剪应力·剪力流

对于横截面具有两根对称轴的梁在横力弯曲时的剪应力分布，第 4 章里已经用截面法导出了计算公式，见《材料力学（Ⅰ）》中公式（4.18）。而对于工程中常见的薄壁截面梁在横力弯曲时的剪应力，也可以用与推导式（4.18）相同的方法进行研究。

为了便于讨论，这里以图 12.5a 所示的任意薄壁等截面梁开始研究。坐标原点 O 位于梁的左端截面的形心处，将梁的纵向形心轴取为 x 轴，向右为正，y 轴和 z 轴为横截面的形心主惯性轴，载荷 P 平行于 y 轴。如果载荷 P 通过剪切

中心 S,如 12.3 节所述,梁将没有扭转变形,仅在 xy 平面内产生简单的平面弯曲,而 z 轴将为其中性轴。梁截面中任一点的法向正应力为

$$\sigma_x = \frac{M_z y}{I_z}$$

为研究梁截面中的剪应力,用距左端分别为 x、$x+dx$ 的两个横截面截取长度为 dx 的一个微段,并以上边缘为起点,以自然坐标 s 处的纵向截面(该平面垂直于此处的薄壁中心线)切取单元体 $abcd$,如图 12.5b 所示。该单元体的内外表面以及上缘 ab 面都是自由表面,其上没有应力;单元体的左右表面存在正应力和剪应力,下缘表面也存在剪应力。由于该单元体很薄,可假定剪应力的方向沿截面的中线方向,剪应力的大小沿中线的法向(壁厚方向)的变化不大,可认为是均匀的。通过研究该单元体的平衡,即可确定自然坐标 s 处的剪应力。

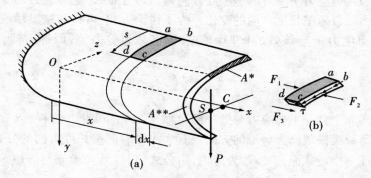

图 12.5　截面中的剪应力分析

作用在该单元体左侧截面上的力可由弯曲正应力积分求得

$$F_1 = \int_{A*} \frac{M_z y}{I_z} dA$$

同理,单元体右侧截面上的力为

$$F_2 = \int_{A*} \frac{(M_z + dM_z) y}{I_z} dA = \int_{A*} \frac{M_z y}{I_z} dA + \int_{A*} \frac{dM_z y}{I_z} dA$$

F_1、F_2 的方向均与梁的轴线平行。图中所绘力的方向是按正值弯矩考虑的。

由剪应力互等定理知,棱边 cd 面上的剪应力的大小应该等于横截面自然坐标为 s 处剪应力的大小 τ,方向同时朝向棱角 c。cd 面上剪应力的合力为

$$F_3 = \tau t dx$$

其中 t 为 s 处壁厚,F_3 的方向也与梁的轴线方向平行。

由平衡条件 $\sum X = 0$，有 $F_1 + F_3 = F_2$，将上述各式代入可解得薄壁截面上任一点 s 处的剪应力为

$$\tau = \frac{dM_z}{dx} \cdot \frac{\int_{A^*} y dA}{I_z t}$$

记 $S_z^* = \int_{A^*} y dA$，它表示所取单元体的端截面 A^* 对 z 轴的静矩；另由第 4 章中梁内力的微分关系知，$F_{Sy} = dM_z / dx$，故上式可写成

$$\tau = \frac{F_{Sy} S_z^*}{I_z t} \tag{12.6}$$

此即薄壁截面梁的剪应力计算公式。

由于假定剪应力 τ 沿着薄壁厚度方向为均匀分布，讨论剪应力的变化仅需讨论剪应力随着薄壁长度方向的变化。为了讨论方便，可将薄壁梁横截面中任意一点的剪应力 τ 与该处的壁厚 t 的乘积定义为剪力流，简称剪流，用 q 表示，有

$$q = \tau \cdot t = \frac{F_{Sy} S_z^*}{I_z} \tag{12.7}$$

剪流实际上合并了剪应力与壁厚随自然坐标 s 的变化。这样，以后的讨论重点就是薄壁梁横截面上剪流的方向及其大小沿着薄壁长度方向的分布规律。对于梁的任一指定截面，F_{Sy}/I_z 为定值，由公式（12.7），剪流 q 与静矩 S_z^* 之间成正比例关系。

【讨论】由于 I_z 恒为正值，从式（12.7）可以看出，剪流 q 的正负号与剪力 F_{Sy} 和静矩 S_z^* 的符号有关，也就是与载荷分布情况和欲讨论剪流的位置 s 有关，所以确定剪流 q 的正负情况比较复杂，在实际应用中可采用较为简便的方法来确定。

在使用上式计算剪流时，F_{Sy}、S_z^* 均以其绝对值代入，只计算出剪流的大小。而剪流的方向可利用剪力和剪流的关系轻易判别。横截面上所有的剪应力的合力就是该截面上的剪力，所以，无论横截面的组成方式如何复杂，剪流的方向（亦即剪应力方向）一定要保证其合力的方向就是剪力的实际方向。而"剪流"这一名称也说明了其方向具有类似水流的方向性。这样，即便是在与剪力的方向不平行的薄壁内，剪流的方向也能够轻易确定。

此外，由于整个梁截面对形心主轴 z 的静矩为零，如按图 12.5 所示 s 位置以下部分的面积 A^{**} 来计算静矩，结果会得到与面积 A^* 大小相等而符号相反

的静矩值 S_z^{**}，即 $S_z^{**}=-S_z^*$。若用上述剪流符号的确定方法，即使利用静矩 S_z^{**} 来计算剪流的大小，结果也是完全一样的。

以上的讨论是在外力作用在 xOy 平面内的假设下进行的，也可以推广到所有外力作用在 xOz 平面内的情形，此时的剪流为

$$q_z = \frac{F_{Sz}(x)S_y^*}{I_y} \tag{12.8}$$

一般情况下，当横向外荷载作用在任意方向时，薄壁的剪流值为将该荷载分解到 xOy 和 xOz 平面内求得的剪流之和，即

$$q = \pm q_y \pm q_z = \pm \frac{F_{Sy}(x)S_z^*}{I_z} \pm \frac{F_{Sz}(x)S_y^*}{I_y} \tag{12.9}$$

式中的正负号由实际方向决定。

【例 12.1】　研究宽翼缘工字形截面梁在腹板平面内沿竖直方向承受集中力 P 时的剪应力（或剪流）。

解：按例 12.1 图（a）建立坐标系，各部尺寸如图所示。梁截面上的剪力 $F_{Sy}=P$，总惯性矩为 I_z。

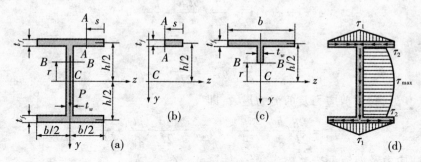

例 12.1 图

（1）求翼缘剪应力及剪流

假想用截面 A-A 截取翼缘部分如例 12.1 图（b）所示，计算该面积对 z 轴的静矩，得

$$S_z^*(s) = st_f \cdot \frac{h}{2}$$

因而翼缘中的剪应力

$$\tau(s) = \frac{F_{Sy}S_z^*(s)}{I_z t} = \frac{Pst_f h/2}{I_z t_f} = \frac{Ph}{2I_z}s$$

这是一个线性变化关系,当 $s = b/2$,相应剪应力记为 τ_1,则

$$\tau_1 = \frac{Phb}{4I_z}$$

相应的剪流为

$$q_1 = \tau_1 t_f = \frac{Phbt_f}{4I_z}$$

同样的分析可得,其他翼缘部分计算结果类似,如例12.1图(d)所示。

（2）求腹板剪应力及剪流

假想用 B–B 截面将梁截面截开,研究例12.1图(c)所示 B–B 以上部分截面对 z 轴的静矩,得

$$S_z^{\ *}(r) = bt_f \cdot \frac{h}{2} + \left(\frac{h}{2} - r\right)t_w \cdot \frac{1}{2}\left(\frac{h}{2} + r\right) = \frac{bt_f h}{2} + \frac{t_w}{2}\left(\frac{h^2}{4} - r^2\right)$$

因而腹板任意位置的剪应力为

$$\tau(r) = \frac{F_{Sy}S_{z_*}^{\ *}(r)}{I_z t_w} = \frac{P}{2I_z}\left(\frac{bt_f h}{t_w} + \frac{h^2}{4} - r^2\right)$$

相应的剪流为

$$q(r) = \tau(r)t_w = \frac{Pt_w}{2I_z}\left(\frac{bt_f h}{t_w} + \frac{h^2}{4} - r^2\right)$$

在 $r = h/2$ 处

$$\tau_2 = \frac{Pbt_f h}{2I_z t_w} \ , \ q_2 = \frac{Pbht_f}{2I_z} = 2q_1$$

在 $r = 0$ 处,腹板剪应力及剪流为最大,即

$$\tau_{\max} = \frac{Ph}{2I_z}\left(\frac{bt_f}{t_w} + \frac{h}{4}\right) \ , \ q_{\max} = \frac{Pht_w}{2I_z}\left(\frac{bt_f}{t_w} + \frac{h}{4}\right)$$

腹板剪应力及剪流都按抛物线变化,计算 $\tau_{\max}\ /\ \tau_2$,得

$$\frac{\tau_{\max}}{\tau_2} = \frac{q_{\max}}{q_2} = 1 + \frac{ht_w}{4bt_f}$$

其中第二项通常很小,如取 $h = 2b$, $t_f = 2t_w$,则 $\tau_{\max}/\tau_2 = 1.25$。$\tau_{\max}$ 与 τ_2 差别不大。

用类似方法,也可得到半圆环形、不对称槽形、Z 字形薄壁截面中的剪流及剪应力分布,如图12.6所示。

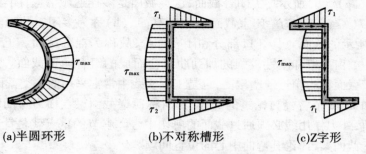

(a)半圆环形　　　　　(b)不对称槽形　　　　(c)Z字形

图 12.6　不同形状剪流及应力分布

12.5　薄壁梁截面的剪切中心

　　工程中会遇到各种不同截面类型的薄壁梁,常见的薄壁横截面都由若干个壁组成,而组成杆件的壁的厚度往往远小于横截面的总宽度或总高度。按照有无封闭的闭室(或称之为腔),可以把薄壁截面分成开口、闭合和混合截面三种类型。如图 12.7(a)、(b)、(c)、(d)所示均为薄壁开口截面。这类截面是单连通域,不存在封闭的腔,也称为结构截面或型材截面,工程中应用广泛。图 12.7

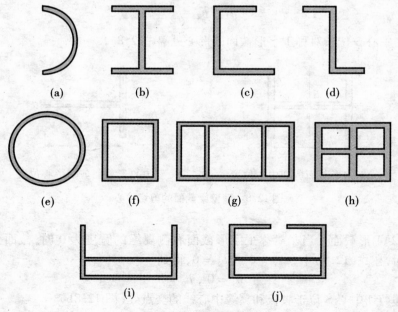

(a)　　　　(b)　　　　(c)　　　　(d)

(e)　　　　(f)　　　　(g)　　　　(h)

(i)　　　　　　　(j)

图 12.7　薄壁横截面

（e）、（f）、（g）、（h）所示均为闭合截面，这类截面是多连通域，具有闭合的腔，其中图 12.7（e）、（f）称为单闭室截面，图 12.7（g）、（h）称为多闭室截面。图 12.7（i）、（j）所示的截面兼具开口部分和闭合部分，故称为混合截面。工程中还经常使用一类由薄壁和刚性较强的加劲肋组合而成的组合薄壁截面。大体如箱形的薄壁截面称为箱形薄壁截面，也是工程实践中常常采用的一类截面。

正如 12.2 节曾经讨论过的那样，非对称薄壁截面梁在横力弯曲时要做到只弯不扭，外力作用线必须通过截面的剪切中心。本节的重点就是针对不同类型的薄壁截面梁，讨论其弯曲中心的位置问题。

12.5.1　开口薄壁梁截面的剪切中心

在 12.3 节中，我们已经讨论了非对称工字形截面梁在自由端截面上作用有一个平行于 y 轴方向的竖直方向荷载 P 时，梁截面的剪切中心 S 的位置问题，其结果如式（12.5）所示。S 与截面的形心 C 有一定距离。当外载荷作用线过剪切中心 S 时，梁才能只弯不扭。利用这个结果，可以直接得到对称工字形截面和 T 形截面的剪切中心位置。

（1）对称工字形截面　当非对称工字形截面左、右两翼缘完全相同，这时 y 轴也是横截面的对称轴，在式（12.5）中令 $t_1 = t_2$，$b_1 = b_2$，得到

$$h_1 = h_2 = \frac{h}{2}$$

即剪切中心 S 位于对称工字形截面的形心处（图 12.8a）。

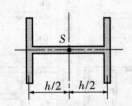

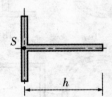

(a)工字形截面剪切中心位置　　　　(b)T形截面剪切中心位置

图 12.8　薄壁梁截面的剪切中心

（2）T 形截面　当非对称工字形截面右侧翼缘的宽度为 0 时，截面变为 T 形截面，在式（12.5）中令 $t_1 = 0$ 或 $b_1 = 0$，得到

$$h_1 = 0 , \quad h_2 = h$$

即剪切中心 S 位于腹板和翼缘中心线的交点处（图 12.8b）。

接下来再讨论另外两种开口薄壁截面的剪切中心位置。

（3）等边 L 形截面　假设等边 L 形的两个肢长为 b，宽为 t，两肢相互垂直，取该截面的形心主惯性轴为 y 轴和 z 轴。假设梁中任意横截面上剪力为 F_{Sy}，方向竖直向下，据此画出两个肢内的剪流方向，如图 12.9（a）所示。利用式（12.2）计算横截面内任意一点的剪流，得

$$q(s) = \frac{F_{Sy}(x) S_z^*}{I_z} = \frac{3F_{Sy}}{\sqrt{2}\,b^3} s\left(b - \frac{s}{2}\right)$$

上式说明，L 形截面的剪流是 s 的二次函数，其分布规律如图 12.9（a）所示。上、下肢内的剪流分布关于 z 轴对称，最大值出现在两根肢的交点处，此时 $s = b$，而剪流的最大值为

$$q_{max} = \frac{3F_{Sy}}{2\sqrt{2}\,b}$$

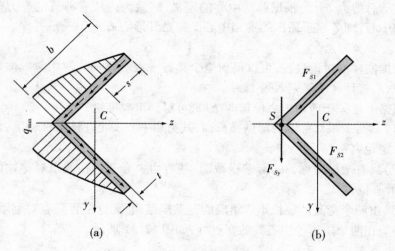

(a)　　　　　　(b)

图 12.9　L 形截面

各肢内的剪力分量为

$$F_{S1} = F_{S2} = \int_0^b q_y \mathrm{d}s = \frac{3F_{Sy}}{\sqrt{2}\,b^3} \int_0^b \left(bs - \frac{s^2}{2}\right) \mathrm{d}s = \frac{F_{Sy}}{\sqrt{2}}$$

讨论这两个力，可知它们的水平分量相互抵消，竖直分量合成为总剪力 F_{Sy}。因两力的作用线交与同一点，故横截面内的合力 F_{Sy} 作用点必定通过此点，根据定义可知，两肢中心线的交点即为此薄壁横截面的剪切中心 S。

（4）Z 字形截面　按照与上述同样步骤也可以定性地讨论图 12.10 所示的 Z 字形薄壁横截面的剪切中心。取形心主惯性轴为 y 轴和 z 轴，假设横截面上

的总剪力为竖直向下的F_{Sy}，据此可画出翼缘和腹板中的剪流方向。

此薄壁横截面中的翼缘和腹板彼此垂直，且两个翼缘尺寸一样。根据对称性，两个翼缘中的剪流合成的剪力总值一定相等，这两个相互平行的力的合力为作用线过形心C的力$2F_{S1}$，此力的方向为翼缘的中心线方向；腹板上的剪流合成的剪力值为F_{S2}，其作用线为腹板部分的中心线。$2F_{S1}$和F_{S2}这两个力的作用线交于横截面的形心C，在此点合成为整个横

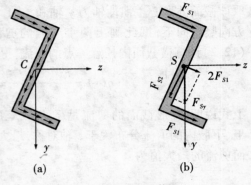

图 12.10   Z 字形截面

截面上的总剪力F_{Sy}。根据剪切中心的定义，横截面内所有剪流的合力作用点为剪切中心，则 Z 字形截面的剪切中心 S 就是其形心 C。

根据同样的讨论过程，可以得到至少具有一根对称轴的常用薄壁横截面的剪切中心，将计算结果列入表 12.1。

根据上述关于剪切中心位置的结果，可得到重要推论：

（1）具有一根对称轴的薄壁横截面，其剪切中心一定在该对称轴上，但与形心有一定距离；

（2）具有两根对称轴的薄壁横截面，其剪切中心一定在两根对称轴的交点处，即形心位置。

（3）由两个交叉的狭长矩形组成的薄壁横截面，无论是否具有对称轴，其剪切中心均在两个矩形的中心线的交点处，如图 12.11 所示。

图 12.11   交叉形截面

第 12 章 薄壁梁的非对称弯曲

表 12.1 具有一个对称轴的常用薄壁横截面的剪切中心

截面形状	截面尺寸	剪切中心位置
	① $b_1 \times t$ ② $b \times t$ ③ $h \times t$	$$\frac{e}{b} = \frac{1 + \dfrac{2b_1}{b}\left(1 - \dfrac{4b_1^2}{3h^2}\right)}{2 + \dfrac{h}{3b} + \dfrac{2b_1}{b}\left(1 + \dfrac{2b_1}{h} + \dfrac{4b_1^2}{3h^2}\right)}$$
	① $b_1 \times t$ ② $b \times t$ ③ $h \times t$	$$\frac{e}{b} = \frac{1 + \dfrac{2b_1}{b}\left(1 - \dfrac{4b_1^2}{3h^2}\right)}{2 + \dfrac{h}{3b} + \dfrac{2b_1}{b}\left(1 - \dfrac{2b_1}{h} + \dfrac{4b_1^2}{3h^2}\right)}$$
	翼缘厚:t_1 腹板厚:t_2	$$\frac{e}{b} = \frac{1 - \dfrac{b_1^2}{b^2}}{2 + \dfrac{2b_1}{b} + \dfrac{t_2 h}{3 t_1 b}}$$ $(b_1 < b)$
	① $b_1 \times t$ ② $b \times t$	$$\frac{e}{b} = \frac{\dfrac{b_1^2}{\sqrt{2}\,b^2}\left(3 - \dfrac{2b_1}{b}\right)}{1 + \dfrac{3b_1}{b} - \dfrac{3b_1^2}{b^2} + \dfrac{b_1^3}{b^3}}$$
	半径:R 厚度:t 圆心角:2θ	$$\frac{e}{R} = \frac{2(\sin\theta - \theta\cos\theta)}{\theta - \sin\theta\cos\theta}$$ 半圆形:$\dfrac{e}{R} = \dfrac{4}{\pi}$
	① $b_1 \times t$ ② $b \times t$ ③ 厚度 t	$$\frac{e}{R} = \frac{12 + 6\pi\dfrac{b_1 + b}{R} + \dfrac{6b^2}{R^2} + \dfrac{12bb_1}{R^2} + \dfrac{3\pi b_1^2}{R^2} - \dfrac{4b_1^3 b}{R^4}}{3\pi + 12\dfrac{b_1 + b}{R} + \dfrac{4b_1^2}{R^2}\left(3 + \dfrac{b_1}{R}\right)}$$

【讨论】 由于在薄壁截面梁的弯曲剪应力讨论中做了剪应力沿壁厚不变的假设,因而上述关于剪切中心的位置将是近似值,但对于薄壁梁而言,这样假设带来的误差是可以接受的。观察以上讨论的结果还会发现,剪切中心仅与横截面本身的形状和尺寸有关,而与荷载的大小无关,故剪切中心是仅仅与梁的横截面形状、尺寸有关的量,可以把它看做是梁横截面的一种几何性质。

【例12.2】 求解图示不具有对称轴的类似槽形截面薄壁梁的剪切中心。

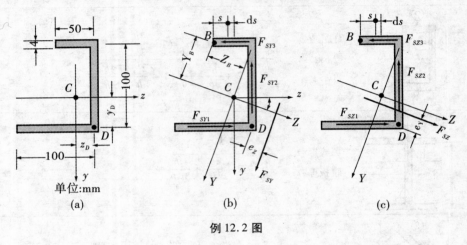

例12.2 图

解:为了便于计算,选取过截面形心 C 且与薄壁肢的中心线平行的坐标轴 y、z,如图所示。利用《材料力学(Ⅰ)》中附录Ⅰ的方法易求得截面形心 C 的位置。选定腹板和下翼缘中心线的交点 D 为参考点,极易求得 C 点和 D 点的水平距离,得 D 点在 yOz 坐标系中的坐标是 $y_D = 40 \text{ mm}$,$z_D = 25 \text{ mm}$。

对于非对称截面,我们还需求出其形心主轴 Z 和 Y 的位置。不难求得,横截面对于参考坐标轴 y、z 轴的惯性矩和惯性积分别为:

$$I_z = 1.734 \times 10^6 \text{ mm}^4$$

$$I_y = 1.734 \times 10^6 \text{ mm}^4$$

$$I_{zy} = -0.500 \times 10^6 \text{ mm}^4$$

利用附录Ⅰ中的公式可求得参考轴 z 和形心主惯性轴 Z 轴之间的夹角 θ 应满足

$$\tan 2\theta = -\frac{2I_{zy}}{I_z - I_y} = 1.166$$

故 $\theta = 0.4308 \text{ rad}$。计算结果为一正值,故从 z 轴正向开始沿着从 z 轴正向绕向

y 轴正向(逆时针方向)旋转 θ 角即为 Z 轴,如例 12.2 图(b)所示。

利用转轴公式,可求得整个截面的形心主惯性矩为:

$$I_Z = 1.964 \times 10^6 \text{ mm}^4, \quad I_Y = 0.646 \times 10^6 \text{ mm}^4$$

将整个截面按照翼缘和腹板分割成 3 个狭长矩形。假设外荷载在任意横截面内引起的总剪力是沿着形心主惯性轴 Y 轴正向的,值为 F_{SY}。各部分面积上剪流的合力 F_{SY1}、F_{SY2}、F_{SY3} 的方向如例 12.2 图(b)所示。选用自然坐标积分求解剪流的合力,为了计算方便,将积分起点选为上翼缘的角点 B。先求出 B 点在形心主惯性轴坐标系下的坐标。

$$Z_B = z_B\cos\theta + y_B\sin\theta = -47.77 \text{ mm}$$
$$Y_B = y_B\cos\theta - z_B\sin\theta = -44.08 \text{ mm}$$

上翼缘(面积 3)中任意一点的剪流为

$$q_Y = \frac{F_{SY}S_Z^*}{I_Z} = \frac{F_{SY}}{I_Z}ts(\,|\,Y_B\,| + \frac{1}{2}s\sin\theta)$$

根据剪流的定义可求出整个上翼缘内的剪力值

$$F_{Y3} = \frac{F_{SY}}{I_Z}\int_0^{50} q_Y\mathrm{d}s = \frac{F_{SY}t}{1.964 \times 10^6}\int_0^{50} s(44.08 + \frac{0.4176}{2}s)\mathrm{d}s = 0.1299F_{SY}$$

将虚拟的外荷载画在横截面的剪切中心 S 处。注意到该外荷载与该横截面上总剪力 F_{SY} 大小相等,方向相反,详细情况参见例 12.2 图(b)。利用力矩平衡的原则,将 D 点取为矩心时,不必计算腹板和下翼缘内的剪力值,可得到

$$F_{SY}e_Z = 100F_3$$

即

$$e_Z = 12.99 \text{ mm}$$

同样的,假设横向荷载 F_{SZ} 作用在 Z 轴方向,按照类似方法可以得到上翼缘中任意一点的剪流为

$$q_Z = \frac{F_{SZ}S_Y^*}{I_Y} = \frac{F_{SZ}}{I_Y}ts(\,|\,Z_B\,| - \frac{1}{2}s\cos\theta)$$

积分可得面积 3 上的剪力值为

$$F_{SZ3} = \int_0^{50} q\mathrm{d}s = \frac{F_{SZ}t}{I_Y}\int_0^{50} s(47.77 - \frac{0.9086}{2}s)\mathrm{d}s = 0.2525F_{SZ}$$

利用力矩平衡式 $F_{SX}e_Y = 100F_3$,可以得到

$$e_Y = 25.25 \text{ mm}$$

在形心主惯性轴组成的坐标系中,剪切中心 S 的位置为

$$Z_S = z_D\cos\theta + y_D\sin\theta + e_Z = 52.41 \text{ mm}$$
$$Y_S = y_D\cos\theta - z_D\sin\theta - e_Y = 0.66 \text{ mm}$$

在 xy 坐标系中,剪切中心 S 的位置为

$$z_S = Z_S\cos\theta - Y_S\sin\theta = 47.35 \text{ mm}$$

$$y_S = Y_S\cos\theta + Z_S\sin\theta = 22.49 \text{ mm}$$

12.5.2　组合薄壁梁截面的剪切中心

工程实践中,尤其是航天工程中,常常会使用以纵向加劲肋和薄板组合而成的截面,这种截面常用于大弯矩、小剪力情形。图 12.12(a)所示为一个半圆环形薄板在两端连接两个 T 形截面加劲肋形成的组合截面;图 12.12(b)所示为 3 个薄板通过两根等边角钢连接而成,并在其两端连接两个 T 形加劲肋而形成的槽形截面。

计算组合薄壁梁截面的剪切中心需要遵循以下假设:

(1)薄板弯曲不承担由于弯曲引起的拉应力或压应力,即薄板不参与抗弯;

(2)薄板中的剪流为常量。

薄板的厚度一般都极小,在很小的压应力下就可能发生屈曲。因此我们不能利用薄板来承担弯曲引起的横截面上的弯曲压应力。一般说来,薄板可以承担一定弯曲拉应力,可是,由于薄板的面积较小且常常集中在中性轴附近,与远离中性轴的加劲肋所能承担的弯曲正应力相比可以忽略不计。

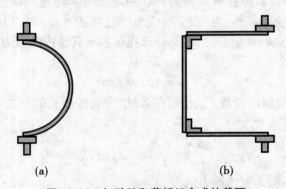

(a)　　　　　　　　　　　　　　　(b)

图 12.12　加劲肋和薄板组合成的截面

因为薄板的厚度极小,在计算图 12.12 所示具有对称性的组合截面的惯性矩时,为了简化计算,常不计算薄板的惯性矩。另外,由于加劲肋离中性轴较远,在利用平行移轴公式时,加劲肋对于自身形心轴的惯性矩常比第二项的面积乘以距离平方项小得多,所以也可忽略不计。也就是说,组合截面的形心惯性矩计算采用下面的公式

$$I_z = 2 \sum_{i=1}^{n} A_i \bar{y}_i^2 \qquad (12.10)$$

式中，n 是加劲肋的总数目，A_i 是第 i 个加劲肋的面积，$\bar{y}_i$ 是第 i 个加劲肋的形心轴到组合截面中性轴之间的距离。上式忽略了薄板的作用，且加劲肋的惯性矩也比实际值略小，所以按照上式求出的 I_z 值总的来说比实际值偏小，据此算得的弯曲正应力值比实际值偏大，计算偏于安全。

每个加劲肋中都有弯曲切应力，故加劲肋也承担了一部分组合截面上的剪力。一般说来，加劲肋上承担的剪力和总剪力相比可以忽略不计，这一简化带来的误差可通过将薄板延伸至加劲肋形心得到弥补，在下面的例题中将详细说明。

【例 12.3】　一个具有一根对称轴的组合截面，竖向薄板的厚度为 2 mm，两个横向薄板的厚度为 1 mm。横向薄板和竖向薄板之间用两个边长为 20 mm 的正方形截面加劲肋铆接起来，水平薄板的另一端分别铆接有两个 T 形加劲肋，该 T 形的翼缘长 30 mm，厚度为 6 mm。腹板高度为 24 mm，厚度为 6 mm。试确定该组合截面的剪切中心。

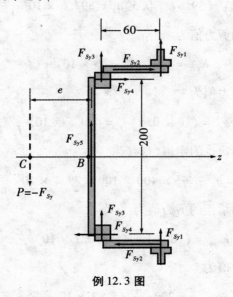

例 12.3 图

解：从图中可以看出，z 轴为整个组合薄壁截面的对称轴。将每个正方形都称为面积 1，则有

$$A_1 = 20 \times 20 = 400 \text{ mm}^2$$

正方形的形心到 z 轴的距离 $\bar{y_1} = \dfrac{200}{2} = 100$ mm。

再来讨论 T 形截面,将每个 T 形均称为面积 2,有:

$$A_2 = 30 \times 6 + 24 \times 6 = 324 \text{ mm}^2$$

其形心在该 T 形的对称轴上,可轻易算得形心到翼缘底边的距离为 9.67 mm,则 T 形截面的形心到 z 轴的距离为

$$\bar{y_2} = \frac{200}{2} + \frac{20}{2} + 1 + 9.67 = 120.67 \text{ mm}$$

利用(12.10)式算得该组合薄壁截面惯性矩的近似值为

$$I_z = 2\sum_{i=1}^{2} A_i \bar{y_i^2} = 2 \times (400 \times 100^2 + 324 \times 120.67^2) = 17.44 \times 10^6 \text{ mm}^4$$

假设翼缘中的剪流自 T 形截面的形心到正方形形心之间均为定值,则有

$$q_1 = \frac{F_{Sy} S_z^*}{I_z} = \frac{F_{Sy}}{I_z} \times 324 \times 120.67 = 39.1 \times 10^3 \frac{F_{Sy}}{I_z}$$

横截面上承受的总剪力值为 F_{Sy}。T 形截面承担的剪力为

$$F_{Sy1} = (9.67 + 0.5)q_1 = 397.6 \times 10^3 \frac{F_{Sy}}{I_z}$$

横向薄板承担的剪力值为

$$F_{Sy2} = 60q_1 = 2.346 \times 10^6 \frac{F_{Sy}}{I_z}$$

正方形承担的剪力值为

$$F_{Sy3} = (10 + 0.5)q_1 = 410.5 \times 10^3 \frac{F_{Sy}}{I_z}$$

假设腹板中的剪流也为定值,则有

$$q_2 = q_1 + \frac{F_{Sy}}{I_z} \times 400 \times 100 = 79.1 \times 10^3 \frac{F_{Sy}}{I_z}$$

据此算得正方形承担的剪力值为

$$F_{Sy4} = (10 + 1)q_2 = 870.1 \times 10^3 \frac{F_{Sy}}{I_z}$$

腹板承担的剪力值为

$$F_{Sy5} = 200q_2 = 15.82 \times 10^6 \frac{F_{Sy}}{I_z}$$

以上各剪力的方向如例 12.3 图所示,并将虚拟的荷载 $P = -F_{Sy}$ 也画到图中。

讨论整个横截面上的竖向荷载合力为零,$P = 2F_{Sy1} + 2F_{Sy3} + F_{Sy5}$,有

$$P = \frac{2 \times 397.6 \times 10^3 + 2 \times 410.5 \times 10^3 + 15.82 \times 10^6}{17.44 \times 10^6} F_{Sy} = F_{Sy}$$

这一计算实质上是再次验证了各面积所承担的剪力与其惯性矩成正比的结论。

将整个横截面上所有力对于 B 点取矩，根据只弯不扭情形下合力矩一定为零的原则，有

$$Pe + 2F_{Sy1} \times 71 + 2F_{Sy3} \times 11 = F_{Sy2} \times 221 + F_{Sy4} \times 200$$

将数据代入上式可算得

$$e = 35.95 \text{ mm}$$

由于采用了大量假设和简化，上例所示的计算组合截面剪切中心的近似算法带来的误差可能会达到百分之几。因此，如果在据此算出的剪切中心 C 上施加横向荷载 P，将会在弯曲之外也产生一个较小的扭转力矩。对于大部分情形，这一微小扭转力矩带来的影响将是微乎其微的。

12.5.3　非对称箱形薄壁梁截面的剪切中心

由多块薄板组合而成的箱形截面是工程中较为常见的另一类典型的薄壁梁截面。为了防止在弯曲压应力作用下发生局部屈曲，组成箱形薄壁截面的板虽然是薄板，也常常是有着足够厚度的。箱形截面通常由厚度不同的薄板组合而成，有时也会有纵向的加劲肋和非常薄的薄板。一般说来，箱形梁可能有两个或更多的箱腔。本节中先讨论图 12.13(a) 所示的具有一个箱腔的箱形梁，即单闭室薄壁梁，再讨论多闭室薄壁梁。

在开口薄壁截面剪切中心的讨论中，讨论的起点，也就是自然坐标的起点设立在开口薄壁梁横截面的端点处，该处的剪应力为零，故积分常数为零。对于闭口薄壁截面，计算开口薄壁截面上任意一点的剪应力的公式(12.7)将不再适用。这是因为，(12.7)式中的 $A*$ 应该是所讨论的任意点到剪应力为零的点之间的截面面积。闭口薄壁截面无法事先找到剪应力为零的点，也就无从知道 $A*$。对于闭口薄壁梁，弯曲剪应力的计算是一个超静定问题，通常的做法是在横截面上假设地开出若干个切口，使得闭合的截面成为开口的，先按照开口截面计算，再利用补充方程求得切口处的未知剪流。以下先讨论单闭室的情况。

图 12.13(a) 所示的单闭室薄壁箱形截面只具有一根对称轴，为了便于讨论，我们将此对称轴设为 z 轴，横向荷载作用在与 z 轴垂直的 y 轴上，假设 y 轴通过截面的剪切中心 S。

在图 12.13(a) 所示的单闭室薄壁箱形截面中假想地在某点处切开一个切口，使其成为开口的。实际上，切口处存在着未知剪流 q_0，将 s 坐标的原点即选

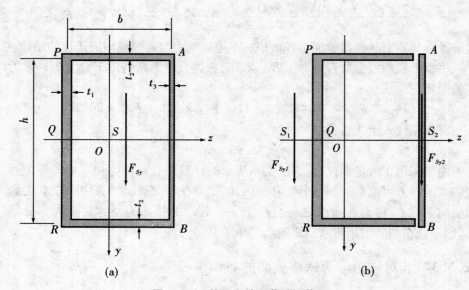

图 12.13　单闭室箱形薄壁梁截面

在开口处。根据 12.2 节的方法研究切开后的开口薄壁截面,可以求得梁在 xOy 平面内弯曲时的剪流为

$$q_闭 = q_开 + q_0 = \frac{F_{Sy}S_z^{\ *}}{I_z} + q_0 \tag{12.11}$$

其中,$q_开$ 为按照开口截面计算时的剪流,q_0 为 $s=0$ 处(即切口处)的未知剪流。

为了计算出 $s=0$ 处的未知剪流 q_0,需要利用梁只弯不扭的条件。到第 13 章将知道,单闭室薄壁杆件扭转时的单位长度扭转角 θ 与剪流之间存在如下关系

$$\theta = \frac{\mathrm{d}\varphi}{\mathrm{d}x} = \frac{1}{2GA}\oint \tau\mathrm{d}s = \frac{1}{2GA}\oint \frac{q}{t}\mathrm{d}s$$

根据只弯不扭的假设,此梁的 $\theta = 0$,上式将成为

$$\int_0^l \frac{q}{t}\mathrm{d}s = 0 \tag{12.12}$$

式中,$\mathrm{d}s$ 为在箱形薄壁杆件横截面中距积分起点为 s 处取出的微段长度,此微段处的剪流为 q,厚度为 t。积分上限 l 是箱形薄壁截面自积分起点处开始沿厚度中心线绕一周算得的周长值。

为了便于讨论,将图 12.13(a)中的角点 A 选为假想的切口,由对称性可知,B 点的剪流一定也为 0,可以把 B 视为另一个切口。原来的闭口箱形薄壁截

面被分割成一个槽形截面和一个狭长矩形截面(图 12.13b),A、B 两点处的剪流均为 0,但变形依然协调。

此时,A 点处的实际剪流 q_A (即 q_0 值)依然未知。在实际的剪流上各点均减去 q_A ,则 A 处的剪流将成为 0。处理后的 A 点成为已知剪流为零的点,将这个 A 点视为假想的切口,将原来的闭口截面截成了开口截面,就可以利用式(12.7)来计算开口截面上任意一点的剪流值了。算得结果后,再叠加上利用式(12.12)算得的 q_A ,即可得到闭口截面上各点处的实际剪流。

图 12.13(a)所示的截面中,横向荷载在横截面引起的剪力 F_{Sy} ,将分解成图 12.13(b)所示槽形部分所承担的 F_{Sy1} 和狭长矩形部分承担的 F_{Sy2} 。这些剪力均垂直于整个横截面的主惯性轴 z 轴。为了便于求解,令 F_{Sy} 在数值上等于整个横截面的惯性矩 I_z ,即 $F_{Sy} = I_z$,同时有 $F_{Sy1} = I_{z1}$ 和 $F_{Sy2} = I_{z2}$ 。如此,两个开口薄壁截面 I 和 II 上各自的剪流可用式(12.7)计算,而 q_A 可用公式(12.12)计算,根据式(12.11),各点上实际的剪流值用以上求得的两个结果相加即可。

因为各点处假想的剪流 q_A 是均匀的,故这些点、点均匀的剪流 q_A 在水平和竖直方向的合力均为 0。

各个薄壁肢内承担的剪力也可以据此算得。剪切中心位置的计算依然遵循这些剪力的分量对于横截面内任意一点的力矩之和等于整个横截面上的总剪力值对于该点的力矩这一原则。

【例 12.4】 例 12.4 图所示的单闭室箱形薄壁截面,总宽度为 300 mm,总高度为 500 mm,左侧腹板的厚度为 20 mm,上下翼缘和右侧腹板的厚度为 10 mm,试确定此截面的剪切中心。

解:此横截面关于主惯性轴的惯性矩为

$$I_z = \frac{20 \times 500^3}{12} + \frac{10 \times 500^3}{12} + 2 \times 300 \times 10 \times \left(\frac{500}{2}\right)^2$$

$$= 6.875 \times 10^8 \mathrm{mm}^4$$

选择右上侧角点 A 点和右下侧角点 B 点为切口,将横截面划分为槽形部分 I 和狭长矩形部分 II,分别算出这两部分的惯性矩

$$I_{z1} = \frac{20 \times 500^3}{12} + 2 \times 300 \times 10 \times \left(\frac{500}{2}\right)^2 = 5.833 \times 10^8 \mathrm{mm}^4$$

$$I_{z2} = \frac{10 \times 500^3}{12} = 1.042 \times 10^8 \mathrm{mm}^4$$

假设部分 I 所承受的剪力在数值上等于 I_{z1} ,即 $F_{Sy1} = I_{z1}$,则部分 II 所承受的剪力为 $F_{Sy2} = I_{z2}$,利用式(12.7)可算得 I 的两个角点 P、R,PR 段的中点 Q 以及 AB 段的中点 S 处的剪流值

$$q_P = q_R = \frac{F_{Sy1}S_{zP}^*}{I_{z1}} = S_{zP}^* = 300 \times 10 \times \left(\frac{500}{2}\right) = 750 \text{ kN/mm}$$

$$q_Q = \frac{F_{Sy1}S_{zQ}^*}{I_{z1}} = S_{zP}^* = S_{zQ}^* + 20 \times \left(\frac{500}{2}\right) \times \frac{1}{2}\left(\frac{500}{2}\right) = 1\,375 \text{ kN/mm}$$

$$q_S = \frac{F_{Sy2}S_{zS}^*}{I_{z2}} = S_{zS}^* = 10 \times \left(\frac{500}{2}\right) \times \frac{1}{2}\left(\frac{500}{2}\right) = 312.5 \text{ kN/mm}$$

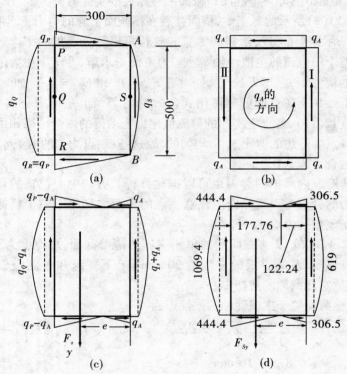

例 12.4 图

　　求得以上几个控制点的剪流后,就可以根据薄壁开口横截面上剪流的分布规律求得此时横截面上的剪流分布规律。*AB* 和 *PQ* 段内的剪流均为抛物线形分布,只是 *AB* 段内的剪力最大值为 *S* 点处的 q_S,最小值为 *A*、*B* 处 $q_A = q_B = 0$,*PR* 段的剪力最大值为 *Q* 点处的 q_Q,最小值为 *P*、*R* 点处的 q_P。*PA* 段和 *RB* 段的剪力均为三角形分布,最大值均在左侧,其值为 q_P,最小值均在右侧,其值为 0。横截面上的总剪力方向为竖直向上,根据剪力的分布原则判断出各薄壁肢内的剪流方向，将所得结果画入例 12.4 图(a)。将假设的逆时针方向分布的均匀分布剪力 q_A 画入例 12.4 图(b)，以上两图的叠加结果即为例 12.4 图(c)。例 12.4 图(c)所绘的实际剪流必须满足(12.12)式。假设积分的起始点为 P 点，并注意到，在 t 为定值的某一段内有 $\int_{t1}^{t2} \dfrac{q(s)}{t} \mathrm{d}s = \dfrac{1}{t} \int_{t1}^{t2} q(s)\,\mathrm{d}s$ ，上式中积分的绝对值为该段的剪流分布图面积。

图(c)中 PQ 段的剪流分布图面积为矩形加上一个曲边弓形，其面积为

$$A_1 = (q_P - q_A)\,h + \frac{2}{3}[\,(q_Q - q_A) - (q_P - q_A)\,]\,h$$

$$= (750 - q_A) \times 500 + \frac{2}{3} \times (1375 - 750) \times 500 = 583333.3 - 500q_A$$

PA 段与 RB 段的面积均为双三角形，计算比较麻烦，可以利用例 12.4 图(a)和例 12.4 图(b)叠加求得，即例 12.4 图(c)中的双三角形面积等于例 12.4 图(a)中的三角形面积减去例 12.4 图(b)中的矩形面积，即

$$A_2 = A_3 = \frac{1}{2}q_P b - q_A b = 112500 - 300q_A$$

AB 段的计算与 PR 段类似，即

$$A_4 = q_A h + \frac{2}{3}[\,(q_S + q_A) - q_A\,]\,h = 500q_A + 104166.7$$

代入式(12.12)，并注意到积分沿逆时针方向，即薄壁肢上沿逆时针方向的剪力取为正，顺时针为负，可得

$$- (583333.3 - 500q_A)\frac{1}{20} - 2 \times (112500 - 300q_A)\frac{1}{10} +$$

$$(104166.7 + 500q_A)\frac{1}{10} = 0$$

由上式可以求得

$$q_A = 305.6 \ \mathrm{kN/mm}$$

设剪力在数值上等于横截面的惯性矩，即

$$F_{Sy} = I_z = 6.875 \times 10^8 \mathrm{N} = 6.875 \times 10^5 \ \mathrm{kN}$$

为了便于计算，将以上计算结果画入例 12.4 图(d)，讨论整个横截面上的总力矩为零的条件，并假设 F_{Sy} 的作用线到 AB 段中心线的距离为 e，即剪切中心到截面右侧的距离为 e，矩心为 B 点，有

$$444.4 \times 500 \times 300 + \frac{2}{3}(1069.4 - 444.4) \times 500 \times 300 +$$

$$\frac{1}{2} \times 444.4 \times 177.76 \times 500$$

$$= \frac{1}{2} \times 306.5 \times 122.24 \times 500 + 6.875 \times 10^5 \times e$$

由上式即可求得

$$e = 203 \text{ mm}$$

所以,该横截面的剪切中心位于在 z 轴上距左侧 97 mm,距右侧 203 mm 的位置。以下计算可验证这一结果的正确性。

$$F_{Sy1} = 583333.3 - 500q_A = 430533.3 \text{ kN}$$

$$F_{Sy2} = 104166.7 + 500q_A = 256966.7 \text{ kN}$$

$$F_{Sy} = 430533.3 + 256966.7 = 6.875 \times 10^5 \text{ kN}$$

对于多闭室的情况,可以用多个切口将其分割成若干个开口薄壁截面。一般来说,切口的个数和分割方式均不唯一。例如,图 12.14(a)的多闭室薄壁截面可以按照图 12.14(b)的情形,用切口 A、B、C、D 进行分割,也可以按照图 12.14(c)所示,用切口 A、B、C、D、E、F 加以分割。

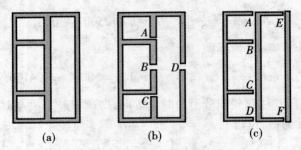

(a)　　　　　　(b)　　　　　　(c)

图 12.14　多闭室开口薄壁截面

以下举例说明多闭室情形下的解题过程。

【例 12.5】　图示的薄壁箱形截面具有两个的闭室,几何尺寸如例 12.5(a)图所示,竖向薄壁的厚度均为 20 mm,水平薄壁的厚度均为 10 mm,试求解此横截面的剪切中心位置。

解:此横截面关于主惯性轴的惯性矩为:

$$I_z = \frac{20 \times 400^3}{12} \times 3 + (300 + 600) \times 10 \times \left(\frac{400}{2}\right)^2 \times 2 = 10.4 \times 10^8 \text{ mm}^4$$

选择 C、D、G、H 点为切口,将横截面划分为左侧的槽形部分Ⅰ、中间的狭长矩形部分Ⅱ和右侧的槽形部分Ⅲ,如例 12.5 图(b)所示。分别算出这三部分的惯性矩:

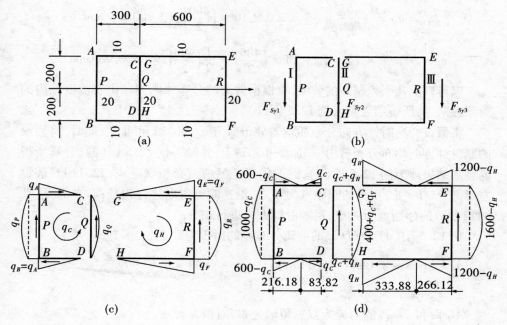

例 12.5 图

$$I_{z1} = \frac{20 \times 400^3}{12} + 2 \times 300 \times 10 \times \left(\frac{400}{2}\right)^2 = 3.467 \times 10^8 \text{ mm}^4$$

$$I_{z2} = \frac{20 \times 400^3}{12} = 1.067 \times 10^8 \text{ mm}^4$$

$$I_{z3} = \frac{20 \times 400^3}{12} + 2 \times 600 \times 10 \times \left(\frac{400}{2}\right)^2 = 5.867 \times 10^8 \text{ mm}^4$$

假设部分 Ⅰ 所承受的剪力在数值上等于 I_{z1}，即 $F_{Sy1} = I_{z1}$，则部分 Ⅱ 所承受的剪力为 $F_{Sy2} = I_{z2}$，部分 Ⅲ 所承受的剪力为 $F_{Sy3} = I_{z3}$。利用式(12.7)可算得 Ⅰ 的两个角点 A、B,AB 段的中点 P,Ⅱ 的中点 Q,Ⅲ 的两个角点 E、F,EF 段的中点 R 处的剪流值

$$q_A = q_B = \frac{F_{Sy1} S_{zA}^*}{I_{z1}} = S_{zA}^* = 300 \times 10 \times \left(\frac{400}{2}\right) = 600 \text{ kN/mm}$$

$$q_P = \frac{F_{Sy1} S_{zP}^*}{I_{z1}} = S_{zP}^* = q_A + 20 \times \left(\frac{400}{2}\right) \times \frac{1}{2}\left(\frac{400}{2}\right) = 1\,000 \text{ kN/mm}$$

$$q_Q = \frac{F_{Sy2} S_{zQ}^*}{I_{z2}} = S_{zQ}^* = 20 \times \left(\frac{400}{2}\right) \times \frac{1}{2}\left(\frac{400}{2}\right) = 400 \text{ kN/mm}$$

$$q_E = q_F = \frac{F_{Sy3} S_{zE}^*}{I_{z3}} = S_{zE}^* = 600 \times 10 \times \left(\frac{400}{2}\right) = 1\ 200 \text{ kN/mm}$$

$$q_R = \frac{F_{Sy3} S_{zR}^*}{I_{z3}} = S_{zR}^* = q_E + 20 \times \left(\frac{400}{2}\right) \times \frac{1}{2}\left(\frac{400}{2}\right) = 1\ 600 \text{ kN/mm}$$

求得以上几个控制点的剪流,再根据剪力的分布原则判断出各薄壁肢内的剪流方向,将所得结果画入例 12.5 图(c)。

将假设的逆时针方向分布的均匀分布剪力 q_C 加在 Ⅰ 和 Ⅱ 上;同时,将假设的顺时针方向均布分布剪力 q_H 加在 Ⅱ 和 Ⅲ 上,并画入例 12.5 图(c),计算所得的叠加结果即为例 12.5 图(d),此图中所绘的剪流必须满足式(12.12)。假设左半部分(Ⅰ + Ⅱ)积分的起始点为 A 点,沿逆时针方向进行积分;右半部分(Ⅱ + Ⅲ)积分的起始点为 E 点,沿顺时针方向进行积分。

例 12.5 图(d)中 PQ 段的剪流分布图的面积为

$$A_1 = (600 - q_C)400 + \frac{2}{3}[(1000 - q_C) - (600 - q_C)]400$$

$$= 346667 - 400q_C$$

AC 段和 BD 段的剪流为双三角形分布,面积为

$$A_2 = A_3 = \frac{1}{2} \times 600 \times 300 - 300q_C = 90000 - 300q_C$$

CD 段(GH 段)的计算与 AB 段类似,即

$$A_4 = (q_C + q_H) \times 400 + \frac{2}{3}[(q_C + q_H + 400) - (q_C + q_H)] \times 400$$

$$= 400q_C + 400q_F + 106667$$

代入式(12.12),可得

$$(346667 - 400q_C)\frac{1}{20} + 2(90000 - 300q_C)\frac{1}{10}$$

$$= (106667 + 400q_C + 400q_H)\frac{1}{20}$$

由上式可以求得

$$10q_C + 2q_H = 3\ 000 \text{ kN/mm} \tag{a}$$

EF 段的剪流分布图的面积为

$$A_5 = (1200 - q_H) \times 400 + \frac{2}{3}[(1600 - q_H) - (1200 - q_H)] \times 400$$

$$= 586667 - 400q_H$$

GE 段和 HF 段的剪流为双三角形分布,面积为:

$$A_6 = A_7 = \frac{1}{2} \times 1200 \times 600 - 600q_H = 360000 - 600q_H$$

在 II 与 III 部分上自 E 点开始沿着顺时针方向进行积分,可得

$$(586667 - 400q_H)\frac{1}{20} + 2(360000 - 600q_H)\frac{1}{10}$$

$$= (106667 + 400q_C + 400q_H)\frac{1}{20}$$

由上式可以求得

$$2q_C + 14q_H = 9\ 600 \ \text{kN/mm} \tag{b}$$

联立(a)、(b)两式,可求得

$$q_C = 167.65 \ \text{kN/mm}, \ q_H = 661.76 \ \text{kN/mm}$$

根据相似三角形求得双三角形的零点位置并将其标注在例 12.5 图(d)中。令横截面上作用的总剪力在数值上等于横截面的惯性矩,即:

$$F_{Sy} = I_z = 10.4 \times 10^8 \ \text{N} = 10.4 \times 10^5 \ \text{kN}$$

讨论整个横截面上的总力矩为零的条件,并假设 F_{Sy} 的作用线到 CD 段中心线的距离为 e,即剪切中心到截面右侧的距离为 e,矩心为 D(H) 点,有

$$10.4 \times 10^5 \times e + \frac{1}{2} \times 432.35 \times 216.18 \times 400 + \frac{1}{2} \times 661.76 \times 333.88 \times$$

$$400 + (432.35 \times 400 + \frac{2}{3} \times 400 \times 400) \times 300$$

$$= \frac{1}{2} \times 167.65 \times 83.82 \times 400 + (432.35 \times 400 + \frac{2}{3} \times 400 \times 400) \times 300$$

$$= \frac{1}{2} \times 167.65 \times 83.82 \times 400 + \frac{1}{2} \times 538.24 \times 266.12 \times 400 + (538.24 \times 400$$

$$+ \frac{2}{3} \times 400 \times 400) \times 600$$

由上式即可求得

$$e = 31.4 \ \text{mm}$$

当然,以下计算可以用作校核:

$$F_{Sy1} = 346667 - 400q_C = 279607 \ \text{kN}$$

$$F_{Sy2} = 106667 + 400q_C + 400q_H = 438431 \ \text{kN}$$

$$F_{Sy3} = 586667 - 400q_H = 321963 \ \text{kN}$$

$$F_{Sy} = 279607 + 438431 + 321963 = 10.4 \times 10^8 \ \text{N} = 10.4 \times 10^5 \ \text{kN}_\circ$$

思考题

思考题 12.1　在讨论 Z 字形薄壁截面的剪切中心时,能否将通过截面形心

并与翼缘和腹板的中心线平行的轴作为参考轴？为什么？如果横向荷载作用在Z字形横截面的悬臂梁的自由端截面上,经过形心沿腹板中心线方向,如何讨论任意横截面上的剪应力分布？

思考题12.2 例12.1中讨论的槽形截面,若上下两翼缘对称,(1)横向荷载作用线过截面形心,指向第一象限,且与y轴的夹角为30°;(2)横向荷载作用在上翼缘的右角点处,方向竖直向下;试讨论以上两种情况下横截面内正应力和剪应力的分布有何不同。

思考题12.3 实践中常有用加劲肋将薄板缀合而成的组合箱形截面,例如,以四个正方形将四块薄板缀合而成的矩形薄板截面,试讨论求解此类截面剪切中心的基本思路与大致步骤。

思考题12.4 如何确定既有闭室又有开口的混合型薄壁截面的剪切中心。

习题

习题12.1 图示截面中所有的薄壁的厚度均为t,其余尺寸如图所示。假定外载荷作用在过剪切中心S且平行于x轴的平面内,试绘出该截面的剪流分布图。

习题12.2 图示截面中所有的薄壁的厚度均为t,其余尺寸如图所示,在右侧腹板的中点处开有一个尺寸很小的缺口。假定外载荷作用在过剪切中心S且平行于x轴的平面内,试绘出该截面的剪流分布图。

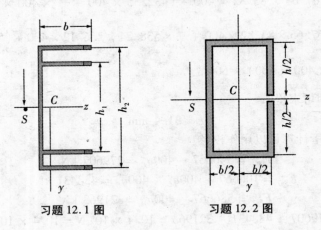

习题 12.1 图　　　　　习题 12.2 图

习题12.3 图(a)示的开口薄壁圆环是用厚度为t的钢板折成的,图(b)是将图(a)的开口薄壁圆环上焊接了两块厚度依然为t的钢板,试求这两个横截面上剪切中心的位置。

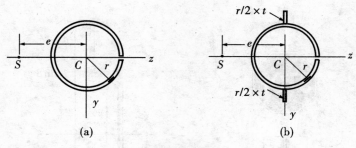

(a)　　　　　　　　(b)

习题 12.3 图

习题 12.4　图示弓形截面是用一块厚度为 $t=5$ mm 的钢板折成的,已知 $a=25$ mm, $h=100$ mm, $b=50$ mm,试求该横截面剪切中心的位置。

习题 12.5　图示弓形截面是用一块厚度为 $t=7$ mm 的钢板折成的,已知 $a=40$ mm, $h=120$ mm, $b=40$ mm,试求该横截面剪切中心的位置。

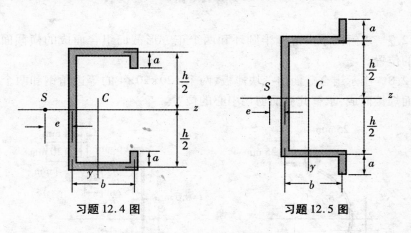

习题 12.4 图　　　　**习题 12.5 图**

习题 12.6　悬挂图示的交通标志的立杆的横截面是一个用薄钢板折成的弓形,(1)试求该横截面剪切中心的位置;(2)在上一步骤所得结论中令 $\beta=0°$,并代入习题 12.5 的数据验算其计算结果。

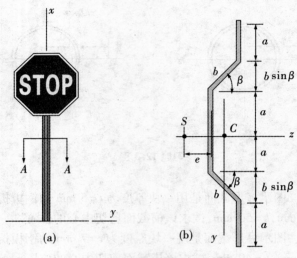

习题 12.6 图

12.7 求解图示由薄壁半圆环和两个正方形截面组合而成的横截面剪切中心的位置。

12.8 图示组合截面由三块薄板、两个 L20×20×4 的等边角钢和两个 T 字形截面焊接而成，求解此截面剪切中心的位置。

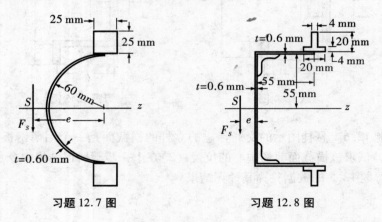

习题 12.7 图　　　　　　　习题 12.8 图

12.9 求解图示闭口薄壁横截面剪切中心的位置，并画出剪流的分布图。

12.10 求解图示闭口薄壁横截面剪切中心的位置。

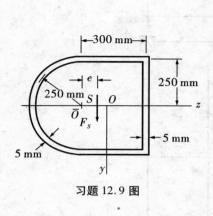

习题 12.9 图

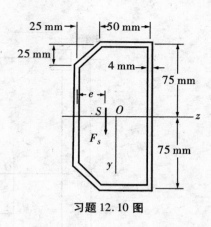

习题 12.10 图

习题 12.11　求解图示带有正方形加劲肋的闭口薄壁截面剪切中心的位置。

习题 12.12　求解图示带有 T 形和角钢加劲肋的闭口薄壁截面剪切中心的位置,其中角钢的型号为 L20×20×4。

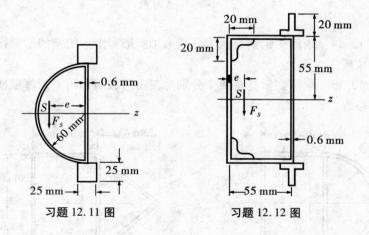

习题 12.11 图　　　　习题 12.12 图

习题 12.13　图示组合截面中 $b = 200$ mm, $h = 400$ mm, $t = 1$ mm, $A_1 = 900$ mm^2, $A_2 = 300$ mm^2,求解该截面剪切中心的位置。

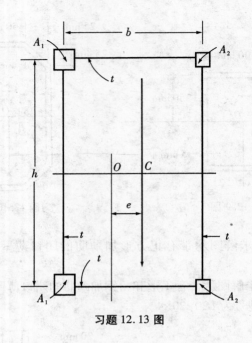

习题 12.13 图

习题 12.14　求解图示具有两个分别为半圆形和矩形闭室的薄壁横截面剪切中心的位置。

习题 12.15　求解图示具有两个分别为三角形和矩形闭室的薄壁横截面剪切中心的位置。

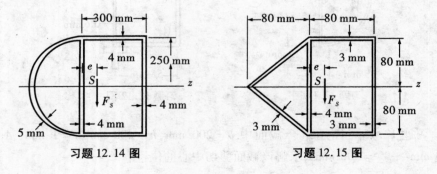

习题 12.14 图　　　　　习题 12.15 图

习题 12.16　求解图示混合型薄壁截面剪切中心的位置。

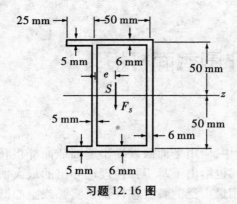

习题 12.16 图

习题参考答案

答案 12.3　（a）$e = 2r$，（b）$e = \dfrac{63\pi r}{24\pi + 38} = 1.745r$

答案 12.4　$e = 29.49$ mm

答案 12.5　$e = 22.55$ mm

答案 12.6　（1）$e = \dfrac{tabc\cos\beta}{3I_z}(4a^2 + 3ab\sin\beta + 3ab + 2b^2\sin\beta)$，

　　　　　　（2）$e = \dfrac{tab}{3I_z}(4a^2 + 3ab + 2b^2)$

答案 12.7　$e = 41.51$ mm

答案 12.8　$e = 28.20$ mm

答案 12.9　$e = 46.3$ mm

答案 12.10　$e = 12.6$ mm

答案 12.11　$e = 8.28$ mm

答案 12.12　$e = 13.6$ mm

答案 12.13　$e = 83.33$ mm

答案 12.14　$e = 26.6$ mm

答案 12.15　$e = 25.3$ mm

答案 12.16　$e = 15.8$ mm

第 13 章　非圆截面杆扭转

在材料力学（Ⅰ）中，应用平面假设导出了圆截面杆扭转应力和变形计算公式；对于矩形截面杆，也给出了基于弹性理论导出的最大切应力和扭转角的计算公式。工程中应用最广泛的各类轴件都是实心或空心圆截面，因此，圆截面杆扭转分析理论能够解决工程中大量的圆轴受扭问题。但在工程实际中，其他非圆截面（如工字形、槽形、T 形、箱形和其他薄壁型材截面等）构件承受扭转变形也是常见的，如钻头、矩形截面承压弹簧、建筑工地的大型塔吊在启动转动和制动转动时塔身型材的附带扭转变形等，如图 13.1 所示。

(a) 钻头　　　　(b) 压簧　　　　　　(c) 建筑工地的塔吊

图 13.1　非圆截面构件实例图

非圆截面杆件承受扭转载荷后所发生的变形属于空间三维变形，受扭后横截面发生翘曲而变成曲面，不再像圆截面杆那样保持为平面。因此，圆截面杆扭转分析所引用的平面假设不适用于非圆截面杆，非圆截面杆的扭转分析需要应用更一般的方法。

13.1　非圆截面杆扭转应力函数

13.1.1　变形几何分析

　　非圆截面杆扭转分析方法大体上与圆截面类似。选取轴向为坐标系 z 方向，xy 平面位于某横截面内，不同之处是 z 向位移分量 w 不再等于零。若采用圆截面杆的平面假设，设其为零，就不能求得解。对于非圆截面杆，Saint-Venant 更普遍地假定 w 为截面坐标(x,y)的函数。此时，横截面不再保持为平面而发生翘曲，截面上不同位置点具有不同的 z 向位移。

　　假定有一横截面为任意几何形状的等截面受扭直杆，如图 13.2 所示。两端施加任意应力分布均会产生扭矩 T。但根据 Saint-Venant 原理，离两端充分远的截面上的应力分布主要取决于 T 值，而与两端应力分布无关。因此，对于充分长的扭杆，分析模型直接选取两端截面作用有大小相等、方向相反的一对扭转力偶矩，使杆件发生扭转变形。Saint-Venant 采用半逆解法根据扭杆变形几何特点近似确定扭矩 T 所引起位移分量。考虑两端无约束的非圆截面杆自由扭转，对于小位移情况，翘曲度很小。实验观察表明各截面的翘曲量基本相同，且平面内截面尺寸不会因变形而发生明显改变。也就是说翘曲后的截面在其原平面内的投影形状不发生变化。因此，截面平面内的变形可忽略不计，即横截面内角应变 γ_{xy} 近似等于零。故非圆截面杆扭转分析模型认为任何等截面直杆均有一扭转轴，而各截面可近似地看做刚体绕该轴作刚体转动。

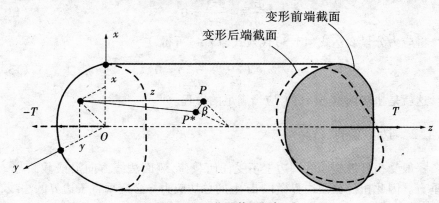

图 13.2　非圆截面扭杆

假定未变形扭杆内任一点 $P(x,y,z)$，变形后移到 $P^*(x+u, y+v, z+w)$，其中 P 点沿 z 向因截面翘曲移动了位移 w。平行于 x 轴和 y 轴分别移动了 u 和 v。位移 u、v 是由于 P 点所在截面相对于原点处截面转过 β 角所产生的。若以 θ 表示沿轴线方向的单位长度相对扭转角，则 $\beta = \theta z$，因此位移分量为

$$u = -\theta zy, \quad v = \theta zx, \quad w = \theta\varphi(x,y) \tag{13.1}$$

式中，$\varphi(x,y)$ 为扭转函数，也称为翘曲函数或 Saint-Venant 函数，它是一个待定函数。下面将根据扭杆条件解出 w 的具体表达式。该方法在弹性理论分析中称为半逆解法。

基于弹性理论中的小位移变形几何理论，可以得到扭杆上任一点的应变状态为

$$\varepsilon_x = \varepsilon_y = \varepsilon_z = \gamma_{xy} = 0$$

$$\gamma_{zx} = \theta(\frac{\partial\varphi}{\partial x} - y), \quad \gamma_{yz} = \theta(\frac{\partial\varphi}{\partial y} + x) \tag{13.2}$$

对于各向同性材料制成的扭杆，将上述应变分量代入到胡克定律普遍式，可求得该点的应力分量为

$$\sigma_x = \sigma_y = \sigma_z = \tau_{xy} = 0$$

$$\tau_{zx} = \tau_{xz} = G\theta(\frac{\partial\varphi}{\partial x} - y)$$

$$\tau_{yz} = \tau_{zy} = G\theta(\frac{\partial\varphi}{\partial y} + x) \tag{13.3}$$

显而易见，扭杆内的切应力 τ_{yz}，τ_{zx} 与 z 无关。忽略体积力后对扭杆取微分单元体进行分析，可得到平衡时 τ_{yz}，τ_{zx} 需要满足的条件为

$$\frac{\partial\tau_{yz}}{\partial y} + \frac{\partial\tau_{zx}}{\partial x} = 0 \tag{13.4}$$

将应力分量表达式(13.3)代入式(13.4)可得

$$\nabla^2\varphi = (\frac{\partial^2\varphi}{\partial x^2} + \frac{\partial^2\varphi}{\partial y^2}) = 0 \tag{13.5}$$

这就是扭转函数 $\varphi(x,y)$ 应当满足的方程。

13.1.2 边界条件

一般受扭杆件侧面的周边上不受任何载荷，侧面法线方向沿横截面与 z 方向垂直。因此扭杆截面边界微段 ds 上的总切应力 τ 必定垂直于边界的法线，沿边界的切线方向，如图 13.3 所示。

由于 τ 沿边界法线方向 n 上的分量为零，即 $\tau_{zx}\cos\alpha - \tau_{yz}\sin\alpha = 0$，故

$$\tau_{zx}\frac{\mathrm{d}y}{\mathrm{d}s} - \tau_{yz}\frac{\mathrm{d}x}{\mathrm{d}s} = 0 \qquad (13.6)$$

将应力分量表达式(13.3)代入式(13.6)可得

$$\frac{\partial\varphi}{\partial x}\mathrm{d}y - \frac{\partial\varphi}{\partial y}\mathrm{d}x = x\mathrm{d}x + y\mathrm{d}y \qquad (13.7)$$

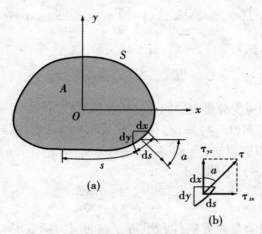

图 13.3　扭杆截面边界应力

此即为函数 $\varphi(x,y)$ 应当满足的边界条件。

在任意给定横截面上 τ_{yz} 和 τ_{zx} 的分布还必须满足下列静力平衡方程

$$\sum F_x = \iint_A \tau_{zx}\mathrm{d}x\mathrm{d}y = 0$$

$$\sum F_y = \iint_A \tau_{yz}\mathrm{d}x\mathrm{d}y = 0 \qquad (13.8)$$

$$\sum M_z = \iint_A (x\tau_{yz} - y\tau_{zx})\mathrm{d}x\mathrm{d}y = T$$

将应力分量表达式(13.3)代入式(13.8),可得

$$G\theta\iint_A \left(\frac{\partial\varphi}{\partial x} - y\right)\mathrm{d}x\mathrm{d}y = 0$$

$$G\theta\iint_A \left(\frac{\partial\varphi}{\partial y} + x\right)\mathrm{d}x\mathrm{d}y = 0 \qquad (13.9)$$

$$G\theta\iint_A \left(x^2 + y^2 + x\frac{\partial\varphi}{\partial y} - y\frac{\partial\varphi}{\partial x}\right)\mathrm{d}x\mathrm{d}y = T$$

由上述分析可知,扭转函数 $\varphi(x,y)$ 在横截面内要满足微分方程(13.5),在

侧面边界上满足边界条件(13.7)。解出满足上述要求的 $\varphi(x,y)$ 后,通过公式 (13.9)求出扭转角 θ,最后从公式(13.3)计算扭转应力。

13.1.3　扭转应力函数

根据公式(13.2),后两式分别对 y、x 求偏导有

$$\frac{\partial \gamma_{zx}}{\partial y} = \theta\left(\frac{\partial^2 \varphi}{\partial x \partial y} - 1\right), \quad \frac{\partial \gamma_{yz}}{\partial x} = \theta\left(\frac{\partial^2 \varphi}{\partial x \partial y} + 1\right)$$

两式相减消去扭转函数 $\varphi(x,y)$ 后,有下列关系式

$$\frac{\partial \gamma_{zx}}{\partial y} - \frac{\partial \gamma_{yz}}{\partial x} = -2\theta \tag{13.10}$$

此即为扭转问题中应变分量表达的几何相容条件。

由方程(13.3)和(13.4)知,τ_{yz} 和 τ_{zx} 只是 x、y 的函数,而与 z 无关。引入应力函数 $\Phi(x,y)$(即所谓的 Prandtl 应力函数),$\Phi(x,y)$ 存在的充分必要条件是满足平衡条件(13.4),因此要求

$$\tau_{zx} = \frac{\partial \Phi}{\partial y}, \quad \tau_{yz} = -\frac{\partial \Phi}{\partial x} \tag{13.11}$$

扭转问题变成寻找满足边界条件和平衡方程的应力函数 $\Phi(x,y)$。满足条件 (13.11)的应力函数 $\Phi(x,y)$ 自然满足平衡条件(13.4)。

将方程(13.11)代入方程(13.6)有

$$\frac{\partial \Phi}{\partial y}\frac{\mathrm{d}y}{\mathrm{d}s} + \frac{\partial \Phi}{\partial x}\frac{\mathrm{d}x}{\mathrm{d}s} = \frac{\mathrm{d}\Phi}{\mathrm{d}s} = 0 \tag{13.12}$$

即在边界 s 上,应力函数应为常数。因为应力取决于应力函数的偏导数,所以,应力函数的常数项并不影响应力大小,所以可选取式(13.12)积分后应为函数 $\Phi(x,y)$ 中的常数为零,故在边界 s 上,取

$$\Phi(x,y) = 0 \tag{13.13}$$

对于横截面平衡条件(13.8),通过积分计算并利用在侧面边界上 $\Phi(x,y)$ 为常数可以证明应力函数 $\Phi(x,y)$ 满足方程(13.8)的前两式,即

$$\iint_A \frac{\partial \Phi}{\partial y}\mathrm{d}x\mathrm{d}y = 0, \quad \iint_A \frac{\partial \Phi}{\partial x}\mathrm{d}x\mathrm{d}y = 0$$

对于(13.8)的第三式,有

$$T = \iint_A (x\tau_{yz} - y\tau_{zx})\mathrm{d}x\mathrm{d}y = -\iint_A \left(x\frac{\partial \Phi}{\partial x} + y\frac{\partial \Phi}{\partial y}\right)\mathrm{d}x\mathrm{d}y$$

$$= -\iint_A \left[\frac{\partial(x\Phi)}{\partial x} + \frac{\partial(y\Phi)}{\partial y}\right]\mathrm{d}x\mathrm{d}y + 2\iint_A \Phi\mathrm{d}x\mathrm{d}y \tag{13.14}$$

根据格林定理,上述二重积分可以转换成沿边界的曲线积分,即

$$\iint_A \left[\frac{\partial(x\Phi)}{\partial x} + \frac{\partial(y\Phi)}{\partial y} \right] \mathrm{d}x\mathrm{d}y = \oint_S (x\Phi l + y\Phi m) \, \mathrm{d}s \qquad (13.15)$$

式中,s 为环绕横截面的周边边界,l 和 m 是边界法线的方向余弦。因为在边界上应力函数 $\Phi(x,y) = 0$,所以方程(13.15)中的右端积分等于零。于是,方程(13.14)简化为

$$T = 2\iint_A \Phi \mathrm{d}x\mathrm{d}y \qquad (13.16)$$

若将应力函数 $\Phi(x,y)$ 看做表示扭杆截面上的一个曲面,该曲面边界与截面边界重合,则方程(13.16)表明扭矩 T 等于应力函数与截面平面间所包围体积的 2 倍。

需要说明的是,本节推导的方程都是针对等截面扭杆,这些扭杆具有单连通截面,且由各向同性材料制成,承载后符合小变形假设。推导这些方程过程中未与材料特性相关联,因此,它们适用于弹性和塑性等任何材料模式。

对于各向同性材料,当变形处于线弹性范围时的应力-应变关系可以用胡克定律描述。扭杆切应力与应变之间的关系用公式表达为

$$\tau_{zx} = \frac{\partial \Phi}{\partial y} = G\gamma_{zx} \qquad \gamma_{zx} = \frac{1}{G} \frac{\partial \Phi}{\partial y}$$
$$\text{或} \qquad\qquad\qquad\qquad (13.17)$$
$$\tau_{yz} = -\frac{\partial \Phi}{\partial x} = G\gamma_{yz} \qquad \gamma_{yz} = -\frac{1}{G} \frac{\partial \Phi}{\partial x}$$

将其代入到几何相容条件(13.10)中后,可得

$$\nabla^2 \Phi = \frac{\partial^2 \Phi}{\partial x^2} + \frac{\partial^2 \Phi}{\partial y^2} = -2G\theta \qquad (13.18)$$

此即为应力函数 $\Phi(x,y)$ 在横截面上各点必须满足的微分方程,相对于连续性方程。

若给定扭杆之单位扭转角 θ,则应力函数 $\Phi(x,y)$ 就可以通过求解方程(13.18)获得其解,该解满足边界条件(13.13)后变成唯一解。而一旦确定了应力函数 $\Phi(x,y)$,就可以从方程(13.11)计算出应力,用方程(13.16)求得扭矩。对于一般截面,求解扭转问题的弹性解时,应力函数 $\Phi(x,y)$ 的确定需要一些专门的方法,这些内容已经超出本书范围。但对于某些特殊形状的截面,可以采用一种虽然不通用,但却有效的间接方法进行求解,如下所述。

设某扭杆的横截面边界曲线可用下列隐函数来描述

$$F(x,y) = 0 \qquad (13.19)$$

则应力函数 $\Phi(x,y)$ 可表示为

$$\Phi(x,y) = BF(x,y) \qquad (13.20)$$

式中, B 为常数。当扭杆承受规定的单位扭转角 θ, 则 $B = B(\theta)$。将方程 (13.20)代入到式(13.18)并令其左边为常数,则 B 由 θ 唯一确定。当 B 确定后,则扭杆应力函数 $\Phi(x,y)$ 由式(13.20)唯一确定。该间接法适用于求解圆截面、椭圆截面、等边三角形和正六边形截面扭杆的解。

13.1.4 线弹性扭杆算例

【例13.1】 椭圆截面杆扭转分析。

解:设扭杆截面为椭圆形,如例13.1图1所示,其边界椭圆的长轴和短轴分别为 $2a$ 和 $2b$。

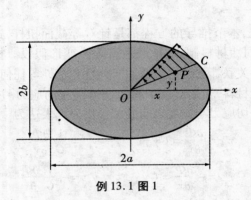

例13.1 图1

在边界上,有

$$F(x,y) = \frac{x^2}{a^2} + \frac{y^2}{b^2} - 1 = 0$$

因此,按照上述方法可将椭圆截面扭杆之应力函数写成

$$\Phi(x,y) = B\left(\frac{x^2}{a^2} + \frac{y^2}{b^2} - 1\right) \tag{a}$$

将方程(a)代入到式(13.18)可得到以截面几何参数 a 与 b、材料剪切模量 G、单位扭转角 θ 表达的系数 B,即

$$B = -G\theta\frac{a^2b^2}{a^2+b^2} = -G\theta\bigg/\left(\frac{1}{a^2} + \frac{1}{b^2}\right) \tag{b}$$

于是,应力函数最终可表达为

$$\Phi(x,y) = B\left(\frac{x^2}{a^2} + \frac{y^2}{b^2} - 1\right) = -G\theta\frac{a^2b^2}{a^2+b^2}\left(\frac{x^2}{a^2} + \frac{y^2}{b^2} - 1\right) \tag{c}$$

将(c)代入到式(13.16)可得

$$T = 2\iint \Phi \mathrm{d}x\mathrm{d}y$$

$$= -2G\theta \frac{a^2 b^2}{a^2+b^2}\Big[\frac{1}{a^2}\iint x^2 \mathrm{d}x\mathrm{d}y + \frac{1}{b^2}\iint y^2 \mathrm{d}x\mathrm{d}y - \iint \mathrm{d}x\mathrm{d}y\Big]$$

$$= -2G\theta \frac{a^2 b^2}{a^2+b^2}\Big(\frac{I_y}{a^2} + \frac{I_z}{b^2} - A\Big)$$

$$= \frac{G\pi a^3 b^3}{a^2+b^2}\theta$$

式中,I_y、I_z 和 A 分别为截面的惯性矩和面积。因此,扭矩 T 和扭转角 θ 之间的关系式为

$$T = \frac{G\pi a^3 b^3}{a^2+b^2}\theta \tag{d}$$

根据定义知,扭矩 T 和单位长度扭转角 θ 之间的比例常数就是抗扭刚度 GI_n,所以

$$I_n = \frac{\pi a^3 b^3}{a^2+b^2} \tag{e}$$

$$\theta = \frac{T}{GI_n}$$

出于方便考虑,下面方程中仍采用常数 B 表示应力函数 $\Phi(x,y)$,将 $\Phi(x,y)$ 表达式代入到应力分量表达式(13.11)可得

$$\tau_{zx} = \frac{\partial \Phi}{\partial y} = \frac{2By}{b^2} = -\frac{2G\theta a^2}{a^2+b^2}y$$

$$\tau_{yz} = -\frac{\partial \Phi}{\partial x} = -\frac{2Bx}{a^2} = \frac{2G\theta b^2}{a^2+b^2}x \tag{13.21}$$

横截面内任一点的总切应力为

$$\tau = \sqrt{\tau_{zx}^2 + \tau_{yz}^2} = -2B\sqrt{\Big(\frac{x}{a^2}\Big)^2 + \Big(\frac{y}{b^2}\Big)^2} \tag{13.22}$$

沿椭圆半径方向上 x 和 y 关系可表达成直线方程 $y = kx$,其中 k 为其斜率。则方程(13.22)可变化为

$$\tau = -2B\sqrt{\frac{1}{a^4} + \frac{k^2}{b^4}} \cdot x \tag{13.23}$$

方程(13.23)表明:沿半径方向切应力仍然遵从直线规律变化,且最大切应力发生于外边界 x 最大处。因此,椭圆截面杆件扭转时的最大切应力发生于截

面边缘处。沿椭圆边界点(x,y)满足椭圆方程

$$\frac{x^2}{a^2} + \frac{y^2}{b^2} = 1 \ \text{或}\ y^2 = b^2(1 - \frac{x^2}{a^2}) \tag{f}$$

将其代入切应力表达式(13.23)可得沿椭圆边界切应力变化规律

$$\tau = -2B\sqrt{\frac{x^2}{a^4} + \frac{1}{b^2}(1 - \frac{x^2}{a^2})} = -2B\sqrt{\frac{1}{b^2} + \frac{x^2}{a^2}(\frac{1}{a^2} - \frac{1}{b^2})} \tag{13.24}$$

式中，x取椭圆边界上的点的x坐标。易见，当$x = 0$时τ取最大值，即短轴端点切应力最大，其值为

$$\tau_{max} = 2\frac{a^2 b}{a^2 + b^2}G\theta = \frac{2T}{\pi ab^2} \tag{13.25}$$

截面内一点切应力方向可以根据切应力分量比值确定，由方程(13.21)有

$$\frac{\tau_{yz}}{\tau_{zx}} = -\frac{b^2}{a^2}\frac{x}{y} \tag{13.26}$$

方程(13.26)表明：沿同一半径各点的纵横切应力分量比值是相同的。所以，沿半径方向上各点的总切应力τ的方向均相同。已知在横截面边缘上各点切应力均与边界曲线相切，所以沿椭圆半径上各点切应力方向都平行于截面边缘点的切线。

接下来分析椭圆截面扭杆横截面的翘曲位移w，即设法求出扭转函数$\varphi(x,y)$。根据前述假定，横截面变形后在原平面内的投影只是绕扭转轴发生了刚性转动。目前扭杆应力分量已经得到，于是从相应的方程(13.3)可得

$$G\theta(\frac{\partial \varphi}{\partial x} - y) = -\frac{2G\theta a^2}{a^2 + b^2}y$$

$$G\theta(\frac{\partial \varphi}{\partial y} + x) = \frac{2G\theta b^2}{a^2 + b^2}x$$

整理后可得

$$\frac{\partial \varphi}{\partial x} = \frac{b^2 - a^2}{a^2 + b^2}y$$

$$\frac{\partial \varphi}{\partial y} = \frac{b^2 - a^2}{a^2 + b^2}x \tag{g}$$

将方程(g)分别对x和y积分，可得

$$\varphi = \frac{b^2 - a^2}{a^2 + b^2}xy + f_1(y)$$

$$\varphi = \frac{b^2 - a^2}{a^2 + b^2}xy + f_2(x) \tag{h}$$

欲使方程(h)中的两式所表达的函数 φ 相同,必须有 $f_1(y) = f_2(x)$,由于 f_1 和 f_2 分别为 y 和 x 的函数,所以只有当它们为同一常数 C 时才能满足 $f_1(y) = f_2(x)$,即 $f_1(y) = f_2(x) = C$。如此,则相当于杆件有了一个沿轴向 z 的刚体位移 θC,对于结构应力和变形分析而言,刚体位移无需考虑,所以最后可扭转函数表达为

$$\varphi = \frac{b^2 - a^2}{a^2 + b^2} xy \tag{13.27}$$

将其代入方程(13.1)可得到椭圆截面扭杆翘曲量为

$$w(x,y) = \frac{b^2 - a^2}{a^2 + b^2} \theta xy \tag{13.28}$$

显而易见,方程(13.28)描述的截面翘曲量分布为双曲抛物面。随截面内点位置坐标 (x,y) 不同,各点轴向位移 w 的符号发生变化,而造成沿 z 向呈现凸出或凹陷,一三象限为凹陷区域,二四象限为凸起区域,在坐标轴(椭圆截面对称轴)上 $w = 0$。

给定扭矩 T,可从方程(e)求出扭转角 θ,利用以上相应诸方程即可计算出椭圆扭杆的应力和变形。

图 2 给出了某椭圆截面扭杆有限元分析给出的截面翘曲位移分布和切应力分布,结果与上述分析相吻合。

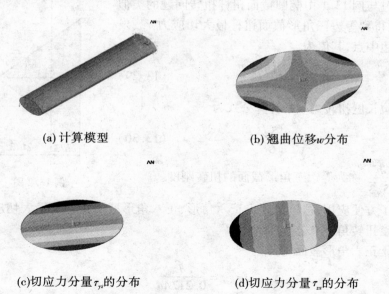

(a) 计算模型　　　　　　　　(b) 翘曲位移 w 分布

(c) 切应力分量 τ_{yz} 的分布　　(d) 切应力分量 τ_{zx} 的分布

例 13.1 图 2

半径为 r 的圆截面杆（圆轴）自然可看做是椭圆截面杆的特例，此时 $a=b=r$。应用以上诸方程可得

$$I_n = \frac{\pi r^4}{2} = I_p,\ \theta = \frac{T}{GI_p},\ \tau_{max} = G\theta r = \frac{Tr}{I_p},\ w = 0$$

前面三个式子就是材料力学（Ⅰ）中的结果，而最后的式子进一步证实了圆截面扭杆问题分析时平面假设的合理性。

【例 13.2】　等边三角形截面杆扭转分析。

解：设扭杆截面为等边三角形，如图所示，等边三角形高为 h。根据前面介绍方法，在图示坐标系下，扭杆之应力函数可用下列关系式表示

$$\Phi(x,y) = B\left(x - \sqrt{3}y - \frac{2h}{3}\right)\left(x + \sqrt{3}y - \frac{2h}{3}\right)\left(x + \frac{h}{3}\right)$$

将以上方程代入式（13.18）可得到系数 B 表达式为

$$B = \frac{G\theta}{2h}$$

于是，应力函数最终可表达为

$$\Phi(x,y) = \frac{G\theta}{2h}\left(x - \sqrt{3}y - \frac{2h}{3}\right)\left(x + \sqrt{3}y - \frac{2h}{3}\right)\left(x + \frac{h}{3}\right)$$

通过与例 13.1 中椭圆截面扭杆扭转问题的类似推导，可得到等边三角形截面扭杆最大切应力 τ_{max} 发生在各边中点，其值为

$$\tau_{max} = \frac{15\sqrt{3}\,T}{2h^3} \qquad (13.29)$$

单位长度扭转角 θ 的计算公式为

$$\theta = \frac{15\sqrt{3}\,T}{Gh^4} \qquad (13.30)$$

式中，$\dfrac{Gh^4}{15\sqrt{3}}$ 称为等边三角形截面的扭转刚度。

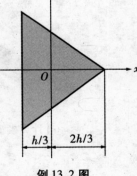

例 13.2 图

为了方便应用，这里也列出正六角形、正八角形截面扭杆的最大切应力和单位长度扭转角计算公式如下：

对于正六角形截面，有

$$\tau_{max} = \frac{T}{0.217Ad} \qquad (13.31)$$

$$\theta = \frac{T}{0.133Ad^2 G} \qquad (13.32)$$

对于正八角形截面，有

$$\tau_{max} = \frac{T}{0.223Ad} \tag{13.33}$$

$$\theta = \frac{T}{0.130Ad^2G} \tag{13.34}$$

在式(13.31)～式(13.34)中，d 表示内切圆直径，A 为截面积。

对于截面为梯形的情形，最大应力和扭转角的近似值可采用等效矩形截面来代替梯形截面而求得，具体等效处理办法可参考相关书籍。

对于任何实心截面(即截面为单连通)轴，采用同等截面面积和同等极惯性矩的等效椭圆来代替原截面，通过椭圆截面扭杆应力和转角计算公式可近似求得任意实心截面扭杆的应力和扭转角。

【例13.3】　矩形截面杆扭转分析。

解：前述间接法不适用于矩形截面，这是因为仅仅根据截面边界曲线不能唯一确定常数 B，矩形截面杆的扭转分析可以应用级数解法来实现。

设某矩形截面扭杆，横截面的宽与高尺寸分别为 $2b$ 和 $2h$，如例13.3图所示。根据前面的讨论知，扭转应力函数 $\Phi(x,y)$ 在矩形内要满足方程(13.18)，在矩形边界上为零。若将 $\Phi(x,y)$ 取为下列单三角级数

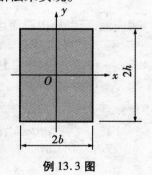

例 13.3 图

$$\Phi(x,y) = \sum_{n=1,3,5,\cdots}^{\infty} C_n Y_n(y) \cos(\frac{n\pi x}{2b}) \tag{a}$$

式中，$Y_n(y)$ 仅是变量 y 的函数，易见在边界 $x = \pm b$ 上，边界条件对应力函数 $\Phi(x,y) = 0$ 的要求自然满足。将方程(13.18)中的右端项 $-2G\theta$ 也展成三角级数

$$-2G\theta = -\sum_{n=1,3,5,\cdots}^{\infty} (-1)^{\frac{n-1}{2}} \frac{8G\theta}{n\pi} \cos(\frac{n\pi x}{2b}) \tag{b}$$

把(a)和(b)式代入到方程(13.18)中并整理后，得

$$\sum_{n=1,3,5,\cdots}^{\infty} \left[C_n Y''_n(y) - C_n \frac{n^2\pi^2}{4b^2} Y_n(y) + (-1)^{\frac{n-1}{2}} \frac{8G\theta}{n\pi} \right] \cos(\frac{n\pi x}{2b}) = 0 \tag{c}$$

要使(c)式成立，则要求级数每一项方括号中的系数等于零。由此得到待定函数 $Y_n(y)$ 必须满足的微分方程如下

$$Y''_n(y) - \frac{n^2\pi^2}{4b^2} Y_n(y) = -(-1)^{\frac{n-1}{2}} \frac{8G\theta}{n\pi C_n} \tag{d}$$

微分方程(d)式的通解为

$$Y_n(y) = A_n \text{sh} \frac{n\pi y}{2b} + B_n \text{ch} \frac{n\pi y}{2b} + (-1)^{\frac{n-1}{2}} \frac{32b^2 G\theta}{n^3\pi^3 C_n} \tag{e}$$

根据切应力互等定理，横截面上关于 x 轴对称的两点的切应力分量 τ_{zx} 应大

小相等、方向相反，因此要求 $\partial\Phi/\partial y$ 是关于 y 的奇函数，即 $\mathrm{d}Y_n/\mathrm{d}y$ 应是关于 y 的奇函数。这就要求（e）式中系数 $A_n = 0$，因此

$$Y_n(y) = B_n\,\mathrm{ch}\,\frac{n\pi y}{2b} + (-1)^{\frac{n-1}{2}}\frac{32b^2 G\theta}{n^3\pi^3 C_n} \tag{f}$$

再利用边界 $y = \pm h$ 上，应力函数 $\Phi(x,y) = 0$ 的条件，可得到 $Y_n(y) = 0$，（$y = \pm h$）。由此可以确定出系数

$$B_n = (-1)^{\frac{n-1}{2}}\frac{32b^2 G\theta}{n^3\pi^3 C_n}\frac{1}{\mathrm{ch}\,\dfrac{n\pi h}{2b}} \tag{g}$$

将（g）式代入到（f）式，然后再代入到（a）式可求出扭转应力函数

$$\Phi(x,y) = \frac{32b^2 G\theta}{\pi^3}\sum_{n=1,3,5,\cdots}^{\infty}(-1)^{\frac{n-1}{2}}\frac{1}{n^3}\left(1 - \frac{\mathrm{ch}\,\dfrac{n\pi y}{2b}}{\mathrm{ch}\,\dfrac{n\pi h}{2b}}\right)\cos\frac{n\pi x}{2b} \tag{h}$$

相应地，可以导出截面切应力分量表达式如下

$$\tau_{yz} = -\frac{\partial\Phi}{\partial x} = \frac{16bG\theta}{\pi^2}\sum_{n=1,3,5,\cdots}^{\infty}(-1)^{\frac{n-1}{2}}\frac{1}{n^2}\left(1 - \frac{\mathrm{ch}\,\dfrac{n\pi y}{2b}}{\mathrm{ch}\,\dfrac{n\pi h}{2b}}\right)\sin\frac{n\pi x}{2b} \tag{i}$$

$$\tau_{zx} = \frac{\partial\Phi}{\partial y} = -\frac{16bG\theta}{\pi^2}\sum_{n=1,3,5,\cdots}^{\infty}(-1)^{\frac{n-1}{2}}\frac{1}{n^2}\left(1 - \frac{\mathrm{sh}\,\dfrac{n\pi y}{2b}}{\mathrm{ch}\,\dfrac{n\pi h}{2b}}\right)\cos\frac{n\pi x}{2b} \tag{j}$$

易见，τ_{zx} 在中点 $x = 0$ 处达到极值，而 τ_{yz} 在中点 $y = 0$ 处达到极值。且当 $h > b$ 时最大切应力 $\tau_{\max}$ 发生于长边中点。令 $x = b$ 和 $y = 0$ 可得

$$\tau_{\max} = \frac{16bG\theta}{\pi^2}\sum_{n=1,3,5,\cdots}^{\infty}\frac{1}{n^2}\left(1 - \frac{1}{\mathrm{ch}\,\dfrac{n\pi h}{2b}}\right) \tag{k}$$

令

$$\beta = \frac{8}{\pi^2}\sum_{n=1,3,5,\cdots}^{\infty}\frac{1}{n^2}\left(1 - \frac{1}{\mathrm{ch}\,\dfrac{n\pi h}{2b}}\right) \tag{k}$$

β 为与 h/b 相关的系数，则（j）式可表示成

$$\tau_{\max} = \beta \cdot 2bG\theta \tag{l}$$

将扭转应力函数 $\Phi(x,y)$ 表达式（h）代入到方程（13.16）可求出转角与扭矩关系

$$T = 2 \int_{-h}^{h} \int_{-b}^{b} \Phi \mathrm{d}x\mathrm{d}y = \frac{32\,(2b)^3(2h)G\theta}{\pi^4} \sum_{n=1,3,5,\cdots}^{\infty} \frac{1}{n^4} - \frac{64\,(2b)^4 G\theta}{\pi^5} \sum_{n=1,3,5,\cdots}^{\infty} \frac{1}{n^5}\mathrm{th}\frac{n\pi h}{2b}$$

（m）

利用数列求和公式

$$1 + \frac{1}{3^4} + \frac{1}{5^4} + \cdots = \frac{\pi^4}{96}$$

方程（m）可写成

$$T = (2b)^3(2h)G\theta \left[\frac{1}{3} - \frac{64b}{\pi^5 h} \sum_{n=1,3,5,\cdots}^{\infty} \frac{1}{n^5}\mathrm{th}\frac{n\pi h}{2b} \right]$$

（n）

令

$$\gamma = \left[\frac{1}{3} - \frac{64b}{\pi^5 h} \sum_{n=1,3,5,\cdots}^{\infty} \frac{1}{n^5}\mathrm{th}\frac{n\pi h}{2b} \right]$$

则方程（n）可写成

$$T = \gamma\,(2b)^3(2h)G\theta$$

（o）

或

$$\theta = \frac{T}{\gamma\,(2b)^3(2h)G}$$

（p）

式中，γ 为 h/b 有关的系数。将（p）式代入到（l）式则有

$$\tau_{\max} = \frac{T}{\alpha\,(2b)^2(2h)}$$

（q）

式中，$\alpha = \beta/\gamma$。

对应于几种不同 h/b 比值的系数 α、β、γ 列于表 13.1 中。

表 13.1　系数 α、β、γ 数值表

h/b	1.0	1.2	1.5	2.0	2.5	3.0	4	5	10	∞
β	0.675	0.759	0.848	0.930	0.968	0.985	0.997	0.999	1.000	1.000
γ	0.141	0.166	0.196	0.220	0.249	0.263	0.281	0.291	0.312	0.333
α	0.208	0.219	0.231	0.246	0.258	0.267	0.282	0.291	0.312	0.333

13.2　薄膜比拟法

除了前面一些规则几何形状截面外，工程中最重要的一类扭杆是薄壁扭

杆,这些杆件包括具有薄壁特征的各种型材截面和箱型截面等,难以用上述方法求得精确解析解。在这种情况下,可以使用 Prandtl 提出的薄膜比拟法求近似解。Prandtl 提出的薄膜比拟法不仅有助于扭杆问题的理论求解,而且也提供了一种可操作的实验方法。

　　力学问题中经常会遇到一些尽管物理本质完全不同却可以得出相同形式数学方程的问题,因而这些问题之间就可以相互比拟。例如,不必解方程就可以说某一问题的变量 x_1 与 y_1 之间有着与另一问题的变量 x_2 与 y_2 之间相同的关系。也就是说变量 x_2 可以与 x_1 相比拟,而变量 y_2 可以与 y_1 相互比拟。如果对于第一个问题不解它的方程人们就很难想象出变量 x_1 与 y_1 之间会是怎样的关系特性,但对第二个问题却可以比较简单、明白地说明变量 x_2 与 y_2 之间的关系,这样就可通过构建比拟分析,借助于第二个问题的意义特点,探索第一个问题中存在的、类似于第二个问题中的明显的规律性东西。本节介绍的扭转问题分析的薄膜比拟法即是如此。无论扭杆截面是什么样的形状,其扭转问题的微分方程总与轮廓与扭杆横截面形状相同、沿周边绷紧、一侧表面受有均布压力作用而鼓起的薄膜的平衡问题的微分方程相同。如图 13.4 所示,若薄膜鼓起所形成的曲面的斜度充分小,则可以证明薄膜的离面位移(即挠度)$z(x,y)$ 和扭转应力函数 $\Phi(x,y)$ 所需要满足的数学方程形式完全相同。应力的比拟量是薄膜挠曲表面的切线与轮廓平面所夹的角度;而扭矩的比拟量是薄膜表面与轮廓平面所包围的体积。

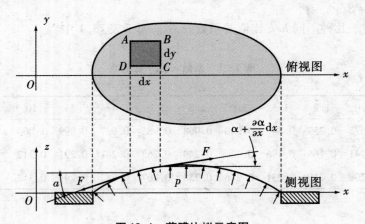

图 13.4　薄膜比拟示意图

　　为方便对比,此处将扭转方程(13.18)重列如下

$$\nabla^2 \Phi = \frac{\partial^2 \Phi}{\partial x^2} + \frac{\partial^2 \Phi}{\partial y^2} = -2G\theta \qquad (13.35)$$

等价的薄膜方程(可以通过薄膜单元静力平衡条件导出,受篇幅所限,其推导过程此处从略)为

$$\nabla^2 z = \frac{\partial^2 z}{\partial x^2} + \frac{\partial^2 z}{\partial y^2} = -\frac{p}{F} \qquad (13.36)$$

式中,$z(x,y)$ 为薄膜内侧表面受横向压力 p 作用、周边受均匀拉力 F 作用的薄膜曲面的侧向挠度。F 为薄膜边线单位长度内的拉力。

比较方程(13.18)和(13.36)可得下列比拟量

$$z(x,y) = k\Phi(x,y)$$
$$\frac{p}{F} = k \cdot 2G\theta \qquad (13.37)$$

式中,k 为比例常数,将两式相除则有

$$\frac{z}{p/F} = \frac{\Phi}{2G\theta} \ \text{或} \ \Phi = \frac{2G\theta F}{p}z$$

于是

$$\frac{\partial \Phi}{\partial x} = \frac{2G\theta F}{p}\frac{\partial z}{\partial x} = -\tau_{yz}, \qquad \frac{\partial \Phi}{\partial y} = \frac{2G\theta F}{p}\frac{\partial z}{\partial y} = \tau_{zx}$$

显而易见,薄膜位移 z 与扭转应力函数 Φ 成正比,扭杆某点(x,y)的切应力分量与薄膜相应点(x,y)的斜度成正比。因此,扭杆横截面上的切应力分量的分布可以很容易地想象成相应薄膜的斜度。对于单连通截面,因 z 与 Φ 成正比,根据方程(13.16)易知扭矩 T 正比于薄膜曲面和 xy 平面所包围的体积。需要说明的是,对于多联通截面,尚需其他附加条件。

薄膜表面几何特性与扭杆切应力分布之间的关系总结如下:

(1)挠曲薄膜上任意一点处等高线的切线表示扭杆截面上相应点处切应力方向。

(2)薄膜上任意一点处最大斜率等于扭杆上相应点的总切应力 τ。

(3)挠曲薄膜表面与其外形线所在平面(即未加横向压力前的原始薄膜平面)间所包含的容积的两倍等于扭杆的扭矩 T。

上述关于薄膜比拟的三点结论可以很容易地通过圆轴扭转情形得到证明,读者可以按照比拟法自行推导。

在其他情形下,对于扭杆的给定截面,挠曲薄膜的表面形状很容易想象。即使不进行实验而仅目测薄膜所呈的形状,就可以提供有价值的推论。例如,若有几个薄膜覆盖平板上的钻孔,则相应的扭杆具有相等的 $G\theta$ 值。所以,由相

同材料制成的扭杆的刚度与薄膜挠曲曲面容积成正比。当截面积相等时,可以推断狭长矩形截面的刚度最小,而圆截面的刚度最大。对于扭杆横截面的应力分布,也很容易能够通过薄膜挠曲形状观察获得定性结论,给出扭杆的应力分布规律。对于具有外凸角和内凹角的截面,在直线相交的外凸角角点薄膜的斜度和切应力均为零,所以外角无需设计。但在内凹角处,相应薄膜的斜度为无限大,这说明扭杆中此点的切应力为无限大。实际上完全直线相交的凹角在实践中是不存在的。尽管如此,内凹角处将产生远大于其他点的切应力值,形成所谓的应力集中现象。

　　* 关于凹角的讨论:当扭杆截面中存在凹角时,特别是尖锐凹角或过渡圆角很小情况,因为该处存在严重的应力集中,需要特别注意。如果扭杆系由韧性材料制成,且只承受静载荷,则在凹角点附近的材料将发生屈服,而荷载会重新分配到附近的材料中,此时凹角处的应力集中并不重要。若材料为脆性,或材料虽是韧性、但扭杆承受疲劳载荷,则凹角处的局部高应力将明显限制扭杆的承载能力。这种情况下,要么对截面几何形状进行修改,将凹角处的应力集中现象尽可能消除到可接受水平,要么重新设计扭杆。

　　通过分析可以得到具有圆角半径 ρ 的凹角处的应力集中值(见第 17 章)。对于槽型、工字型等开口薄壁截面,凹角处的最大应力绝对值为

$$\tau_{\max} = \tau_0 \left(1 + \frac{\delta}{4\rho}\right)$$

式中,τ_0 为远离凹角处的无应力集中的切应力,δ 为壁厚。显而易见,随着圆角半径 ρ 的减小,最大切应力急剧增大。对于闭口薄壁杆件,由于剪力流为恒量,可以得到凹角处的最大切应力为

$$\tau_{\max} = \frac{\delta \tau_0}{\rho \ln\left(1 + \frac{\delta^*}{\rho}\right)}$$

式中,δ^* 为凹角处的法向壁厚。易见随着圆角半径 ρ 的减小,最大切应力也将急剧增大。但增加速率不如开口薄壁杆件大。

　　对于薄膜挠曲曲面形状不能很容易地用解析法求得时的较复杂情况,可以利用一些不太复杂的仪器通过实验研究获得定性和定量结果。薄膜实验研究通常采用的方法是利用皂膜和薄橡皮作为均匀伸张的薄膜,通过一些装置构成研究截面形状,薄膜挠曲面的挠度和斜率可应用云纹法或散斑干涉法等实验力学方法测量薄膜曲面上的等高线及其偏导数,测量精度足以满足科学研究和工

程应用需要。

为了建立定量测量得到的薄膜斜率和扭转应力之间的关系,通常采用的方法是,除了所研究的截面外,在试验模型平板上钻一代表圆轴截面的圆孔。若两个开口采用相同的薄膜,则其 p/F 值相同,代表相应扭杆的 $G\theta$ 值相同。采用双模型方法不仅提高了模型测量精度,同时还可以消除固体材料(薄橡皮)制成的薄膜本体刚度的影响。对于给定非圆截面的扭杆和已知直径的参考圆轴,当其单位长度扭转角 θ 和剪切模量 G 都相同时,如测量出两薄膜的斜率就可以比较两轴中的应力。两种截面杆相应的扭矩比 n 可以通过薄膜与平板间的容积比而获得。由于实心圆截面扭杆的 T、θ 和 τ 三者之间的关系是已知的。因此在两个弹性薄膜上测得的结果可用于比较两个相应扭杆在同一单位扭转角下的扭矩和切应力。具体地说就是任何给定扭矩下圆轴上任意点的应力可以用已有公式方便地算出,将圆轴上选定点的应力 τ_0 乘以所研究的两点上由实验测得的最大斜率之比,就得到了非圆截面扭杆上任意点由扭矩 nT 所产生的应力 τ。

比拟方法并不是唯一的,对于杆件扭转问题还可以提供其他的比拟方法,如与流体动力学的流动定律相关的比拟。在弹性理论中解决某些问题时也可以利用静电比拟,用测量模型中要研究的区域内各点的静电场强度的方法来建立在弹性体内应力的分布规律。在现代工程中,已广泛地应用了各种比拟法。有时利用人为构建的系统进行比拟。这种方法可以研究许多复杂的难于直接观测的过程。例如飞行器的火箭的稳定问题,在这种情况下可以采用专用电子模拟装置中一定结点的电位来模拟火箭在空间的转角。

随着计算机和有限元技术的发展,工程中复杂的结构强度和稳定性问题能够得到极其真实地仿真分析。各种复杂截面扭杆问题可以通过三维有限元分析获得令人满意的数值计算结果。尽管如此,解析法和直观明了的比拟法在通用理论研究和工程应用方面仍具有重要的地位。

13.3　狭长矩形截面杆的扭转

前面采用应力函数级数解法讨论了矩形截面杆的扭转,当矩形的边长比较大时就得到狭长矩形截面。工程中有许多机械零件和结构件的截面是由狭长矩形组成,因为狭长矩形便于应用构成复杂的组合形状截面。这些构件主要用于承受拉压和弯曲载荷。但是,它们也可能要承受次要的扭矩载荷。应用弹性薄膜比拟法可以较容易地求得狭长矩形截面扭杆的解。

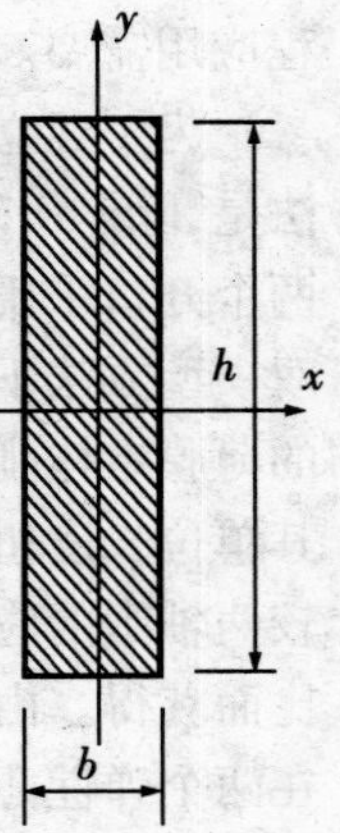

研究张紧于狭长矩形边界上的薄膜挠曲状态。在均匀压力 p 作用下,远离矩形短边的挠曲面可看做柱形面。除靠近两端短边附近区域外,薄膜的挠度大致与 y 无关。并可以认为小挠度情况下表面上每一细条的性状可近似地当作受均布压力载荷作用的弦,挠曲柱面的横截面是抛物线。设狭长矩形的长为 h,宽为 b,$b \ll h$,如图 13.5 所示。其最大挠度 z_0 可由下式给出

$$z_0 = \frac{pb^2}{8F} \qquad (13.38)$$

薄膜的挠曲位移方程可近似地表示为

$$z = z_0\left[1 - \left(\frac{x}{b}\right)^2\right] = \frac{pb^2}{8F}\left[1 - \left(\frac{x}{b}\right)^2\right] \qquad (13.39)$$

图 13.5　狭长矩形

薄膜挠曲面与平面 $z = 0$ 之间的体积的两倍为

$$2V = 2 \cdot \frac{2}{3}z_0 bh = \frac{1}{6}\frac{phb^3}{F}$$

根据比拟关系,以 $2G\theta$ 代替 p/F,挠度 z 相当于应力函数 Φ,最大斜率相应于最大切应力,以及薄膜曲面与原平面围成的容积 2 倍相当于扭矩 T。从而可以得出应力函数、横截面上任意点的切应力和扭矩如下

$$\Phi(x,y) = G\theta\frac{b^2}{4}\left[1 - \left(\frac{2x}{b}\right)^2\right]$$

$$\tau_{yz} = -\frac{\partial \Phi}{\partial x} = 2G\theta x$$

$$\tau_{zx} = \frac{\partial \Phi}{\partial y} = 0$$

$$T = \frac{1}{3}G\theta hb^3$$

易见,沿截面宽度 τ_{zx} 按直线规律变化,且在 $x = \pm b/2$ 处有最大切应力 $\tau_{\max}$,其值为

$$\tau_{\max} = G\theta b$$

$$\tau_{zx} = \frac{\partial \Phi}{\partial y} = 0$$

由上述各式简单整理后可得狭长矩形截面扭杆的抗扭刚度 GI_n、扭转角 θ 和最大切应力 $\tau_{\max}$ 的计算公式

$$GI_n = \frac{1}{3} Ghb^3$$

$$\theta = \frac{T}{GI_n} = \frac{T}{\frac{1}{3} Ghb^3}$$

$$\tau_{max} = \frac{T}{\frac{1}{3} hb^2}$$

（13.40）

这些公式和结论在材料力学（I）中曾经未加证明地引用过。另外，必须指出，此解为近似解，适用于狭长矩形截面的距离两端稍远处。尤其在 $y = \pm h/2$ 处边界条件得不到满足。

对于型材截面扭杆问题，可以借助于狭长矩形扭杆计算公式得到解决。对截面如图 13.6(a) 所示的开口薄壁圆环扭杆，若采用薄膜比拟法进行分析，则挠曲面仍可近似地看做是横截面为抛物线的柱面。基于狭长矩形截面扭杆获得的扭转角、切应力等计算公式仍可使用，只要将这些截面的中心线展开长度代替狭长矩形截面中的直线长度 h 即可。

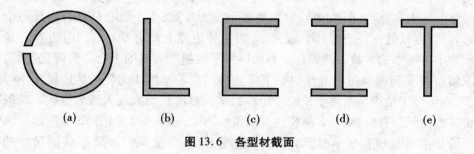

(a)　　　　(b)　　　　(c)　　　　(d)　　　　(e)

图 13.6　各型材截面

在工程实际中，图 13.6(b)、(c)、(d) 所示的角钢、槽钢和工字钢等型钢主要用于承受弯曲和拉伸载荷，但有时也会受到扭转载荷作用，特别是横向载荷未通过截面的剪切中心时会附加扭转作用，产生附加扭矩。当其受扭时，可以将型钢截面看做是由几个狭长矩形构成的组合截面。相应的薄膜挠曲面便由几个横截面为抛物线的柱面组成。对于这些截面，完全类似前面的分析过程，根据薄膜比拟分析结果可定义扭转刚度如下：

$$GI_n = \frac{1}{3} \sum_i Gh_i b_i^3$$

（13.41）

$$\theta = \frac{T}{GI_n} = \frac{T}{\frac{1}{3} Gh_i b_i^3}$$

$$\tau_{max} = \frac{Tb_i}{\frac{1}{3}h_ib_i^3}$$

式中，b_i 和 h_i 分别为某个狭长矩形的宽度和长度。

对于图 13.6(e) 所示的狭长梯形截面情况，可以采用两种方法处理，一是将狭长梯形按照面积等效原则简化成狭长矩形；另一种方法是将挠曲薄膜离狭边足够远的曲面看做锥台表面就可以得到近似解。具体计算方法可参见铁摩辛克著《材料力学–高等理论和应用》一书。

13.4　闭口薄壁扭杆　多联通截面

工程中大量应用的空心薄壁管件和箱型结构都是属于多联通截面。通常情况下求解多联通截面杆的扭转问题要比求解实心截面扭杆困难得多，采用薄膜比拟法求解这类杆件的扭转非常有效。首先研究只有内外两个边界的空心扭杆。扭杆空心区的侧面上无切应力作用，所以薄膜在空心区的斜度必为零。根据前述内容，应力函数 Φ 在截面边界上应为常数，由于空心杆具有内外两个边界，所以只能在一个边界上取为零，如在外边界上规定 $\Phi=0$，则内边界上 Φ 就为不等于零的常数。薄膜在空心面域将形成斜度为零的平台。为简化起见，求解薄壁非圆截面扭杆时作出如下简化假设。若壁厚 δ 比截面其他尺寸小得多，则平行于轴线而垂直于截面外边界的平面对薄膜的截线大致为直线。现假设这些截线为直线，则沿 δ 薄膜各点的斜率不变，都是 h/δ，如图 13.7 所示。该假设是指当壁厚充分小时，切应力沿壁厚不变，当壁厚小于最小截面尺寸的 1/10 时，所产生的误差很小而可以忽略不计。

由于切应力可按薄膜的斜度求得，因此该简化假设得出切应力沿厚度不变。但是若厚度 δ 是变化的，则切应力也将沿边界变化。当薄膜的 p/F 等于扭杆的 $2G\theta$ 时，有

$$\tau = \frac{h}{\delta}, \quad \tau\delta = h = 常量 \tag{a}$$

上式表明沿横截面中线每单位长度内的剪力为恒量，通常称为剪切流，并记为 $q, q=\tau\delta$。由于 q 为常量，所以在壁厚 δ 最小处切应力 τ 最大。根据方程 (13.16) 扭矩 T 等于薄膜与平面 $z=0$ 所围空间容积的 2 倍，即

$$T = 2Ah = 2A\tau\delta \tag{b}$$

式中，A 为截面中线所围成面域的面积，由 (b) 式可给出切应力 τ 的计算公式

$$\tau = \frac{T}{2A\delta} \tag{13.42}$$

T、θ 和 τ 与截面尺寸之间的关系可按照 z 向的平衡条件导出。

$$\sum F_z = pA - \oint_S F\sin\alpha \mathrm{d}s = 0 \tag{c}$$

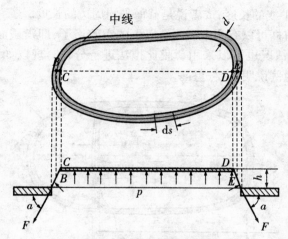

图 13.7　多连通截面薄膜比拟

由于薄膜挠度很小，夹角 α 不大，则有 $\sin\alpha \approx \tan\alpha = h/\delta$。代入到（c）式并利用薄膜比拟对等关系有

$$\frac{p}{F} = \frac{h}{A}\oint_S \frac{\mathrm{d}s}{\delta} = \frac{1}{A}\oint_S \tau \mathrm{d}s = 2G\theta \tag{d}$$

从而有

$$\theta = \frac{1}{2GA}\oint_S \tau \mathrm{d}s \tag{13.43}$$

计算单位长度扭转角 θ 的方程（13.43）还可以通过应用功能原理导出。

薄壁管单位长度内的应变能为

$$U = \oint_S \frac{\tau^2 h \mathrm{d}s}{2G} = \frac{T^2}{8A^2 G}\oint_S \frac{\mathrm{d}s}{h} \tag{e}$$

作用扭矩 T 产生转角 θ 所做的功为

$$W = \frac{1}{2}T\theta \tag{f}$$

根据功能原理，有 $W = U$，故从（e）和（f）也可得出方程（13.43）。

将切应力表达式（13.42）代入（13.43）可得

$$\theta = \frac{T}{4GA^2} \oint_S \frac{\mathrm{d}s}{\delta} \qquad (g)$$

若杆件壁厚 δ 不变,则上式(g)可简化为

$$\theta = \frac{TS}{4GA^2\delta} \qquad (13.44)$$

式中, S 为截面中线的长度,或者说是截面平均周边的长度。

薄壁空心扭杆可以有两个或两个以上的空腔格子,即横截面边界多于两条封闭曲线,此种情况也可以采用薄膜比拟法进行分析。现以如图 13.8 所示两格空心薄壁杆为例说明主要过程。

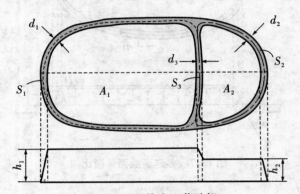

图 13.8 两格空心薄壁杆

图示截面中的边界共有三条封闭曲线。设截面各段厚度分别为 δ_1、δ_2、δ_3,中线长度分别为 S_1、S_2、S_3, S_1 和 S_3 包围的面积为 A_1, S_2 和 S_3 所包围的面积为 A_2,其中下标为 3 的路线为公共边界。类似于前述狭长矩形分析过程,可以求得截面各部分的切应力分别为

$$\tau_1 = \frac{h_1}{\delta_1}, \tau_2 = \frac{h_2}{\delta_2}, \tau_3 = \frac{h_1 - h_2}{\delta_3} = \frac{\tau_1\delta_1 - \tau_2\delta_2}{\delta_3} \qquad (h)$$

根据薄膜比拟中薄膜曲面下的体积两倍等于扭矩,有

$$T = 2(A_1h_1 + A_2h_2) = 2(A_1\tau_1\delta_1 + A_2\tau_2\delta_2) \qquad (i)$$

仿照前面过程,利用薄膜各部分静力平衡条件可导出

$$\theta = \frac{1}{2GA_1}\left[\oint_{S_1}\tau_1\mathrm{d}s + \oint_{S_3}\tau_3\mathrm{d}s\right] \qquad (j)$$

$$\theta = \frac{1}{2GA_2}\left[\oint_{S_2}\tau_2\mathrm{d}s - \oint_{S_3}\tau_3\mathrm{d}s\right]$$

若沿中线 S_1、S_2、S_3 的截面厚度 δ_1、δ_2、δ_3 均为常量,则在这些路线上的切应

力 τ_1、τ_2、τ_3 也是常量，则上式(j)可简化为

$$2GA_1\theta = \tau_1 S_1 + \tau_3 S_3$$

$$2GA_2\theta = \tau_2 S_2 - \tau_3 S_3 \tag{k}$$

由方程(h)中的第三式，加上(i)和(k)式，消去 θ 后可得到 τ_1、τ_2、τ_3 计算公式

$$\tau_1 = T \cdot \frac{\delta_3 S_2 A_1 + \delta_2 S_3(A_1 + A_2)}{2[\delta_1\delta_3 S_2 A_1^2 + \delta_2\delta_3 S_1 A_2^2 + \delta_1\delta_2 S_3(A_1 + A_2)^2]}$$

$$\tau_2 = T \cdot \frac{\delta_3 S_1 A_2 + \delta_1 S_3(A_1 + A_2)}{2[\delta_1\delta_3 S_2 A_1^2 + \delta_2\delta_3 S_1 A_2^2 + \delta_1\delta_2 S_3(A_1 + A_2)^2]} \tag{13.45}$$

$$\tau_3 = T \cdot \frac{\delta_1 S_2 A_1 - \delta_2 S_1 A_2}{2[\delta_1\delta_3 S_2 A_1^2 + \delta_2\delta_3 S_1 A_2^2 + \delta_1\delta_2 S_3(A_1 + A_2)^2]}$$

将 τ_1 或 τ_2 和 τ_3 的表达式代入(j)中可求出扭矩 T 和转角 θ 关系。

类似地可以对多个空腔截面进行分析，随着空腔格子数的增多，计算公式将变得繁复，但借助于计算机程序计算可以方便地进行求解。

13.5 薄壁杆件的约束扭转

当非圆截面杆承受扭转时，截面不再保持为平面而产生翘曲。前面的分析结果大多基于这种翘曲未受到限制，也就是在所有截面均能自由翘曲（即自由扭转）条件下导出的。如将杆的一端或两端加以固定约束，使之不能自由翘曲，或在杆端以外的截面上施加扭矩，则由此扭矩产生的应力和扭转角将受到影响，在约束端不仅产生用来平衡扭矩的切应力分布，还将产生能避免翘曲的正应力分布。对于实心截面或非薄壁或闭口薄壁截面，该影响可能很小。但对于薄壁开口截面，此影响就可能很大。如工字型、槽钢和其他开口薄壁截面杆，在扭转时，如若阻止翘曲将会同时引起凸缘的弯曲，并对扭转角有很大影响。

研究两端简支的工字梁，梁中间作用有扭矩 T，根据对称性知扭转时中间截面必定保持为平面而无翘曲。此截面对端截面的扭转同时还引起凸缘（翼板）的弯曲。任何截面处的扭矩由扭转切应力和翼板弯曲切应力所平衡。由于中间截面保持为平面，可将其看做固定，而扭矩作用在梁的另一端。设梁任意截面的扭转角为 φ，则在考虑翼板弯曲产生的切应力效应后可得到总扭矩为

$$T = C\frac{\mathrm{d}\varphi}{\mathrm{d}x} - \frac{Dh^2}{2}\frac{\mathrm{d}^3\varphi}{\mathrm{d}x^3} \tag{a}$$

式中，C 为梁的扭转刚度，D 为梁的弯曲刚度，h 为梁截面的高度，坐标 x 方向沿

梁轴向。对于两端简支、中间作用集中扭矩的工字梁，扭矩在梁的半长度 l 上不变，端点边界条件为

$$\frac{\mathrm{d}\varphi}{\mathrm{d}x}\bigg|_{x=0} = 0, \quad \frac{\mathrm{d}^2\varphi}{\mathrm{d}x^2}\bigg|_{x=l} = 0 \tag{b}$$

从而可得到方程(a)的解为

$$\frac{\mathrm{d}\varphi}{\mathrm{d}x} = \frac{T}{C}\left(1 - \frac{\mathrm{ch}\dfrac{l-x}{\lambda}}{\mathrm{ch}\dfrac{l}{\lambda}}\right) \tag{c}$$

式中，$\lambda^2 = \dfrac{Dh^2}{2C}$。

由(c)式可见，由于第二项的存在，即使扭矩 T 保持不变，单位长度内的扭转角仍将沿杆的全长变化。对于杆的扭转与凸缘的弯曲有关，其扭转角由类似于(a)的方程式所决定，则称为非均匀扭转。可以证明，工字梁翼板的弯曲并不影响腹板的简单扭转。因为在翼板与腹板的连接点处翼板的弯曲应力为零。对于截面不对称或截面只有一根对称轴情形，如槽钢截面，问题要复杂一些，因为扭转时不仅引起凸缘的弯曲，而且还会引起腹板的弯曲。

一般地，对于非均匀扭转，方程(a)可以写成

$$T = C\frac{\mathrm{d}\varphi}{\mathrm{d}x} - C_1\frac{\mathrm{d}^3\varphi}{\mathrm{d}x^3} \tag{d}$$

式中，常数 C_1 称为翘曲刚度，对于具体问题需要专门确定。本节处理开口截面非均匀扭转的方法也可以应用于多边形截面管件。对于各种常见截面的扭转应力计算公式，以及约束扭转的扭转角计算公式可参阅《Roark's Formulas for Strain and Stress》一书。

13.6* 开口薄壁杆的扭转屈曲

承受均匀轴向压缩的薄壁杆件有时会发生扭转屈曲，因其轴线仍保持为直线，所以扭转屈曲的临界载荷要小于产生压杆弯曲失稳的临界载荷。对于压杆弯曲失稳问题，在《材料力学(Ⅰ)》中已经做了比较详细的介绍，给出了计算临界压力的公式。

现以如图 13.9 所示具有四个相同翼板的杆件在纯扭转时发生屈曲的问题进行分析。

与 x 轴重合的纤维在屈曲时仍保持为直线，作用在端部的压力在杆的各截

面处所产生的扭矩 T_x 为零。引起翼板扭转屈曲的扭矩是由翼板面沿轴向发生弯曲产生的挠度带来的。在临界状态下,处于屈曲形式下的平衡是由作用在纤维旋转截面上的纵向压应力维持。假定厚度 t 一般很小,研究距离轴线为 ρ 处截面为 $t\mathrm{d}\rho$ 的一根微条。易见由于扭转屈曲而产生的挠度为 $w=\rho\varphi$。取小条上取相距 $\mathrm{d}x$ 两相邻截面间的体元作为研究对象,则在微条的微转截面上初始压力 $\sigma t\mathrm{d}\rho$ 的作用下有横向力和对 x 轴的扭矩分别为

$$-(\sigma t\mathrm{d}\rho)\frac{\mathrm{d}^2 w}{\mathrm{d}x^2}\mathrm{d}x = -(\sigma t\mathrm{d}\rho)\rho\frac{\mathrm{d}^2\varphi}{\mathrm{d}x^2}\mathrm{d}x$$

和

$$-\sigma\frac{\mathrm{d}^2\varphi}{\mathrm{d}x^2}\mathrm{d}x(t\rho^2\mathrm{d}\rho)$$

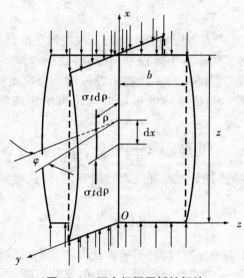

图 13.9　四个相同翼板的杆件

将该微条扭矩沿整个截面积分求和就得到作用在扭转屈曲杆两相邻截面间体元上的扭矩。设所产生的单位长度内的扭矩为 m_x,则

$$m_x = -4\sigma\frac{\mathrm{d}^2\varphi}{\mathrm{d}x^2}\int_0^b t\rho^2\mathrm{d}\rho = -\sigma\frac{\mathrm{d}^2\varphi}{\mathrm{d}x^2}I_0 \tag{a}$$

式中,I_0 为杆截面对剪切中心的极惯性矩,本例中剪切中心与截面形心重合。

将非均匀扭转方程式对 x 求微分,并考虑到 $m_x = -\dfrac{\mathrm{d}T}{\mathrm{d}x}$,有

$$C_1 \varphi'''' - C \varphi'' = m_x \qquad\qquad (b)$$

将（a）代入到（b）式，整理后有

$$C_1 \varphi'''' - (C - \sigma I_0) \varphi'' = 0 \qquad\qquad (13.46)$$

扭转屈曲的临界应力 σ 可由此式求出。

对于本例，四个翼板的横截面中线交于一点，因而，翘曲刚度 $C_1 = 0$。因此，原为四阶的微分方程（13.46）变成二阶，即

$$(C - \sigma I_0) \varphi'' = 0$$

要使扭转屈曲存在，只有上式的系数等于零才可以使方程式有解。故临界应力表达式导出如下

$$\sigma_{cr} = \frac{C}{I_0} = \frac{\dfrac{4}{3} b t^3 G}{\dfrac{4}{3} b^3 t} = G \left(\frac{t}{b} \right)^2 \qquad\qquad (13.47)$$

方程（13.47）表明临界应力与杆的长度及角 φ 决定的屈曲形式无关。这是由于公式推导过程中忽略了在垂直于翼板平面方向内翼板对弯曲的抵抗约束作用所致。精确计算模型应当是将每一片翼板看做沿三边简支而第四边完全自由的屈曲的均匀受压板。根据精确的板屈曲理论可给出精确的临界应力表达式为

$$\sigma_{cr} = \left[0.456 + \left(\frac{b}{l} \right)^2 \right] \frac{\pi^2 G}{6(1 - \nu)} \left(\frac{t}{b} \right)^2 \qquad\qquad (13.48)$$

式中，括号内的第二项为杆长对临界应力的影响，当杆长相对较大时，该项可忽略不计，因此有

$$\sigma_{cr} = \frac{0.75 G}{(1 - \nu)} \left(\frac{t}{b} \right)^2 \qquad\qquad (13.49)$$

对于翘曲刚度 $C_1 \neq 0$，或者具有不对称截面杆屈曲时轴线保持为直线的情况，如开口截面薄壁杆在弯扭复合载荷下产生的屈曲问题，方程（13.49）也是适用的，但要求剪切中心轴与形心轴重合。

令

$$k^2 = \frac{\sigma I_0 - C}{C_1}$$

则方程（13.46）变成

$$\varphi'''' + k^2 \varphi'' = 0 \qquad\qquad (c)$$

方程（c）的解为

$$\varphi = A \sin kx + B \cos kx + A_1 x + A_0 \qquad\qquad (d)$$

将 φ 对 x 求导数，有

$$\varphi' = kA\cos kx - kB\sin kx + A_1$$

$$\varphi'' = -k^2 A\sin kx - k^2 B\cos kx \tag{e}$$

如若压杆两端不能扭转但可以自由翘曲,则有下列边界条件:当 $x=0$ 和 $x=l$ 时,$\varphi = \varphi'' = 0$。将方程(d)、(e)应用到边界条件有

$$B + A_0 = 0$$

$$k^2 B = 0$$

$$A\sin kl + B\cos kl + A_1 l + A_0 = 0 \tag{f}$$

$$k^2 A\sin kl + k^2 B\cos kl = 0$$

由(f)式前两个方程可得到 $A_0 = 0$,$B = 0$,后两个方程变为 $A\sin kl + A_1 l = 0$ 和 $A\sin kl = 0$,将后一式代入到前一式可知 $A_1 = 0$,最后余下 $A\sin kl = 0$。如果 $A = 0$ 则 φ 恒为零,与假设具有扭转屈曲变形不符。要想得到 A 的非零解,必须有 $\sin kl = 0$,即 $kl = n\pi$,$n = 1,2,3,\cdots$。将 k 值定义式代入可得

$$\sigma I_0 - C = \frac{n^2 \pi^2}{l^2} C_1 \tag{g}$$

满足该条件的 σ 最小值为 $n=1$ 情况

$$\sigma_{cr} = \frac{1}{I_0}\left(C + \frac{\pi^2}{l^2}C_1\right) \tag{13.50}$$

对于杆两端均为固定,而同时约束翘曲发生时的边界条件为:当 $x=0$ 和 $x=l$ 时,$\varphi = \varphi' = 0$。根据边界条件必须有

$$B + A_0 = 0$$

$$kA + A_1 = 0$$

$$A\sin kl + B\cos kl + A_1 l + A_0 = 0 \tag{h}$$

$$kA\cos kl - kB\sin kl + A_1 = 0$$

要得到参数 A、B、A_1、A_0 的非零解,必须有方程(h)的系数行列式等于零,即

$$\begin{vmatrix} 0 & 1 & 0 & 1 \\ k & 0 & 1 & 0 \\ \sin kl & \cos kl & l & 1 \\ k\cos kl & -k\sin kl & 1 & 0 \end{vmatrix} = 0 \tag{i}$$

将(i)式展开并整理后可得超越方程

$$kl\sin kl = 2(1 - \cos kl) \tag{j}$$

方程(j)的解为 $kl = 2n\pi$,$n = 1,2,3,\cdots$。因此可得到对应于最小临界应力情况 $kl = 2\pi$,根据 k 值定义式可得最小临界应力为

$$\sigma_{cr} = \frac{1}{I_0}\left(C + \frac{4\pi^2}{l^2}C_1\right) \tag{13.51}$$

* 开口薄壁杆的弯扭组合变形问题

在薄壁杆件受任意横向力作用的一般情况下,任何力均能够用一通过剪切中心轴的平行力和扭矩等效代替。这样简化后的最终分析模型为沿剪切中心轴若干截面内作用有横向力和扭矩的杆,且作用在剪切中心轴上的横向力只引起弯曲,可以按照弯曲问题求解。对于扭转,可参考前面内容和非均匀扭转方程进行分析求解,详细过程可参考相关资料。

对于一般沿轴向承受中心压力的开口薄壁杆件,受压杆不仅发生扭转,而且其轴线还将发生弯曲,属于弯曲扭转联合作用时的屈曲问题。对于开口截面薄壁杆件由于同时受弯曲和扭转变形所引起的屈曲问题分析可参考铁摩辛柯著《材料力学 高等理论及问题》一书中相关内容。

13.7* 扭杆中的纵向正应力

在小变形情形,基于扭杆任意两截面间的距离保持不变假设给出的应力计算公式是足够精确的。但当扭转时如果切应变相当大,则需要计及扭转时轴截面间距离的改变影响。如果希望获得应力的正确数值,那么对于圆截面、狭长矩形截面或薄壁截面,以及钢质或非金属材料制成的受扭杆件都需要考虑由此带来的扭杆纵向正应力问题。

13.7.1 实心圆截面

考虑某直径为 d 的单位长度实心圆轴(图 13.10),假定两相邻截面的距离在扭转时保持不变。令 γ 为轴表面上的切应变,由图中三角形 acc',可得变形后纵向纤维 ac 的长度与变形前长度 ac' 之间的关系为

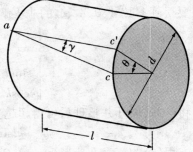

$$\overline{ac} = \frac{\overline{ac'}}{\cos\gamma} = \overline{ac'}(1 + \frac{1}{2}\gamma^2)$$

采用单位长度扭转角 θ 表示

$$\overline{ac} = \overline{ac'}[1 + \frac{1}{2}(\frac{\theta d}{2})^2]$$

纤维 $\overline{ac}$ 的应变为

图 13.10 单位长度实心圆轴

$$\varepsilon_{\max} = \frac{\overline{ac} - \overline{ac'}}{\overline{ac'}} = \frac{1}{2}\gamma^2 = \frac{1}{8}\theta^2 d^2 = \frac{1}{2}\frac{\tau_{\max}^2}{G^2} \qquad (\text{a})$$

应用胡克定律可得相应的拉应力为

$$\sigma_{\max} = E\varepsilon_{\max} = \frac{E}{2}\frac{\tau_{\max}^2}{G^2}$$

对于距离轴线 r 处的任何其他纤维的线应变为

$$\varepsilon = \frac{2r}{d}\varepsilon_{\max}$$

而相应的拉应力为

$$\sigma = \left(\frac{2r}{d}\right)^2 \sigma_{\max} = E\frac{2r^2}{d^2}\frac{\tau_{\max}^2}{G^2} \qquad (\text{b})$$

由此可看出,扭转时若要保持两截面间距离不变,必须有一产生拉应力分布为(b)的纵向拉力作用于杆两端。如果没有此力,则纯扭矩将引起杆件缩短。令 ε_0 代表相应的单位缩短量,则杆扭转时有

$$\sigma = E\frac{2r^2}{d^2}\frac{\tau_{\max}^2}{G^2} - E\varepsilon_0 \qquad (\text{c})$$

ε_0 大小可以通过应力分布(c)提供的纵向力等于零的条件确定。利用微环积分可以得到纵向力并令其为零,即

$$\int_0^{d/2} 2\pi\sigma r dr = \int_0^{d/2} 2\pi\left[E\frac{2r^2}{d^2}\frac{\tau_{\max}^2}{G^2} - E\varepsilon_0\right]r dr = \frac{\pi d^2 E}{4}\left(\frac{\tau_{\max}^2}{4G^2} - \varepsilon_0\right) = 0$$

从而可以得到

$$\varepsilon_0 = \frac{\tau_{\max}^2}{4G^2}$$

代入到(c)式得

$$\sigma = E\frac{\tau_{\max}^2}{4G^2}\left(\frac{8r^2}{d^2} - 1\right) \qquad (\text{d})$$

易见最大应力发生于外表面 $r = d/2$ 上,最大应力值为

$$\sigma = E\frac{\tau_{\max}^2}{4G^2} \qquad (13.52)$$

在截面中心 $r=0$ 处,可以得到同样大小的压应力。从圆轴扭转引起的正应力计算公式可看出,该正应力与扭转最大切应力的平方成正比,其影响程度随 $\tau_{\max}^2$ 的增加而增加。对于钢质轴,$\tau_{\max}$ 通常要比剪切模量 G 小得多,因此,扭转产生的最大正应力要比最大切应力小很多,可以忽略不计。但是对于橡塑类材料制成的轴或杆件,由于切应变和扭转角都较大,$\tau_{\max}$ 可能与 G 同量级,此时 $\sigma_{\max}$

可能很大,计算应力或进行强度分析时必须予以考虑。

13.7.2　狭长矩形截面

对于狭长矩形截面,无论是钢质或是橡塑材料,正应力 σ 也可能与 τ_{max} 的大小同级。设其长边 h 远大于短边 b,那么最远纤维由扭转所产生的最大伸长量可利用圆轴公式计算得到,只需用 h 代替直径 d 即可,即

$$\varepsilon_{max} = \frac{1}{8}\theta^2 h^2$$

考虑纵向的单位收缩量 ε_0 后,距离坐标轴 y 处的纤维应变为

$$\varepsilon = \frac{h^2}{8}\theta^2 \left(\frac{y}{h/2}\right)^2 - \varepsilon_0 = \frac{\theta^2 y^2}{2} - \varepsilon_0$$

相应的拉应力为

$$\sigma = E\left(\frac{\theta^2 y^2}{2} - \varepsilon_0\right)$$

按照前述过程通过令纵向力为零可以确定 ε_0 和正应力 σ。令

$$\int_{-h/2}^{h/2}\sigma b \mathrm{d}y = \int_{-h/2}^{h/2} E\left(\frac{\theta^2 y^2}{2} - \varepsilon_0\right)b\mathrm{d}y = bE\left(\frac{\theta^2}{2}\frac{h^3}{12} - \varepsilon_0 h\right) = 0$$

得 $\varepsilon_0 = \frac{\theta^2}{2}\frac{h^2}{12}$,于是

$$\sigma = \frac{E\theta^2}{2}\left(y^2 - \frac{h^2}{12}\right)$$

易见,距离 x 轴最远处 $y=h/2$ 为最大应力发生点,最大应力值为

$$\sigma_{max} = \frac{E\theta^2 h^2}{12} \tag{a}$$

中心线 $y=0$ 处为最大压应力位置,其大小为

$$\sigma_{min} = -\frac{E\theta^2 h^2}{24} \tag{b}$$

应用前面的狭长矩形扭转计算公式,可得到扭转角和扭转切应力关系

$$\theta = \frac{\tau_{max}}{bG} \tag{c}$$

将(c)式代入到(a)和(b)可得

$$\sigma_{max} = E\frac{\tau_{max}^2}{12G^2}\frac{h^2}{b^2}; \quad \sigma_{min} = -E\frac{\tau_{max}^2}{24G^2}\frac{h^2}{b^2} \tag{13.53}$$

由公式(13.53)可看出当狭长矩形的长边与短边之比 h/b 较大时,正应力 σ_{max} 和 σ_{min} 与 τ_{max} 相比可能并不小。经过推导可以得到考虑正应力影响的总扭

矩 T_t 的计算公式如下

$$T_t = \frac{1}{3}hb^3G\theta + \frac{1}{360}Ebh^3\theta^3 = \frac{1}{3}hb^3G\theta(1 + \frac{1}{120}\frac{E}{G}\frac{h^2}{b^2}\theta^2) \qquad (13.54)$$

易见,对于非常狭长的矩形截面,当扭转角 θ 较大时,由于公式(13.54)中的第二项随扭转角 θ 的三次方变化,而第一项代表切应力贡献项仅随 θ 的一次方变化。所以,对于较大的 θ,应力 σ 将对平衡扭矩有重要贡献。给定扭矩 T_t,可以从公式(13.54)中求出扭转角 θ,然后从(c)式中得到 τ_{max},最后从公式(13.53)中计算出正应力 σ_{max} 和 σ_{min}。

如果狭长矩形截面杆受扭转的同时。还存在均匀纵向拉伸应力 σ_0 时,则在纵向力平衡时将该纵向均匀拉伸应力考虑在内即可确定出包括均匀拉伸应力影响的 ε_0,即

$$\varepsilon_0 = \frac{\theta^2}{2}\frac{h^2}{12} - \frac{\sigma_0}{E}$$

相应的纵向应力表达式变成

$$\sigma = \frac{E\theta^2}{2}(y^2 - \frac{h^2}{12}) + \sigma_0$$

相应可得到总扭矩计算公式为

$$T_t = \frac{1}{3}hb^3G\theta(1 + \frac{1}{120}\frac{E}{G}\frac{h^4}{b^2}\theta^2 + \frac{1}{4}\frac{\sigma_0}{G}\frac{h^2}{b^2}) \qquad (13.55)$$

由(13.55)可看出,对于给定扭矩,如果存在纵向拉伸应力 σ_0,当 h/b 较大时,σ_0 可使扭转角 θ 大大减小。这相当于纵向拉伸应力增强了杆件的抗扭刚度。

13.8　螺旋弹簧的应力和变形

13.8.1　密圈螺旋弹簧的力学计算模型

弹簧是机械工程、运载工具和各种装备中应用非常广泛的零部件。尤其是螺旋弹簧,国内外都制定了相应的设计制造标准,并提供了大量标准件供设计人员选用。螺旋弹簧不仅承受静载荷,在很多工况下还要承受动载荷,计算弹簧应力和变形的精确公式对于提高弹簧设计技术水平、使用寿命和可靠性质量具有重要意义。

如图13.11(a)所示圆柱形螺旋弹簧簧丝轴线是一条空间螺旋线。因此,要想精确确定簧丝各截面处的应力和变形是比较困难的。但是当螺旋角 α 很小

时(一般假定 $\alpha < 5°$),便可以忽略螺旋角对应力和变形的影响,近似地认为簧丝横截面与弹簧轴线在同一个平面内。符合该条件的弹簧称为密圈螺旋弹簧。根据簧丝直径 d 与簧丝曲率半径(即圆柱弹簧的内外曲率半径)的大小,可进一步修改计算模型。当 d 远小于弹簧的平均直径 D 时,还可以进一步简化,簧丝曲率的影响也无需考虑,而直接应用直杆弯曲扭转公式计算弹簧的应力和变形。

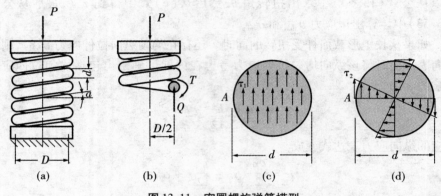

图 13.11   密圈螺旋弹簧模型

13.8.2   密圈螺旋弹簧中的应力

从簧丝任意位置截取一段弹簧作为研究对象,如图 13.11(b)所示。因为密圈弹簧之螺旋角 α 很小,所以,簧丝横截面与轴线方向上的压力 P 位于同一平面。根据平衡条件知,横截面上复杂分布的内力系可简化为一个通过截面形心、大小与 P 相等、方向与 P 相反的剪力 Q 和一个大小等于 $PD/2$ 的力偶矩 T。

按照工程计算方法,剪力 Q 在横截面上产生的切应力 τ_1 可认为是均匀分布(图 13.11c),于是有

$$\tau_1 = \frac{Q}{A} = \frac{4P}{\pi d^2} \tag{a}$$

扭矩 T 在横截面上产生的切应力 τ_2 的分布可认为是与轴线为直线的圆截面轴扭转相同(图 13.11d),于是有

$$\tau_{2max} = \frac{T}{W} = \frac{8PD}{\pi d^3} \tag{b}$$

簧丝横截面上任意点的总应力 τ 为剪切和扭转两种切应力的矢量和。在靠近轴线内测点 A 处,总应力达到最大值,其大小为

$$\tau_{max} = \tau_1 + \tau_{2max} = \frac{8PD}{\pi d^3}(1 + \frac{d}{2D}) \tag{13.56}$$

式中,括号内的第二项为剪切力的影响,易见当 $d/D<0.1$ 时,忽略剪力影响后所带来的误差不超过5%。此时可以只考虑扭转产生的应力,故(13.56)式可简化为

$$\tau_{max} = \frac{8PD}{\pi d^3} \tag{13.57}$$

以上分析是将簧丝当成直杆受扭模型给出的结果。当簧丝直径和簧丝曲率半径相比很小时,误差不会太大。但当簧丝直径和簧丝曲率半径相比不是很小时,将簧丝当成直杆的模型简化就会带来较大误差,此时需要考虑将簧丝看成曲杆进行分析,将簧丝曲率影响考虑进去。

13.8.3　考虑簧丝曲率影响的弹簧应力

当将弹簧的簧丝按照曲杆进行分析时,则簧丝内侧纤维短而外侧纤维长。这里先计算簧丝横截面上只作用扭矩 PR 时的扭转切应力。从图 13.12 中簧丝相邻两个径向平面位置截取微段 $aa'bb'$,并放大显示在图 13.13 中。

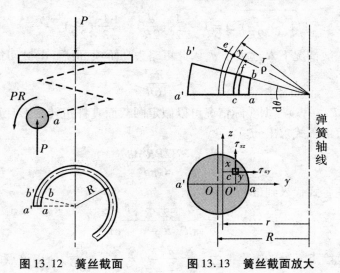

图 13.12　簧丝截面　　　图 13.13　簧丝截面放大

设截面 aa' 相对 bb' 的转角为 $\mathrm{d}\beta$,变形时 aa' 截面转动中心为 O', O' 与截面圆心 O 的距离为 e,距离弹簧轴线为半径 r。以 O' 为坐标原点,则截面上一点 $c(y,z)$ 的切应力分量为 τ_{zx}、τ_{zy}。易见,最大切应力位于内侧点 a 的 τ_{zx},对应于

$y = \dfrac{d}{2} - e, z = 0$。根据任意点 c 位移和应变几何分析可得 c 点的切应变为

$$\gamma_{xz} = \frac{y}{r-y}\frac{d\beta}{d\theta}$$

根据胡克定律有相应切应力为

$$\tau_{xz} = G\frac{y}{r-y}\frac{d\beta}{d\theta} \tag{e}$$

此即为簧丝横截面上扭转切应力分量 τ_{zx} 的分布规律。该规律与平面曲梁纯弯曲时的正应力的分布规律相同。因此，类同于曲梁中性层曲率半径计算公式，考虑到簧丝横截面为圆形，则可得半径 r 的表达式如下

$$r = \frac{d^2}{4(2R - \sqrt{4R^2 - d^2})}$$

式中，R 为弹簧的平均半径或簧丝轴线的投影半径。因此有

$$e = R - r = R\left[1 - \frac{1}{\dfrac{8R^2}{d^2}(1 - \sqrt{1 - (\dfrac{d}{2R})^2})}\right] \tag{d}$$

将上式中的根号表达式展成级数

$$\sqrt{1 - (\frac{d}{2R})^2} = 1 - \frac{1}{2}(\frac{d}{2R})^2 - \frac{1}{8}(\frac{d}{2R})^4 - \cdots$$

并考虑到一般情况下 R 远大于 d，因此可略去高阶项，最后（d）式可简化为

$$e \approx \frac{d^2}{16R}$$

因此，$r - y = R - e - y$。根据实际情况可以假定圆截面直杆扭转变形计算公式仍然适用。则可由下式求出 $d\beta$

$$d\beta = \frac{32PR^2 d\theta}{G\pi d^4}$$

将上述各式代入到（c）可得

$$\tau_{xz} = \frac{32PR^2 y}{\pi d^4(R - e - y)} \tag{e}$$

因为危险点 a 处的 y 坐标为 $y_a = \dfrac{d}{2} - e = \dfrac{d}{2} - \dfrac{d^2}{16R}$，所以该点的切应力为

$$\tau_{xz,a} = \frac{16PR}{\pi d^3}\frac{4c-1}{4c-4}$$

式中，$c = 2R/d$。

如果不将剪力 P 在簧丝截面上的产生的切应力看成均匀分布的话，可按照

弹性理论计算簧丝横截面受剪力 P 作用在 a 点产生的切应力 $\tau_{P,a}$，即

$$\tau_{P,a} = 1.23\frac{P}{A} = 1.23\frac{4P}{\pi d^2} = \frac{16PR}{\pi d^3}\cdot\frac{0.615}{c}$$

将扭矩和剪力综合作用下的两切应力叠加可得弹簧危险点 a 处总切应力为

$$\tau_{\max} = \tau_{xz,a} + \tau_{P,a} = \frac{16PR}{\pi d^3}\Big[\frac{4c-1}{4c-4} + \frac{0.615}{c}\Big] = k\frac{16PR}{\pi d^3} \tag{13.58}$$

系数 k 称为曲度系数。易见，c 越小，则 k 越大，当 $c=4$ 时，$k=1.40$。这说明，此时如果不考虑簧丝曲率修正，则会带来高达 40% 的误差。

13.8.4　密圈螺旋弹簧中的变形

所谓弹簧的变形就是指圆柱螺旋弹簧在轴向压力（或拉力）P 作用下沿轴向的总的伸缩量，记为 λ，如图 13.14 所示。

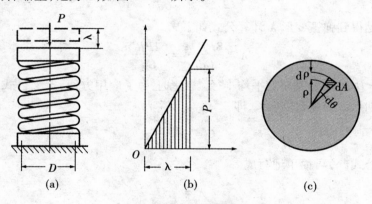

图 13.14　密圈螺旋弹簧变形

实验表明，在弹性范围内，弹簧的变形量 λ 与轴向力 P 成正比。外力从零施加到 P 时，变形也从零变到 λ，这一过程中外力 P 所做的功为

$$W = \frac{1}{2}P\lambda$$

若不考虑其他形式的能量损耗，则外力 P 所做的功在变形终了时已经全部转化为弹簧的应变能。在簧丝横截面上距离截面形心，即圆心半径为 ρ 的任意点，其扭转切应力为

$$\tau = \frac{T\rho}{I_P} = \frac{16PD\rho}{\pi d^4}$$

根据《材料力学 I》知，其应变能密度或单位体积应变能为

$$u = \frac{\tau^2}{2G} = \frac{128P^2D^2\rho^2}{G\pi^2 d^8} \tag{a}$$

整个弹簧的总变形能为

$$U = \int_V u\,\mathrm{d}V \tag{b}$$

式中，V 为弹簧的体积。若令簧丝横截面上的微分单元面积为 $\mathrm{d}A$，则 $\mathrm{d}A = \rho\mathrm{d}\theta\mathrm{d}\rho$，体积积分单元 $\mathrm{d}V$ 先从横截面面积分开始，按照 $\theta = [0, 2\pi]$，$\rho = [0, d/2]$，然后再沿着弹簧曲线长度 s 进行，设弹簧的有效圈数为 n，则弹簧的总长为 $n\pi D$。将（a）式和上述积分单元代入（b）则有

$$U = \int_V u\,\mathrm{d}V = \frac{128P^2D^2}{G\pi^2 d^8} \int_0^{2\pi} \int_0^{d/2} \rho^3 \mathrm{d}\theta\mathrm{d}\rho \int_0^{n\pi D} \mathrm{d}s = \frac{4nP^2D^3}{Gd^4}$$

根据功能原理，有 $W = U$，所以

$$\frac{1}{2}P\lambda = \frac{4nP^2D^3}{Gd^4}$$

于是得到弹簧变形 λ 计算公式如下

$$\lambda = \frac{8PD^3n}{Gd^4} = \frac{64PR^3n}{Gd^4} \tag{c}$$

式中，$R = D/2$，为弹簧圈的平均半径。工程上为了应用方便，定义公式（c）中的非载荷项系数为弹簧刚度 C，即

$$C = \frac{Gd^4}{64R^3n}$$

则公式（c）可简单地写成

$$\lambda = \frac{P}{C}$$

从弹簧变形计算公式（c）可看出，λ 与 d^4 成反比。如果希望弹簧有较强的减振或缓冲效果，则应选择小直径簧丝，但是，较小的簧丝直径将导致弹簧簧丝截面上的最大切应力增高。因此，工程上为了得到同时具有良好减振效果和足够强度的弹簧，常选用具有较高许用切应力值的材料制造弹簧。除了调整簧丝直径外，通过改变圈数 n 和弹簧平均直径 D 也能够根据需要增大或者减小弹簧变形量 λ。

13.8.5　疏圈螺旋弹簧

密圈螺旋弹簧应力和变形计算模型是忽略簧圈与垂直于螺旋轴线的平面间夹角 α 的影响后得到的，它只考虑扭转变形因素。因为密圈螺旋弹簧的 α 很

小,所得弹簧变形和应力计算公式是能够达到工程应用精度要求的。但是对于疏圈螺旋弹簧,由于 α 角不再是可以忽略的很小值,此时弹簧受轴向载荷 P 作用后的变形将包括扭转和弯曲两种变形,如图 13.15 所示。

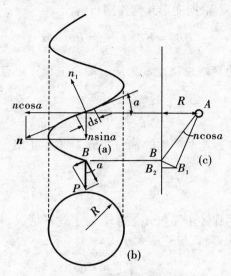

图 13.15　疏圈螺旋弹簧

弹簧丝上任意点 A,弹簧的中心螺旋线切线并不垂直于轴向力 P。该力在截面 A 处产生绕轴线 n_1 的一个弯矩和一个扭矩。力 P 可分解为垂直于点 A 切线的 $P\cos\alpha$ 和平行于 A 点切线的 $P\sin\alpha$ 两个分量。在截面 A 处,分力 $P\cos\alpha$ 产生扭矩

$$T = PR\cos\alpha$$

式中,R 为弹簧的螺旋半径。而分力 $P\sin\alpha$ 则产生弯矩

$$M = PR\sin\alpha$$

最大合成应力和最大切应力分别为

$$\sigma_{max} = \frac{16}{\pi d^3}(M + \sqrt{M^2 + T^2}) = \frac{16PR}{\pi d^3}(1 + \sin\alpha)$$

$$\tau_{max} = \frac{16}{\pi d^3}(\sqrt{M^2 + T^2}) = \frac{16PR}{\pi d^3}$$

式中,d 为簧丝直径。

在点 A 两相邻截面间微段 $\mathrm{d}s$ 受扭矩 T 作用产生扭转,扭转角为

$$\mathrm{d}\varphi = \frac{PR\cos\alpha}{GI_p}\mathrm{d}s$$

因该扭转弹簧下部绕点 A 的切线转过角度 $\mathrm{d}\varphi$，用沿切线的矢量 $\boldsymbol{n}$ 表示该微小旋转。矢量 $\boldsymbol{n}$ 可以分解成绕水平轴的旋转 $n\cos\alpha$ 和绕铅直轴的旋转 $n\sin\alpha$ 两个分量，引起弹簧轴向伸缩的只有 $n\cos\alpha$。由于该旋转，点 B 移动到 B_1，此位移的铅直分量为 BB_2。根据变形几何作图可看出

$$\overline{BB_2} = \overline{BB_1} \cdot \frac{R}{AB} = Rn\cos\alpha$$

因扭转而产生的 B 端总挠度 δ_1 为从下端 B 上顶固定点 C 的各微段之总和，所以有

$$\delta_1 = \int_B^C Rn\cos\alpha$$

类似地可以计算因弯曲产生的轴向变形。弯曲 M 使微段 $\mathrm{d}s$ 弯曲而产生的偏转角为 $\mathrm{d}\varphi_1$

$$\mathrm{d}\varphi_1 = \frac{PR\sin\alpha}{EI}\mathrm{d}s$$

弹簧下部相应的旋转用矢量 $\boldsymbol{n}_1$ 表示。对于此种情况，只有水平分量 $n_1\sin\alpha$ 才引起 B 端的铅直位移，该位移的大小为

$$\delta_2 = \int_B^C R\,n_1\sin\alpha$$

因而可得到弹簧发生弯曲和扭转时的总挠度为

$$\delta = \delta_1 + \delta_2 = R\int_B^C (n_1\sin\alpha + n\cos\alpha)$$

将矢量 $\boldsymbol{n}$ 和 $\boldsymbol{n}_1$ 的表达式代入到上式有

$$\delta = \delta_1 + \delta_2 = R\int_B^C (\frac{PR\sin^2\alpha}{EI}\mathrm{d}s + \frac{PR\cos^2\alpha}{GI_p}\mathrm{d}s)$$

$$= PR^2(\frac{\sin^2\alpha}{EI} + \frac{\cos^2\alpha}{GI_p})\int_B^C \mathrm{d}s = PR^2(\frac{\sin^2\alpha}{EI} + \frac{\cos^2\alpha}{GI_p})s$$

式中，s 为簧丝长度。

如果簧丝直径 d 与 $2R$ 相比不是很小，就需要将上式中的扭转刚度乘上修正系数

$$\beta = 1 + \frac{3(\frac{d}{2R})^2}{16[1 - (\frac{d}{2R})^2]}$$

该修正系数也适用于方截面弹簧。

上面方程给出了承受轴向力作用的疏圈螺旋弹簧的复合应力、最大切应力

和变形计算公式。

下面推导弹簧伸长时 B 端相对弹簧轴线的旋转角计算公式。仍以前面的 $\mathrm{d}s$ 微段作为研究对象研究其变形。$\mathrm{d}s$ 微段的扭转使弹簧下部转过了角度

$$n\sin\alpha = \frac{T\mathrm{d}s}{GI_p}\sin\alpha$$

而 $\mathrm{d}s$ 微段的弯曲引起矢量 $\boldsymbol{n}_1$ 的角度变化并造成弹簧下部对弹簧轴线的旋转

$$-n_1\cos\alpha = -\frac{M\mathrm{d}s}{EI}\cos\alpha$$

因此可得到微段 $\mathrm{d}s$ 的变形引起的弹簧下部绕弹簧螺旋轴线的旋转角为

$$\mathrm{d}\varphi = \frac{T\mathrm{d}s}{GI_p}\sin\alpha - \frac{M\mathrm{d}s}{EI}\cos\alpha$$

下端 B 相对于上顶固定点 C 的总转角为各微段形成转角之总和,即

$$\varphi = \int_B^C \left(\frac{T}{GI_p}\sin\alpha - \frac{M}{EI}\cos\alpha\right)\mathrm{d}s = sPR\sin\alpha\cos\alpha\left(\frac{1}{GI_p} - \frac{1}{EI}\right)$$

对于其他非圆截面簧丝,只需要将相应的扭转刚度 GI_n 代替 GI_p 即可。

当弹簧一端承受扭矩作用时,类似地可以导出相应的弹簧伸缩量。设弹簧一端作用有绕弹簧螺旋轴线的扭矩 T_z,则作用在簧丝任意点 A 处微段 $\mathrm{d}s$ 的弯矩和扭矩分别为

$$M = T_z\cos\alpha, \quad T = T_z\sin\alpha$$

由于微段 $\mathrm{d}s$ 的变形而引起的弹簧 B 端绕中心轴的旋转量为

$$\mathrm{d}\varphi_1 = \frac{T\mathrm{d}s}{GI_p}\sin\alpha + \frac{M\mathrm{d}s}{EI}\cos\alpha = T_z\mathrm{d}s\left(\frac{\sin^2\alpha}{GI_p} + \frac{\cos^2\alpha}{EI}\right)$$

由扭矩 T_z 产生的 B 端绕中心轴的总旋转角为上述微段的总和,即

$$\varphi_1 = T_z s\left(\frac{\sin^2\alpha}{GI_p} + \frac{\cos^2\alpha}{EI}\right)$$

轴向拉力 P 引起弹簧 B 端的旋转 φ;扭矩 T_z 将引起弹簧伸长 δ。因此基于功的互等定理可得该伸长量为

$$\delta = \frac{T_z\varphi}{P} = T_z sR\sin\alpha\cos\alpha\left(\frac{1}{GI_p} - \frac{1}{EI}\right) \tag{13.59}$$

关于螺旋弹簧在其轴线平面内的弯曲分析可参见相关书籍。

13.8.6　螺旋弹簧变形和应力的精确计算公式

Warren C. Young 所著的《Roark's Formulas for Strain and Stress》一书中提

供了各种圆和方截面螺旋弹簧的精确理论计算公式。下面给出部分更精确的弹簧的变形 λ 和切应力 τ 的计算公式。

对于簧丝为圆截面的弹簧

$$\lambda = \frac{64PR^3n}{Gd^4}\Big[1 - \frac{3}{64}\Big(\frac{d}{R}\Big)^2 + \frac{3+\nu}{2(1+\nu)}\tan^2\alpha\Big]$$

$$\tau = \frac{16PR}{\pi d^3}\Big[1 + \frac{8d}{5R} + \frac{7}{32}\Big(\frac{d}{R}\Big)^2\Big]$$

(13.60)

对于簧丝为边长等于 $2b$ 的方截面弹簧

$$\lambda = \frac{2.789PR^3n}{Gb^4}, \quad (c > 3)$$

$$\tau = \frac{4.8PR}{8b^3}\Big[1 + \frac{1.2}{c} + \frac{0.56}{c^2} + \frac{0.5}{c^3}\Big]$$

(13.61)

式中,$c = R/b$。

在设计精密弹簧秤时,需要非常精确地计算弹簧的伸长,此时必须考虑因伸长而引起的簧圈斜度和半径的变化。Savre 提供了一个能够精确计算弹簧伸长量的公式,该公式中不仅考虑了这些形状变化的影响,还考虑了横向剪切和弯曲产生的变形。该公式具体表达式可参见《Roark's Formulas for Strain and Stress》一书。

本节最后讨论一下受压长弹簧的失稳问题。如果压缩弹簧长度较长且无横向支承,则当其压缩变形超过某一临界值时就可能发生屈曲。此临界变形取决于自由长度 L 与平均直径 D 的比值。临界变形量的大致数值如下表所列。易见,随着弹簧长度增加,其失稳变形临界值下降。

表 13.2 压簧的临界变形

L/D	1	2	3	4	5	6	7	8
临界变形 L	0.72	0.71	0.68	0.63	0.53	0.39	0.27	0.17

对于锥形和其他非圆柱形弹簧变形和应力计算方法可参见相关设计手册。对于工程中的任意复杂杆件扭转或弯扭复合变形问题,都可以应用三维有限元法进行求解,具体方法和过程可参考有限元法计算理论和程序使用手册。

习题

习题 13.1 半径为 a 的圆截面杆有一半径为 b 的弧形槽,如图所示,试证函数可以作为扭转应力函数。求最大切应力和 B 点的应力。当 b 远小于 a 时试求槽边的应力集中系数。

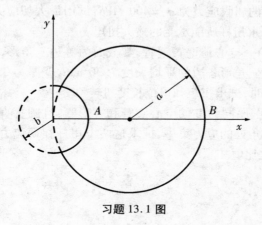

习题 13.1 图

习题 13.2　设闭口薄壁杆件的厚度 δ 为常量,截面中线的长度为 s,截面中线 s 所围面积为 A。另有一开口薄壁杆件系将上述闭口杆件沿纵向切开而成。在相同扭矩下,试求两杆最大切应力之比和单位长度扭转角之比。

习题 13.3　薄壁杆件的横截面如图所示,壁厚 δ 为常量。试求受扭矩 T 作用时扭转应力的表达式。

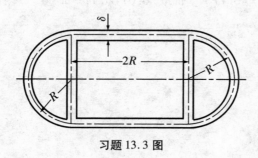

习题 13.3 图

习题 13.4　方轴的边长为 40 mm,其截面积与圆截面轴和等边三角形截面轴的截面积相等。若各轴均承受扭矩 1.00 kN·m,试求这三根轴各自的最大切应力。

习题 13.5　习题 13.4 中的三根轴均由 $G = 77.5$ GPa 的钢制成,试求各轴

材料力学（Ⅱ）

C13

的单位长度扭转角。

习题 13.6　某扭杆为椭圆截面，其长轴尺寸为 30 mm，而短轴尺寸为 20 mm。扭杆材料的屈服应力为 $\sigma_s = 400$ MPa，试用最大切应力破坏准则，根据安全系数 $n = 1.85$ 求扭杆所能承受的最大扭矩。

习题 13.7　有一空心薄壁黄铜管，其截面为等边三角形，材料的剪切模量为 $G = 31.1$ MPa。三角形各边的平均长度为 30 mm，壁厚为 3.0 mm，当平均切应力为 20.0 MPa 时，试求扭矩和单位长度扭转角。

习题 13.8 有壁厚同为 δ 的空心圆管和方形管，且圆管直径和方形管边长均为 b。若忽略方角处的应力集中，试求这两个扭杆在切应力相等时的扭矩和单位长度扭转角之比值。

习题参考答案

答案 13.1　$\tau_{max} = \theta G(2a - b)$，$\tau_B = \theta G \left(a - \dfrac{b^2}{4a} \right)$，$K_t = 2$。

答案 13.2　$\tau_{闭口}/\tau_{开口} = 6A/\delta_s$，$\theta_{闭口}/\theta_{开口} = 12(A/\delta_s)^2$。

答案 13.3　$\tau_1 = \tau_2 = \tau_3 = T/[2(\pi + 2)R^2\delta]$。

答案 13.4　$\tau_方 = 75.12$ MPa，$\tau_圆 = 55.37$ MPa，$\tau_{三角形} = 89.06$ MPa

答案 13.5　$\theta_方 = 2.05°/\text{m}$，$\theta_圆 = 1.81°/\text{m}$，$\theta_{三角形} = 2.51°/\text{m}$。

答案 13.6　$T_{max} = 0.255$ kN·m $= 255$ N·m。

答案 13.7　$T = 46.77$ N·m，$\theta = 0.07426$ rad/m

答案 13.8　$T_圆/T_方 = \dfrac{\pi}{4}$，$\theta_圆/\theta_方 = 1$。

— 78 —

第 14 章　弹性基础梁

14.1　概述

所谓弹性基础梁，是指支承在许多分布的、互不相连的弹簧或任何弹性元件上，也可以是那些连续密实的弹性介质上的直梁。例如铺设于碎石路基和轨枕上的钢轨（图 14.1）、钢索吊桥（图 14.2）、建筑物埋置在土壤中的条形基础，网格结构中安置于等间距横梁上的梁（图 14.3），以及承受只随轴向变化而具有轴对称载荷的薄壁圆筒（图 14.4），都可以简化成弹性基础梁模型进行结构分析，如图 14.5 所示。分布的弹簧和密实而可变形的介质统称为弹性基础。

图 14.1　碎石路基上的钢轨

图 14.2　钢索吊桥

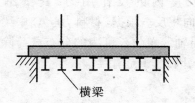

横梁

图 14.3　等间距横梁上的梁

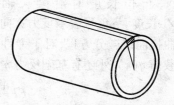

图 14.4　受纵向线载荷的圆筒

　　为了数学处理方便，一般假设基础为线弹性模式。基于该假设求得的理论分析结果与实际情况符合良好，能够满足工程上的绝大多数精度要求，因此得到了广泛应用。如对梁施加外力，则会在有弹簧或基础的一侧发生反力，且一般假设基础反力都和它的局部挠度（或称为沉降）成正比，而与基础的物理特性和结构特性无关。对于许多不相连的弹簧支承和漂浮在水上的矩形截面梁，该假设都是精确的。因为浸入液体截面的反力与梁浸液的深度成正比。对于弹性土壤或地基基础，该假设是近似的。因为梁上每一截面处的反力不仅与局部挠度有关，而且还和临近点的地基沉降有关。当挠度较小时，该假设还较精确。但当挠度很大时，地基反力不与挠度成正比，它与梁挠度之间呈非线性关系，且挠度大时的地基反力大于挠度小时的地基反力。由非线性地基特性造成的反力增大会减小梁上的应力和挠度。因此，实际梁的应力和挠度要小于按线性地基特性的估计值。按照小位移提供的关于弹性基础上的梁的解一般偏于保守。为便于分析，本章弹性基础梁分析模型均假设基础反力与梁挠度成比例，且假定基础具有足够的强度而不会发生破坏。

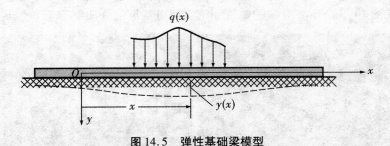

图 14.5　弹性基础梁模型

　　现在推导线弹性基础梁弯曲变形应当满足的微分方程及其解。依据前面假设，基础的连续反力与挠度成正比，则作用于梁单位长度上的反力可用 $-ky$ 表示，其中 y 为挠度，k 为常数，通常称为基础系数或地基系数。其意义表示当挠度为一单位长度时沿梁长轴线单位长度内的反作用力，其量纲为 $[力]/[长度]^2$；负号表示反力方向与挠度方向相反。根据《材料力学Ⅰ》中梁平面弯曲挠曲线微分方程，对于弹性基础梁，沿轴线单位长度内的分布载荷除原始外载荷 $q(x)$ 外还有基础反力 $q_r(x)= -ky$，因此，于是有

$$EI \frac{\mathrm{d}^4 y}{\mathrm{d}x^4} = q(x) - ky \qquad (a)$$

式中，EI 为梁的弯曲刚度。引入记号

$$\beta = \sqrt[4]{\frac{k}{4EI}}$$

则式(a)可写成

$$\frac{\mathrm{d}^4 y}{\mathrm{d}x^4} + 4\beta^4 y = \frac{q(x)}{EI} \tag{14.1}$$

式(14.1)即为弹性基础梁弯曲变形微分方程。

若全梁或梁的某一段上未作用分布载荷,即 $q(x)=0$,则方程(14.1)变成齐次微分方程

$$\frac{\mathrm{d}^4 y}{\mathrm{d}x^4} + 4\beta^4 y = 0 \tag{14.2}$$

式(14.2)为常系数 4 阶齐次微分方程,其通解可写成

$$y = \mathrm{e}^{\beta x}(C_1 \sin\beta x + C_2 \cos\beta x) + \mathrm{e}^{-\beta x}(C_3 \sin\beta x + C_4 \cos\beta x) \tag{14.3}$$

其中, C_1、C_2、C_3、C_4 为积分常数,其值可按边界条件来确定。

14.2　无限长弹性基础梁

14.2.1　受单个集中力作用的无限长梁

假定无限长弹性基础梁上仅作用一个集中力 P。取集中力作用截面形心作为坐标原点,根据对称条件只需研究载荷右半部的这段梁,如图 14.6 所示。

由于梁上无分布荷载,通解(14.3)可以直接应用,但需要首先确定积分常数。当距离集中力 P 作用点很远时,即 $x \to \infty$ 时,挠度和曲率等应等于零。这就要求通解(14.3)式中 $\mathrm{e}^{\beta x}$ 项的系数 $C_1 = 0$、$C_2 = 0$。于是右半部梁的挠曲线方程变为

$$y = \mathrm{e}^{-\beta x}(C_3 \sin\beta x + C_4 \cos\beta x) \tag{b}$$

余下的两个常数可由集中力作用点即原点条件求得。根据挠曲线关于原点对称性,挠度曲线在该点应有水平切线,即截面转角应等于零,于是

$$\frac{\mathrm{d}y}{\mathrm{d}x}\Big|_{x=0} = 0 \tag{c}$$

将(b)式代入(c)式可得 $C_3 = C_4$。于是(b)式变成

$$y = C_3 \mathrm{e}^{-\beta x}(\sin\beta x + \cos\beta x) \tag{d}$$

余下的最后一个常数 C_3 需按照这段梁在 $x=0$ 处的剪力来确定。在力 P 作用点右侧且无限靠近 P 的截面上的剪力为 $-(P/2)$。根据梁弯曲变形微分关系知

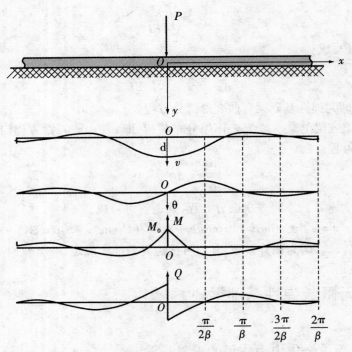

图 14.6　单个集中力作用下的无限长弹性基础梁

$$Q \mid_{x=0} = \frac{\mathrm{d}M}{\mathrm{d}x} \mid_{x=0} = -EI \frac{\mathrm{d}^3 y}{\mathrm{d}x^3} \mid_{x=0} = -\frac{P}{2} \tag{e}$$

将(d)式代入到(e)式中可求出

$$C_3 = \frac{P}{8\beta^3 EI}$$

将此常数代入上述相关各式，可得到挠曲线、弯曲和剪力等方程式

$$y = \frac{P}{8\beta^3 EI} \mathrm{e}^{-\beta x} (\sin\beta x + \cos\beta x) = \frac{P\beta}{2k} \mathrm{e}^{-\beta x} (\sin\beta x + \cos\beta x)$$

$$\theta = y' = -\frac{P}{4\beta^2 EI} \mathrm{e}^{-\beta x} \sin\beta x = -\frac{P\beta^2}{k} \mathrm{e}^{-\beta x} \sin\beta x$$

$$M = -EI \frac{\mathrm{d}^2 y}{\mathrm{d}x^2} = \frac{P}{4\beta} \mathrm{e}^{-\beta x} (\cos\beta x - \sin\beta x) \tag{14.4}$$

$$Q = -EI \frac{\mathrm{d}^3 y}{\mathrm{d}x^3} = -\frac{P}{2} \mathrm{e}^{-\beta x} \cos\beta x$$

上述公式只适用于 $x \geqslant 0$ 的情况。当 x 为负值时的挠度和弯矩可根据对称

性 $y(-x) = y(x)$、$M(-x) = M(x)$ 求得；转角和剪力为关于原点中心对称，即 $\theta(-x) = -\theta(x)$、$Q(-x) = -Q(x)$。基于上述方程式，无限长弹性基础梁受单个集中力作用时的挠度、转角、弯矩和剪力分布绘于图 14.6 中。根据这些方程式，受集中力作用的弹性基础梁任意截面处的挠度、斜率、弯矩和剪力都可以方便地计算出来。最大挠度和最大弯矩发生在集中力作用处，其值分别为

$$\delta = y\big|_{x=0} = \frac{P\beta}{2k}, \quad M_0 = M\big|_{x=0} = \frac{P}{4\beta} \tag{14.5}$$

14.2.2　受单个集中力偶矩作用的无限长梁

无限长基础梁上某点作用有单个集中力偶矩 M_0，如图 14.7(a)所示。原点选择集中力偶矩 M_0 作用截面形心。依据力偶特性知，梁的挠曲线关于原点是反对称的。利用对称性仍取右半部作为研究对象。

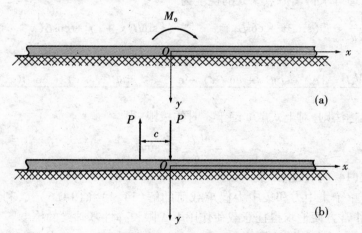

图 14.7　受单个集中力偶作用的无限长弹性基础梁

当远离原点时挠度和斜率应趋于零，通解(14.3)仍简化为(b)式。在力偶矩 M_0 右侧无限靠近 M_0 的截面上应有挠度等于零，弯矩等于 $M_0/2$，即

$$y\big|_{x=0} = 0, \quad M = -EI\frac{\mathrm{d}^2 y}{\mathrm{d}x^2}\Big|_{x=0} = \frac{M_0}{2}$$

将(b)式代入到上述条件可得出系数

$$C_3 = 0, \quad C_4 = \frac{M_0}{4\beta^2 EI}$$

回代就可以求出在集中力偶矩 M_0 作用下无限长弹性基础梁的挠度、转角、

弯矩和剪力计算公式。

$$y = \frac{M_0}{4\beta^2 EI}e^{-\beta x}\sin\beta x = \frac{M_0\beta^2}{k}e^{-\beta x}\sin\beta x$$

$$\theta = y' = \frac{M_0\beta^3}{k}e^{-\beta x}(\cos\beta x - \sin\beta x)$$

$$\quad (14.6)$$

$$M = -EI\frac{d^2 y}{dx^2} = \frac{M_0}{2}e^{-\beta x}\cos\beta x$$

$$Q = -EI\frac{d^3 y}{dx^3} = -\frac{M_0\beta}{2}e^{-\beta x}(\cos\beta x + \sin\beta x)$$

利用单个集中力载荷的解也可以求出集中力偶矩 M_0 作用下无限长弹性基础梁的解。具体做法是将力偶矩分解为一对距离靠得很近的集中力 P,如图 14.7(b)所示,使 $Pc = M_0$,则图中两个力 P 的作用就相当于集中力偶 M_0 的作用。由叠加原理可求得离原点 x 处的挠度为

$$y = \frac{P\beta}{2k}\{e^{-\beta x}(\sin\beta x + \cos\beta x) - e^{-\beta(x+c)}[\sin\beta(x+c) + \cos\beta(x+c)]\}$$

$$= \frac{M_0\beta}{2k} \cdot \frac{\{e^{-\beta x}(\sin\beta x + \cos\beta x) - e^{-\beta(x+c)}[\sin\beta(x+c) + \cos\beta(x+c)]\}}{c}$$

利用洛比达法则,对上式取 c 趋于零时的极限,得

$$y = \frac{M_0\beta^2}{k}e^{-\beta x}\sin\beta x$$

结果与式(14.6)完全相同。

基于单个集中力和集中力偶矩载荷的解(14.4)和(14.6)式,利用叠加原理,能够非常方便地求得任意载荷作用下无限长弹性基础梁的挠度。

【例 14.1】 某铁路钢轨($E = 200$ GPa)截面高 184 mm,从轨顶到钢轨形心的距离为 $y^* = 99.1$ mm,钢轨之截面惯性矩 I 为 36.9×10^6 mm^4。钢轨由枕木、道渣和路基所支承,假定它们的支承效果相当于总体综合基础系数为 $k = 13.0$ N/mm^2 的弹性基础作用。

(a)当单轮荷载为 130 kN 时,试求钢轨上的最大挠度、最大弯矩和最大弯曲应力。

(b)若机车每节车厢单边有三个车轮,轮距为 1.7 m。每个车轮上的荷载仍为 130 kN,试求最大挠度、最大弯矩和最大弯曲应力。

解:弹性基础梁弯矩和挠度计算公式中需要用到 β 值,所以先计算 β,然后再代入到相应公式即可。

$$\beta = \sqrt[4]{\frac{k}{4EI}} = \sqrt[4]{\frac{13}{4(200 \times 10^3)(36.9 \times 10^6)}} = 0.815 \times 10^{-3} \text{ mm}^{-1}$$

（a）根据前面弹性基础梁分析，单轮作用时的最大挠度和最大弯矩产生在荷载作用点 $x=0$ 处，其值可由公式（14.5）得到

$$\delta = \frac{P\beta}{2k} = \frac{130 \times 10^3 \times 0.815 \times 10^{-3}}{2 \times 13} = 4.075 \text{ mm}$$

$$M_{max} = \frac{P}{4\beta} = \frac{130 \times 10^3}{4 \times 0.815 \times 10^{-3}} = 39.88 \times 10^6 \text{ N} \cdot \text{mm}$$

根据梁弯曲应力计算公式可的最大弯曲应力为

$$\sigma_{max} = \frac{M_{max}y^*}{I} = \frac{39.88 \times 10^6 \times 99.1}{36.9 \times 10^6} = 107.1 \text{ MPa}$$

（b）三个轮子作用到钢轨上时，钢轨任意截面上的挠度和弯矩需要将三个车轮单独作用时的结果叠加得到。基于前面单个集中力作用下的弹性基础梁分析结果可知，最大挠度和最大弯矩应位于中间车轮或两端车轮的接触点处。

将坐标原点设在其中一个端轮下，由于车轮间距为 1.7 m，所以中间车轮的 $x = 1.7 \times 10^3$ mm，相应之 $\beta x_1 = 1.386$；从原点到第三个轮子的 $\beta x_2 = 2.771$。代入前面公式（14.4）可得三个车轮两端轮下的挠度和弯矩为

$$y = \frac{P\beta}{2k}\left[1 + e^{-\beta x_1}(\sin\beta x_1 + \cos\beta x_1) + e^{-\beta x_2}(\sin\beta x_2 + \cos\beta x_2)\right]$$

$$= 5.119 \text{ mm}$$

$$M = \frac{P}{4\beta}\left[1 + e^{-\beta x_1}(\cos\beta x_1 - \sin\beta x_1) + e^{-\beta x_2}(\cos\beta x_2 - \sin\beta x_2)\right]$$

$$= 28.68 \times 10^6 \text{ N} \cdot \text{mm}$$

再将坐标原点移到中间轮子下面，两端轮子对中间轮的影响相同，类似地可得到中间轮处的最大挠度和弯矩

$$y_c = \frac{P\beta}{2k}\left[1 + 2e^{-\beta x_1}(\sin\beta x_1 + \cos\beta x_1)\right] = 6.454 \text{ mm}$$

$$M_c = \frac{P}{4\beta}\left[1 + 2e^{-\beta x_1}(\cos\beta x_1 - \sin\beta x_1)\right] = 23.95 \times 10^6 \text{ N} \cdot \text{mm}$$

对比后知最大挠度位于中心轮下，最大弯矩位于边轮下面，因此最大弯曲应力也位于边轮下面。其值分别为

$$y_{max} = y_c = 6.454 \text{ mm}$$

$$M_{max} = M = 28.68 \times 10^6 \text{ N} \cdot \text{mm}$$

$$\sigma_{max} = \frac{M_{max}y^*}{I} = 77.0 \text{ MPa}$$

14.2.3 支承在等间距分布弹性支座上的梁

长梁支承多采用等距分布的弹簧或可简化为弹簧的弹性支座。对于多个弹簧支承的梁，可采用能量法求得精确解。但是，当弹簧数量很多时，计算工作将非常繁复。因此，当支撑弹簧数量较多时，可采用弹性基础梁思想进行处理，具体方法如下。

设各个弹簧的弹簧常数均为 K，弹簧对梁的支承反力 R 与梁在接触该弹簧的截面处的挠度 y 成正比，即 $R=Ky$。设弹簧间距为 l，反力 R 在 $\pm l/2$ 范围内均匀分布，当弹簧分布较密时，可以将离散弹簧支承简化成连续支承，只需要假定一个当量基础系数 k，使 $k=K/l$。以此当量基础系数 k 计算参数 β，则连续介质弹性基础模型得到的计算公式就可以直接应用。当弹簧间距 l 很小时，所得的近似结果较精确。实践证明，当弹簧间距 l 能满足 $l\leqslant\pi/(4\beta)$ 条件时，则该解的误差较小。另外，由等距分布的弹性支座所支承的无限长梁的近似解可用于求解足够长的有限长梁的合理近似解。前面我们假定各弹簧所施加的荷载在距离 l 内均布（即在弹簧左右距离 $l/2$ 范围内均匀分布），因此，若长为 L 的梁由离散的弹簧所支承，则最端部的弹簧位置与梁端并不重合，一般情况下距离梁端会有一段小于 $l/2$ 的距离。由于假定了弹簧的分布效应作用在端弹簧左右各 $l/2$ 的长度范围内，因此将实际长为 L 的梁加长到 L^* 的梁。一般可取 L^* 为间距 l 乘上弹簧支座数。当 $L^*\geqslant3\pi/(2\beta)$，则根据由弹簧支承的无限长梁的近似解可得到有弹簧支承的有限长（长度为 L）梁相当精确的近似解。

【例 14.2】 由 7 个弹簧所支承的有限长梁——某铝合金工字梁，如例 14.2 图所示。长度为 $L=6.8$ m，$E=72.0$ GPa，其截面高为 100 mm，$I_x=2.45\times10^6$ mm⁴，由 7 个中心距 $l=1.10$ m 的弹簧所支承，弹簧常数 $K=110$ N/mm。荷载 $P=12.0$ kN 作用于梁中心处的一个弹簧上。试用本节介绍的近似解法求每个弹簧所承受的荷载、梁在荷载作用点的挠度、梁上的最大弯矩和最大弯曲应力。

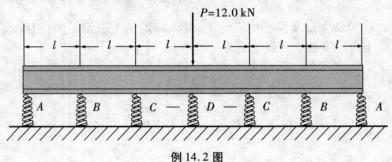

例 14.2 图

解：首先估算弹性基础系数 k 和 β

$$k = K/l = \frac{110}{1.1 \times 10^3} = 0.100 \quad \text{N/mm}^2$$

$$\beta = \sqrt[4]{\frac{0.100}{4(72 \times 10^3)(2.45 \times 10^6)}} = 0.614 \times 10^{-3} \quad \text{mm}^{-1}$$

验算弹性基础梁模型近似解的适用性和加长梁长度

$$l = 1.1 \times 10^3 < \frac{\pi}{4\beta} = 1\,279 \quad \text{mm}$$

$$L^* = 7(1.1 \times 10^3) = 7\,700 \quad \text{mm} > \frac{3\pi}{2\beta} = 7\,675 \quad \text{mm}$$

上述关系式说明弹性基础梁给出的近似解足够精确。

最大挠度和最大弯矩发生在载荷作用点 $x=0$ 处。由公式（14.2）可得

$$y_{max} = \frac{P\beta}{2k} = \frac{12 \times 10^3 \times 0.614 \times 10^{-3}}{2 \times 0.1} = 36.84 \quad \text{mm}$$

$$M_{max} = \frac{P}{4\beta} = \frac{12 \times 10^3}{4 \times 0.614 \times 10^{-3}} = 4.886 \times 10^6 \quad \text{N} \cdot \text{mm}$$

$$\sigma_{max} = \frac{M_{max}\,y^*}{I} = \frac{4.886 \times 10^6 \times 100}{2.45 \times 10^6} = 99.7 \quad \text{MPa}$$

载荷作用点左边和右边的第一个、第二个和第三个弹簧支承的 βx 值分别为 $\beta l = 0.6754$、$2\beta l = 1.3508$ 和 $3\beta l = 2.0262$。代入到公式（14.1）可得到相应的挠度为 26.35、11.40 和 2.23 mm。弹簧反力可将挠度乘以弹簧系数得到，其值参见例 14.2 表。易见，除了最偏远点的反力误差较大外，其他各点反力、最大弯矩和挠度等量近似解和精确解的误差并不算大。但采用弹性基础梁计算方法要比能量法求解简便得多。

例 14.2 表　弹簧反力、最大弯矩和挠度计算结果

变量名称	精确解（能量法）	近似解（弹性基础梁）
A 点反力/N	−454	245
B 点反力/N	1216	1254
C 点反力/N	3094	2899
D 点反力/N	4288	4052
M_{max}/N·mm	4.580×10^6	4.886×10^6
y_{max}/mm	38.98	36.84

14.2.4 承受局部分布荷载的无限长梁

承受分布荷载时的解可用无限长弹性基础梁在中心处受集中荷载问题的解经过叠加求得。如图 14.8 所示无限长弹性基础梁上作用集度为 q 的均布载荷，载荷分布长度为 l。试求任意点 A 的挠度。

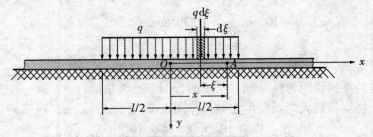

图 14.8 承受局部均布载荷的无限长弹性基础梁

选取坐标系如图 14.8 所示。取距离 A 点为 ξ 处微段上的载荷 $q\mathrm{d}\xi$ 作为集中力，利用公式（14.1）可得到在任一点 A（坐标为 x）处所产生的挠度为

$$\mathrm{d}y = \frac{q\mathrm{d}\xi\beta}{2k}\mathrm{e}^{-\beta\xi}(\sin\beta\xi + \cos\beta\xi)$$

应用叠加原理，对整个载荷作用段进行积分可求得局部分布荷载作用下 A 点的总挠度

$$y_A = \frac{q\beta}{2k}\Big[\int_0^{\frac{l}{2}+x}\mathrm{e}^{-\beta\xi}(\sin\beta\xi + \cos\beta\xi)\,\mathrm{d}\xi + \int_0^{\frac{l}{2}-x}\mathrm{e}^{-\beta\xi}(\sin\beta\xi + \cos\beta\xi)\,\mathrm{d}\xi\Big]$$

$$= \frac{q}{2k}\Big[\mathrm{e}^{-\beta(\frac{l}{2}+x)}\cos\beta\Big(\frac{l}{2} + x\Big) + \mathrm{e}^{-\beta(\frac{l}{2}-x)}\cos\beta\Big(\frac{l}{2} - x\Big)\Big]$$

同理，可求 A 点的转角、弯矩和剪力。为了表达方便，定义以 βx 为变量的四个函数如下：

$$A_{\beta x} = \mathrm{e}^{-\beta x}(\sin\beta x + \cos\beta x)$$
$$B_{\beta x} = \mathrm{e}^{-\beta x}\sin\beta x$$
$$C_{\beta x} = \mathrm{e}^{-\beta x}(\cos\beta x - \sin\beta x)$$
$$D_{\beta x} = \mathrm{e}^{-\beta x}\cos\beta x$$

令 $a = x - l/2$，$b = x + l/2$，则有 A 点的斜度、弯矩和剪力可表达为

$$y_A = \frac{q}{2k}(2 - D_{\beta a} - D_{\beta b})$$

$$\theta_A = \frac{q\beta}{2k}(A_{\beta a} - A_{\beta b})$$

$$M_A = \frac{q}{4\beta^2}(B_{\beta a} + B_{\beta b}) \tag{14.7}$$

$$Q_A = \frac{q}{4\beta}(C_{\beta a} - C_{\beta b})$$

令 $x = 0$，可得原点处挠度为

$$y\Big|_{x=0} = \frac{q}{k}\left(1 - e^{-\frac{\beta l}{2}}\cos\frac{\beta l}{2}\right) \tag{14.8}$$

通常人们最关心的是最大挠度和最大弯矩。最大挠度位于载荷作用区域的中心，而最大弯矩则不一定发生在中心位置，最大弯矩的发生位置一般取决于 βl 值。当 $\beta l \leqslant \pi$ 时，$B_{\beta x}$ 值表明最大弯矩出现在分布载荷中心。当 $\beta l \to \infty$ 时，除了载荷作用区域两端附近外，各处均为：$y \to q/k$，$\theta \to 0$，$M \to 0$，$Q \to 0$。当 βa 或 $\beta b = \pi/4$ 时，出现最大弯矩。当 $\beta l > \pi$ 时，最大弯矩的位置可能落在载荷作用区域之外，此时的最大弯矩与载荷作用区域内的最大弯矩相比差别很小。因此，实际设计计算可以取最大弯矩位置在载荷作用区域 l 内距均布荷载任何一端为 $\frac{\pi}{4\beta}$ 处的点进行计算，这样处理可达到足够高的精度。

14.3   半无限长弹性基础梁

14.3.1   一端承受集中荷载的半无限长梁

有一个端截面、另一方向为无限长的梁称为半无限长梁。现在研究有一搁置于无限长弹性基础上的半无限长梁，其左端截面处承受集中力 P_0 和集中力偶矩 M_0，原点即选择该端截面位置，半无限长梁向右方无限延伸，如图14.9所示。

因为无分布荷载，且由于挠度和弯矩随着远离载荷端，即 x 的增大而趋于零，所以上节的通解（14.3）式仍然适用。余下的问题是根据边界条件确定（14.3）式中的积分常数 C_3 和 C_4。半无限长梁左端边界条件为

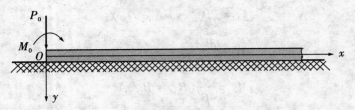

图 14.9　一端受集中载荷的半无限长梁

$$EI\frac{\mathrm{d}^2y}{\mathrm{d}x^2}\bigg|_{x=0} = -M_0 , \quad EI\frac{\mathrm{d}^3y}{\mathrm{d}x^3}\bigg|_{x=0} = P_0$$

将(14.3)式代入上述边界条件可求出 C_3 和 C_4 为

$$C_3 = \frac{1}{2\beta^3 EI}(P_0 - M_0) , \quad C_4 = \frac{M_0}{2\beta^2 EI}$$

因此可求出挠度曲线方程为

$$y = \frac{\mathrm{e}^{-\beta x}}{2\beta^3 EI}[P\cos\beta x - \beta M_0(\cos\beta x - \sin\beta x)] = \frac{2\beta}{k}(P_0 D_{\beta x} - \beta M_0 C_{\beta x})$$

相应地可导出截面转角、弯矩和剪力计算公式如下

$$\theta = y' = \frac{2\beta^2}{k}(-P_0 A_{\beta x} + 2\beta M_0 D_{\beta x})$$

$$M = -EI\frac{\mathrm{d}^2y}{\mathrm{d}x^2} = \frac{1}{\beta}(-P_0 B_{\beta x} + M_0 A_{\beta x}) \tag{14.9}$$

$$Q = -EI\frac{\mathrm{d}^3y}{\mathrm{d}x^3} = -P_0 C_{\beta x} - 2M_0\beta B_{\beta x}$$

梁端载荷作用处的挠度和转角为

$$\delta = \frac{2\beta}{k}(P_0 - \beta M_0)$$

$$\theta\bigg|_{x=0} = -\frac{2\beta^2}{k}(P_0 - 2\beta M_0) \tag{14.10}$$

14.3.2　一端附近承受集中荷载的半无限长梁

有一半无限长梁搁置于无限长弹性基础上，距离其左端截面 a 处承受集中力 P_0，原点即选择该端截面位置，半无限长梁向右方无限延伸，如图 14.10 所示。试确定该梁的挠度和弯矩表达式。

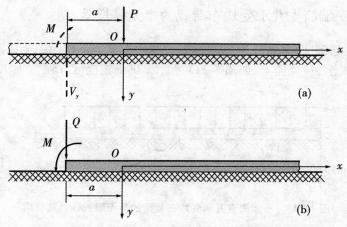

图 14.10　一端附近作用集中载荷的半无限长梁

　　该问题的解可应用叠加法求得。具体思路是应用无限长梁受集中力的解和一端承受集中荷载的半无限长梁的解进行叠加。假想将该梁向左无限延长，如图 14.10(a)虚线所示，使之成为无限长梁，根据 14.2 节知原点左边 a 处，即 $x = -a$ 截面的弯矩和剪力为

$$M\bigg|_{x=-a} = \frac{PC_{\beta a}}{4\beta}, \quad V_y\bigg|_{x=-a} = \frac{PD_{\beta a}}{2}$$

　　现再假设该半无限长梁左端承受集中力荷载 Q 和弯矩 M，其大小分别等于 V_y 和 M，方向与之相反，如图 14.10(b)所示。即

$$M = -\frac{PC_{\beta a}}{4\beta}, \quad Q = \frac{PD_{\beta a}}{2}$$

　　一端承受集中荷载的半无限长梁问题的解答已在 14.3.1 中得到。将图 14.10 所示的两个梁的两种载荷叠加，恰好可消除左端截面的弯矩和剪力，从而得到一端附近承受集中力的半无限长梁。于是，将两种结果叠加，可得在距左端为 a 处承受集中力 P 的半无限长梁的解。最终的 $x \geqslant -a$ 时的挠度和弯矩计算公式为

$$y = \frac{P\beta}{2k}(A_{\beta x} + 2D_{\beta a}D_{\beta(a+x)} + C_{\beta a}C_{\beta(a+x)}) \tag{14.11}$$

$$M = \frac{P}{4\beta}(C_{\beta x} - 2D_{\beta a}B_{\beta(a+x)} - C_{\beta a}A_{\beta(a+x)}) \tag{14.12}$$

由于方程(14.11,14.12)中的 $A_{\beta x}$ 和 $C_{\beta x}$ 是 x 的偶函数，即关于 y 轴对称，所以这里应用了条件 $A_{\beta x}(-x) = A_{\beta x}(x)$，$C_{\beta x}(-x) = C_{\beta x}(x)$。

14.3.3 一端简支并承受均布荷载的半无限长梁

在弹性基础（基础系数为 k）上搁置一受均布荷载 q 作用的半无限长梁，其一端安装在刚性铰支座上，如图 14.11 所示。试确定挠度方程、支座反力。

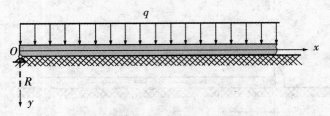

图 14.11 一端简支并承受均布载荷的半无限长弹性基础梁

由支座处梁挠度为零条件可求得支座反力 R。且随着与支座距离的增加，支座造成的梁弯曲效应越来越弱，远离支座的地方，梁的弯曲可以忽略不计。因此，梁陷入基础的深度可取为：弹性基础上作用分布集度为 q 时的均匀变形 q/k。

由 14.1 节知，受分布载荷作用的弹性基础梁挠度的微分方程为

$$\frac{d^4 y}{dx^4} + 4\beta^4 y = \frac{q(x)}{EI}$$

该方程的通解为齐次方程通解加上非齐次方程的一个特解。对于目前分布荷载为均匀分布力的模型，其一个特解为

$$y = \frac{q}{4\beta^4 EI} = \frac{q}{k}$$

所以，上述梁挠度微分方程的通解为

$$y = e^{\beta x}(C_1 \sin\beta x + C_2 \cos\beta x) + e^{-\beta x}(C_3 \sin\beta x + C_4 \cos\beta x) + \frac{q}{k}$$

当 $x \to \infty$ 时，挠度 $\to q/k$，而曲率等应等于零。所以必须有 $C_1 = 0$、$C_2 = 0$。梁挠度方程变成

$$y = e^{-\beta x}(C_3 \sin\beta x + C_4 \cos\beta x) + \frac{q}{k}$$

再考虑梁左端铰支处挠度和弯矩为零的边界条件，有

$$y \Big|_{x=0} = 0$$

$$M \Big|_{x=0} = -EI \frac{d^2 y}{dx^2} \Big|_{x=0} = 0$$

将前面梁的挠度方程代入上述边界条件,可求出常数 $C_3 = 0$ 和 $C_4 = -q/k$。于是,梁的挠度方程为

$$y = \frac{q}{k}(1 - e^{-\beta x}C_4\cos\beta x) = \frac{q}{k}(1 - D_{\beta x})$$

有了挠度方程后,很容易地可以求出弯矩、剪力

$$M = -EI\frac{d^2y}{dx^2} = \frac{q}{2\beta^2}B_{\beta x}$$

$$Q = -EI\frac{d^3y}{dx^3} = \frac{q}{2\beta}C_{\beta x}$$

在剪力方程中令 $x = 0$ 可求得支座反力

$$R = \frac{q}{2\beta}$$

另外,也可以应用 14.3.1 中集中载荷作用下梁端的挠度公式,令其中的挠度为零来直接求出支座反力。此时,取 $M_0 = 0$,$P_0 = -R$,令 $\delta = 0$ 可以直接得到与上述求出的相同支座反力值。

当半无限长梁的左端不是铰支而是固定端时,则反力 R 和弯矩 M_0 的大小可由固定端的挠度及转角为零这两个条件确定。同样应用挠度方程可以解出

$$M_0 = \frac{q}{2\beta^2}, \quad Q = \frac{q}{\beta}$$

14.4　有限长弹性基础梁

弹性基础上有限长梁的弯曲分析原则上可以采用与无限长梁类似的分析过程和方法,挠度的通解公式(14.3)仍然是适用的,四个积分常数仍需要由边界条件确定。但具体实施起来的计算量却相当繁复,所以实际分析时常采用无限长梁的解和叠加法来研究。本节即重点介绍求解有限长梁弯曲问题的叠加法求解过程。

如图 14.12(a)所示两端自由的有限长梁受两个对称集中力 P 作用,该模型与实际工程中受两根钢轨压力作用的枕木工况相同。该有限长梁模型可以用图 14.12(b)和图 14.12(c)所示无限长梁的两种受载工况进行叠加。图(b)为图(a)模型左右延伸至无限远时的情况。图(c)为无限长梁在有限长梁两端 A、B 外部且无限靠近截面上分别作用集中力 Q_0 和弯矩 M_0。易见如果适当选取集中力 Q_0 和弯矩 M_0 的大小就可以使无限长梁(b)模型的 A、B 截面中由两个 P 力产生的弯矩和剪力等于零。于是,无限长梁的中间部分就与图(a)所示的有

限长梁的情形相同。因此,有限长梁的弯曲挠度和弯矩就可由图(b)和图(c)两种工况下的弯曲量进行叠加而得到。为此,需要首先找到确定适当的 Q_0 和弯矩 M_0 的方程式。

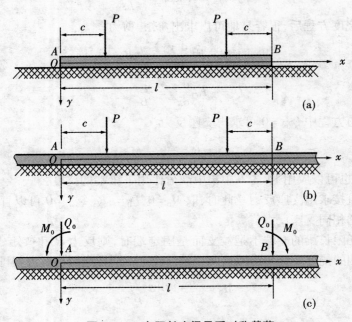

图 14.12　有限长度梁承受对称载荷

对于无限长梁模型(b),选取截面 A 位置为坐标原点,根据公式(14.4)可得到两个 P 力在该点产生的弯矩和剪力分别为

$$M'_A = \frac{P}{4\beta}(C_{\beta(l-c)} + C_{\beta c})$$

$$Q'_A = -\frac{P}{2}(D_{\beta(l-c)} + D_{\beta c})$$

无限长梁模型(c)中两对力 Q_0 和力偶矩 M_0 在同一点 A,所产生的弯矩和剪力分别为

$$M''_A = \frac{Q_0}{4\beta}(1 + C_{\beta l}) + \frac{M_0}{2}(1 + D_{\beta l})$$

$$Q''_A = -\frac{Q_0}{2}(1 - D_{\beta l}) + \frac{M_0 \beta}{2}(1 - A_{\beta l})$$

要使叠加后 A、B 截面中的弯矩和剪力等于零,必须

$$\begin{cases} M'_A + M''_A = 0 \\ Q'_A + Q''_A = 0 \end{cases}$$

将前述相应表达式代入上面方程组可以解出力 Q_0 和力偶矩 M_0。然后利用无限长梁模型给出的挠度和弯矩进行叠加后就可以得到有限长梁任意截面处的挠度和弯矩。

对于图 14.13 两集中力作用于梁两端的特殊情形，即令 $c=0$，按照前述方法可解出两端点和中点的挠度表达式为

$$y_A = y_B = \frac{2P\beta}{k} \cdot \frac{\mathrm{ch}\beta l + \cos\beta l}{\mathrm{sh}\beta l + \sin\beta l}$$

$$y_C = \frac{4P\beta}{k} \frac{\mathrm{ch}\dfrac{\beta l}{2}\cos\dfrac{\beta l}{2}}{\mathrm{sh}\beta l + \sin\beta l}$$

梁中点的弯矩为

$$M_C = -\frac{2P}{\beta} \frac{\mathrm{sh}\dfrac{\beta l}{2}\sin\dfrac{\beta l}{2}}{\mathrm{sh}\beta l + \sin\beta l}$$

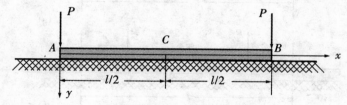

图 14.13 有限长度梁两端受对称集中力

对于只有单个集中力作用于有限长梁中点的情形，如图 14.14 所示，只需令 $c=l/2$，用 P 代换 $2P$ 即可。按照前面完全类似的过程求出弹性基础上有限长梁的两端点和中点的挠度表达式为

$$y_A = y_B = \frac{2P\beta}{k} \frac{\mathrm{ch}\dfrac{\beta l}{2}\cos\dfrac{\beta l}{2}}{\mathrm{sh}\beta l + \sin\beta l}, \quad y_C = \frac{P\beta}{2k} \frac{\mathrm{ch}\beta l + \cos\beta l + 2}{\mathrm{sh}\beta l + \sin\beta l}$$

中心集中力作用下梁中点的弯矩为

$$M_C = \frac{P}{4\beta} \frac{\mathrm{ch}\beta l - \cos\beta l}{\mathrm{sh}\beta l + \sin\beta l}$$

类似于图 14.12 所示对称情况下的有限长梁弯曲分析过程，对于如图 14.15 所示的反对称情形集中力载荷作用下有限长梁的弯曲也能够求解。这时只需要将梁两端处的力和力偶矩用反对称的载荷组 Q_0 和力偶矩 M_0 表示，如图

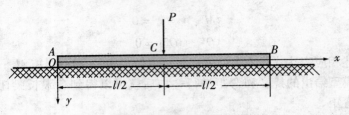

图14.14　有限长度梁中间受集中力

14.15（b）、（c）所示。通过与前面模型完全类似的分析过程即可确定出适当的
Q_0和M_0。一旦得到了Q_0和M_0的大小，对图14.15（a）所示反对称集中力作用
下梁的挠度和弯矩就可以由图14.15（b）和14.15（c）所示无限长梁模型两种荷
载工况下的解叠加而得到。

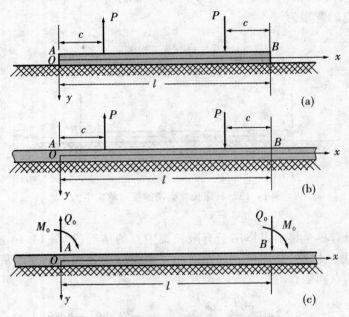

图14.15　有限长度梁承受反对承载荷作用

　　当解决了弹性基础有限长梁在对称载荷和反对称载荷作用下的弯曲问题
后，那么有限长梁在任意载荷作用下的解都可以极其方便地应用叠加原理求
得。例如，图14.16所示的有限长梁在任意位置受集中力作用时的解可由图
14.16（b）和14.16（c）所示的同一模型梁在对称和反对称两种载荷工况下的解
叠加而求得。

第 14 章　弹性基础梁

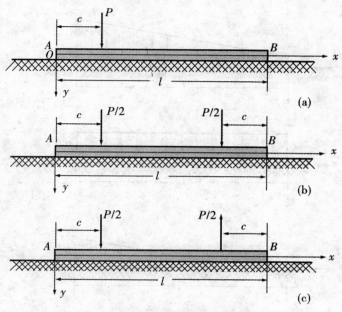

图 14.16　有限长度梁任意位置作用集中力

至于图 14.17 所示的线性分布载荷问题可以采用同样的方式处理。只不过问题的关键是确定无限长梁模型在有限长梁两端处要使两种荷载工况下的解叠加后其剪力和弯矩为零来确定适当的 Q_0 和 M_0 值。

根据前面有限长梁弯曲分析结果可知,加于梁一端的力对另一端梁挠度的影响与参数 βl 大小有关。β 由弹性基础特性、梁材料和梁截面形状尺寸完全确定。因此,对于给定的有限长梁,βl 数值随梁长度的增加而比例增大。而 $A_{\beta l}$、$B_{\beta l}$、$C_{\beta l}$、$D_{\beta l}$ 函数值则按指数急剧衰减。当 βl 超过某一数值后,则可以忽略梁一端所加载荷对另一端的相互影响。此时,可以将有限长梁看做无限长梁来近似。$A_{\beta l}$、$B_{\beta l}$、$C_{\beta l}$、$D_{\beta l}$ 函数值均远小于 1,所以与 1 相比可忽略不计。这样一来可以大大简化迭代时的方程组求解,所得结果具有极好的精度。

一般情况下,可以将有限长梁分成长梁、中长梁和短梁三种类型,而分别按照无限长梁、有限长梁和短梁模型进行分析。无限长梁、有限长梁和短梁三种类型的划分标准并不统一,一般推荐按表 14.1 进行划分。

材料力学(Ⅱ)

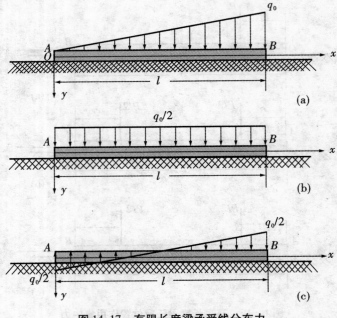

图 14.17 有限长度梁承受线分布力

表 14.1 弹性基础梁的分类

类型 Ⅰ	短梁	$\beta l < 0.60$
类型 Ⅱ	有限长梁	$0.60 < \beta l < 5$
类型 Ⅲ	无限长梁	$\beta l > 5$

对于第 Ⅰ 种类型,由于 βl 很小,相对应的说明有限长梁的弯曲刚度 EI 很大,此时梁任何位置的挠度都几乎相等。$\beta l = 0.6$ 时的短梁两端和中心的挠度相差不足 0.5%,梁实际上像刚体一样均匀下沉。此时完全可忽略弯曲而将短梁看做绝对刚体,因为由弯曲所产生的挠度比起基础的沉降来小到可以忽略不计。因此,短梁的挠度可以用基础的弹性沉降来代替而且结果会非常准确,即梁挠度为 $y = P/(kl)$。

对于第 Ⅱ 种类型,加于梁一端的力对另一端有明显影响,所以只能作为有限长梁进行处理。

对于第 Ⅲ 种类型,梁按照无限长梁处理。

【例 14.3】 如例 14.3 图所示某网格结构,纵梁 AB 搁置到许多等间距布置的两端简支的横梁上,纵梁 AB 的中点处受集中力 P 作用。试求纵梁 AB 中点截面的弯矩和挠度,以及纵梁和横梁之间的最大压力。假设纵梁和横梁的抗弯刚度均为 EI。

解: 等间距布置的横梁可看做是弹性基础,根据前面 14.2.3 节叙述方法可确定其基础系数。假设每一横梁的反作用力平均分布在宽度为 a 的范围内,其集度为 q_r,则横梁中点所受压力为 $q_r a$,其相应的挠度 δ 为

$$\delta = \frac{q_r a b^3}{48 EI_1}$$

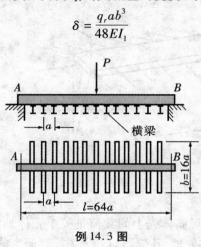

例 14.3 图

式中,EI_1 为横梁的弯曲刚度。横梁作为纵梁 AB 的基础,根据 14.2.3,则其基础系数 k 为

$$k = \frac{q_r}{y} = \frac{q_r}{\delta} = \frac{48 EI_1}{a b^3}$$

因此有

$$\beta = \sqrt[4]{\frac{k}{4EI}} = \sqrt[4]{\frac{1}{4EI} \frac{48 EI_1}{a b^3}} = \frac{1}{b} \sqrt[4]{\frac{12b}{a}}$$

而今已知 $b = 16a$,$l = 64a$,所以有

$$\beta = \frac{3.722}{b} = \frac{3.722}{16a}, \quad \beta l = \frac{3.722}{16a} \times 64a = 14.89$$

易见,纵梁符合无限长梁模型,可按照无限长梁进行计算。因此,纵梁中点的挠度和弯矩为

$$y_{max} = \frac{P\beta}{2k} = \frac{9.9263 Pa^3}{EI}, \quad M_{max} = \frac{P}{4\beta} = 1.075\,Pa$$

纵梁和横梁之间的最大相互压力位于纵梁中点,其大小为

$$R = Ky_{max} = kay_{max} = 0.1163P$$

【例14.4】 在14.1节的理论概述中说明承受只随轴向变化而具有轴对称性质载荷的薄壁圆筒,可以简化成弹性基础梁模型进行结构分析,本例进行具体地说明。从圆筒体沿纵向取出宽为 $r\Delta\theta$ 的一个窄条,如例14.4图所示。可将此窄条模型看做弹性基础梁,试确定其基础系数 k。

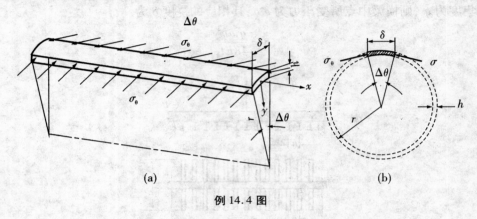

例14.4图

解: 设作用于圆柱形筒体壳上的载荷是关于壳体轴线对称分布,也就是说壳体变形可作为轴对称处理,其变形与 θ 无关。现研究作为弹性基础梁的宽为 $\delta = r\Delta\theta$ 的窄条,设其挠度为 y。则 y 代表壳体横截面中线上各点的径向位移。因此,相应的沿筒体圆周方向上的应变 ε_θ 为

$$\varepsilon_\theta = \frac{2\pi(r - y) - 2\pi r}{2\pi r} = -\frac{y}{r}$$

对于薄壁圆筒,应用胡克定律可求得周向应力 σ_θ 为

$$\sigma_\theta = E\varepsilon_\theta = -E\frac{y}{r}$$

则在图示窄条两侧截面上单位长度内的内力为 $\sigma_\theta h$,注意到窄条 $\Delta\theta$ 很小,两侧面内力在径向的投影为

$$2\sigma_\theta h\sin\frac{\Delta\theta}{2} \approx \sigma_\theta h\Delta\theta = \sigma_\theta h\frac{\delta}{r}$$

为方便计算,可设窄条宽度为1个单位,即 $\delta = 1$,则上式可写成

$$2\sigma_\theta h\sin\frac{\Delta\theta}{2} = \frac{\sigma_\theta h}{r}$$

上式中所表示的内力也正是壳体其余部分对截出窄条部分的反作用力,相当于弹性基础的反作用力的集度 q_r,于是

$$q_r = \frac{\sigma_\theta h}{r}$$

将周向应力表达式代入到上式则有

$$q_r = -\frac{Eh}{r^2}y$$

因此可得到基础系数的表达式为

$$k = \frac{Eh}{r^2}$$

需要特别说明的是,对于圆柱壳体纵向截出的窄条作为弹性基础梁模型分析时,需要考虑截出的窄条受到其余部分的约束,沿壳体的圆周方向是不能自由变形的,这一点与普通梁模型不同。因此应将普通梁的抗弯刚度 EI 代之于壳体的抗弯刚度 D,对于圆柱壳,其抗弯刚度 D 等于

$$D = \frac{Eh^2}{12(1-\nu^2)}$$

因此,圆柱壳体中截取的窄条相应的弹性基础梁模型的参数 β 应选用下列表达式

$$\beta = \sqrt[4]{\frac{k}{4D}} = \sqrt[4]{\frac{Eh \times 12(1-\nu^2)}{4r^2 Eh^2}} = \sqrt[4]{\frac{3(1-\nu^2)}{r^2 h}}$$

习题

习题 14.1 铁路钢轨下的道渣和路基在不同的地段和部位可能相差很大。若 k 值比例 14.1 中的值小 50%,试求在相同荷载下钢轨的最大挠度和最大弯矩增长率。

习题 14.2 某长度为 4 m 的工字钢梁($E = 200$ GPa),其高为 120 mm,宽为 7 mm,惯性矩 $I = 4.36 \times 10^6$ mm^4。将其置于硬橡胶地基上。硬橡胶的弹簧常数为 $k_0 = 0.27$ N/mm^3。若该梁在中心处承受集中荷载 $P = 54$ kN,试求梁中心处的最大挠度和最大弯曲应力。若将荷载移到梁的一端和距离一端 1/4 处时情况如何?

习题 14.3 某重型机器的质量为 60 000 kg,其质心与位于每边 2 m 长的方形地基四角的四个底面支座等距。在该机器定位之前,必须将临时支座设计成能使该机器固定在水平的地面上。地面表层是淤泥,下面有一层厚的无机黏土。根据土壤力学理论可以估算处土壤的弹簧常数为 $k_0 = 0.027$ N/mm^3。该机器居中地放置在两根 200 mm 宽、300 mm 高的长木梁($E = 8.3$ GPa)上。这两根梁互相平行,其中心距为 2 m。试求梁的最大挠度、最大弯曲应力和所需的最小长度 L。

习题 14.4 某 40 kN 起重量的吊车可沿工字钢梁($E = 200$ GPa)移动。工

字钢梁高为 160 mm，惯性矩 $I=11.3 \times 10^6$ mm⁴。该梁由一系列长为 12.0 m、直径为 12.0 mm 和中心距为 0.50 m 的铅直铝合金杆（$E=72.0$ GPa）所悬吊支承。

（a）当额定荷载位于梁中心处某杆下时，试求梁和杆上的最大应力。

（b）工字梁安装好后，必须将它降低 0.8 m。为此将 0.80 m 长 12 mm 直径的钢杆（$E=200$ GPa）加在铝合金杆上。当额定荷载位于梁中心某处组合杆下时，试求梁和杆上的最大应力。

习题 14.5　有一矩形截面的长黄铜梁（$E=82.7$ GPa），其高为 20 mm，宽为 15 mm，将其置于硬橡胶地基上。硬橡胶的弹簧常数为 $k_0=0.25$ N/mm³。若该梁在图示位置承受集中荷载 $P=700$ N，试求梁的最大挠度和最大弯曲应力。

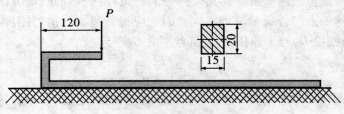

习题 14.5 图

习题 14.6　某薄壁圆筒由钢制成（$E=200$ GPa，$\nu=0.29$），其外径为 1 m，壁厚为 5 mm。将一个边长为 20 mm 的方截面剖分环紧箍在圆筒上，直到剖分环上的应力达到 250 MPa。

（a）假定该剖分环施加两个相距 20 mm 的线载荷，试求剖分环中心线以下圆筒内径处的主应力。

（b）假若将剖分环在中心处施加一个线载荷，则圆筒内径处的最大主应力等于多少？

习题参考答案

答案 14.1　最大挠度增长 68.2%，最大弯矩增长 18.9%

答案 14.2　$y_{max}=2.091$ mm，$\sigma_{max}=120.1$ MPa

答案 14.3　$y_{max}=12.83$ mm，　$\sigma_{max}=12.52$ MPa，$L>8.08$ m

答案 14.4　（a）$\sigma_{max杆}=55.0$ MPa，$\sigma_{max梁}=113.73$ MPa；（b）$\sigma_{max梁}=67.49$ MPa，$\sigma_{max杆}=92.84$ MPa

答案 14.5　$y_{max}=0.767$mm，$\sigma_{max}=84$ MPa

答案 14.6　（a）$\sigma_z=103.1$ MPa，$\sigma_\theta=-66.8$ MPa；（b）$\sigma_z=466$ MPa，$\sigma_\theta=1\,000$ MPa

第 15 章　曲梁的强度与变形

15.1　概述

在现代结构工程中,曲线梁的应用已经相当广泛,尤其是在桥梁及建筑物的设计中,大量采用曲线代替直线的设计,使得结构具有了独特的流线型,线条流畅、明快,给人以美的享受,如图 15.1(a)所示的郑州新郑机场屋面设计。除了美学方面考虑之外,曲线梁的应用还使建筑物的力学性能更加合理,结构的安全性更好。此外在工业设施、民用建筑,结构零件等方面曲线梁也有大量的应用,如高炉环形出铁场、工业厂房圆弧形吊车梁、吊钩等,如图 15.1(b)、(c)、(d)所示。虽然在工艺上曲线梁较直线梁复杂,但随着技术的进步,工艺的问题会逐步地加以解决。无论从几何、美学和经济角度来看,曲线梁都具有良好的应用前景,因此,深入研究曲线梁的受力特点具有重要的理论与现实意义。

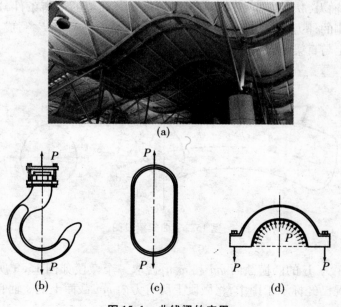

图 15.1　曲线梁的应用

对于曲梁来说，其截面形状、受力方向有多种情况，其中最为常见的情况是：曲梁具有一个纵向对称面，在横截面上有一个对称轴，梁的轴线是纵向对称面中的平面曲线，这样的曲梁称为平面曲梁，并且大多数情况下外荷载都是作用在纵向对称平面内的。由于对称，变形后的曲梁轴线仍将是纵向对称平面内的曲线，这样的曲梁受载情况称为平面曲梁的对称弯曲，本章将重点讨论平面曲梁在对称弯曲下的应力与变形。

15.2　曲梁的内力平衡方程

取曲梁的一部分作为研究对象，如图 15.2 所示，图中 s 轴为曲梁的轴线，y 轴为横截面的对称轴，z 轴通过横截面形心并垂直与 s、y 轴。q_y 和 q_s 表示沿 y 轴和 s 轴的载荷集度，它们都是曲线坐标 s 的函数。在截面上取任意微面积 $\mathrm{d}A$，在该点上的正应力和切应力分别为 σ_s 和 τ_{sy}，相应的内力可以通过积分求得

$$\left.\begin{aligned} N &= \int_A \sigma_s \mathrm{d}A \\ M_z &= \int_A y\sigma_s \mathrm{d}A \\ F_{sy} &= \int_A \tau_{sy} \mathrm{d}A \end{aligned}\right\} \tag{15.1}$$

式中，N 为轴力，M_z 为弯矩，F_{sy} 为剪力。根据部分曲梁的平衡条件，这些内力可由截面一侧的外力来计算，为了书写方便，在本章中将 M_z 和 F_{sy} 写成 M 和 F。其他符号规定与直梁相同。

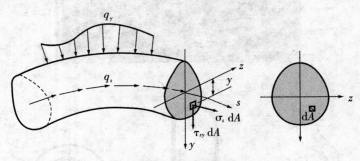

图 15.2　曲梁梁段图

用相距为 $\mathrm{d}s$ 的两横截面 mn 和 m_1n_1 截取一个微段如图 15.3 所示，该微段的受力情况已经标示于图中，将微段上所有力向 mn 截面上的 s 轴和 y 轴投影，

并对 mn 截面的 z 轴取矩,根据平衡条件可得

$$(N + \mathrm{d}N)\cos(\mathrm{d}\theta) - N - (F + \mathrm{d}F)\sin(\mathrm{d}\theta) + q_s\mathrm{d}s = 0$$

$$(F + \mathrm{d}F)\cos(\mathrm{d}\theta) - F - (N + \mathrm{d}N)\sin(\mathrm{d}\theta) + q_y\mathrm{d}s = 0$$

$$M + \mathrm{d}M - M - (F + \mathrm{d}F)\mathrm{d}s = 0$$

注意到在 $\mathrm{d}\theta$ 很小时,$\cos(\mathrm{d}\theta) = 1$,$\sin(\mathrm{d}\theta) = \mathrm{d}\theta$,$\mathrm{d}\theta = \mathrm{d}s/R$,其中 R 为轴线的曲率半径。在小变形假设下,可以不考虑变形的影响,R 仍可取变形前的曲率半径。根据以上关系,略去高阶微量,得到曲梁的平衡方程

$$\left.\begin{aligned}
\frac{\mathrm{d}N}{\mathrm{d}s} - \frac{F}{R} + q_s &= 0 \\[1ex]
\frac{\mathrm{d}F}{\mathrm{d}s} + \frac{N}{R} + q_y &= 0 \\[1ex]
\frac{\mathrm{d}M}{\mathrm{d}s} &= F
\end{aligned}\right\} \tag{15.2}$$

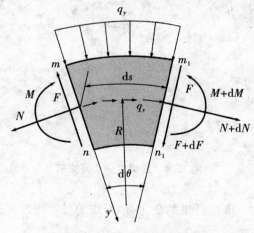

图 15.3　曲梁微段受力情况

如果只考虑曲梁上的横向荷载 q_y 时,$q_s = 0$,上述平衡方程化为

$$\left.\begin{aligned}
\frac{\mathrm{d}N}{\mathrm{d}s} - \frac{F}{R} &= 0 \\[1ex]
\frac{\mathrm{d}F}{\mathrm{d}s} + \frac{N}{R} + q_y &= 0 \\[1ex]
\frac{\mathrm{d}M}{\mathrm{d}s} &= F
\end{aligned}\right\} \tag{15.3}$$

15.3　曲梁的正应力

在曲梁平面弯曲的情况下，外力都在曲梁的纵向对称面内，变形后的轴线仍为该对称面内的曲线，意味着曲梁并无扭转变形。平面假设仍然适用，即变形前垂直于轴线的横截面，变形后仍为平面，且仍垂直于变形后的轴线，纵向纤维间无正应力。这样的曲梁平面弯曲变形，变形量可以由截面形心沿 s 和 y 轴的位移 u 和 v 以及横截面绕 z 轴的转角 $\mathrm{d}v/\mathrm{d}s$ 来表示。值得注意的是微段内各纵向纤维的原长度并不相等。

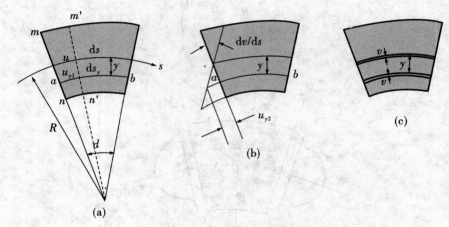

图 15.4　曲梁变形几何关系

研究坐标为 y 的 ab 层纤维的变化，该纤维的长度可以通过微段轴线的长度 $\mathrm{d}s$ 表示为

$$\mathrm{d}s_y = (R - y)\frac{\mathrm{d}s}{R} = \left(1 - \frac{y}{R}\right)\mathrm{d}s$$

即

$$\frac{\mathrm{d}s}{\mathrm{d}s_y} = \frac{1}{1 - \dfrac{y}{R}} \tag{15.4}$$

由图 15.4 可知，当截面形心沿 s 轴的位移为 u 时，ab 纤维的 a 端沿 s 方向的位移为 u_{y1}，且

$$\frac{u_{y1}}{u} = \frac{R - y}{R} = 1 - \frac{y}{R} \tag{a}$$

即

$$u_{y1} = u(1 - \frac{y}{R}) \tag{b}$$

根据应变与位移的关系,与该位移相应的应变为

$$\varepsilon_1 = \frac{\partial u_{y1}}{\partial s_y} = \frac{\partial u_{y1}}{\partial s} \cdot \frac{ds}{ds_y} \tag{c}$$

将公式(15.4)和(b)代入(c)

$$\varepsilon_1 = \frac{du}{ds}(1 - \frac{y}{R}) \cdot \frac{1}{1 - \frac{y}{R}} = \frac{du}{ds} \tag{d}$$

由图 15.4(b)看出,ab 纤维的 a 端因截面转角 dv/ds 而引起的位移为

$$u_{y2} = -y\frac{dv}{ds}$$

相应的应变为

$$\varepsilon_2 = \frac{\partial u_{y2}}{\partial s_y} = \frac{\partial u_{y2}}{\partial s} \cdot \frac{ds}{ds_y} = -\frac{y}{(1 - \frac{y}{R})} \cdot \frac{d^2v}{ds^2}$$

由图 15.4(c)可以看出,由于位移 v,ab 纤维由原长度 $(R-y)d\theta$ 变为 $(R-y-v)d\theta$,由此引起的应变为

$$\varepsilon_3 = \frac{(R-y-v)d\theta - (R-y)d\theta}{(R-y)d\theta} = -\frac{1}{R} \cdot \frac{v}{1 - \frac{y}{R}}$$

或者写为

$$\varepsilon_3 = -\frac{v}{R} - \frac{vy}{R^2(1 - \frac{y}{R})} \tag{e}$$

将上述各式叠加,得到纤维应变为

$$\varepsilon = \varepsilon_1 + \varepsilon_2 + \varepsilon_3 = (\frac{du}{ds} - \frac{v}{R}) - (\frac{d^2v}{ds^2} + \frac{v}{R^2})\frac{y}{1 - \frac{y}{R}} \tag{f}$$

根据胡克定律

$$\sigma_s = E\varepsilon = E(\frac{du}{ds} - \frac{v}{R}) - E(\frac{d^2v}{ds^2} + \frac{v}{R^2})\frac{y}{1 - \frac{y}{R}} \tag{15.5}$$

这就是曲梁横截面上正应力的分布规律。其中第一项代表均匀分布的应力,第二项代表沿横截面高度按双曲线分布的应力。

曲梁横截面上与正应力 σ_s 相应的内力是

$$N = \int_A \sigma_s dA \atop M = \int_A y\sigma_s dA \Bigg\}$$

(g)

将式(15.5)代入(g)得

$$N = E\left(\frac{du}{ds} - \frac{v}{R}\right)\int_A dA - E\left(\frac{d^2v}{ds^2} + \frac{v}{R^2}\right)\int_A \frac{y dA}{\left(1 - \dfrac{y}{R}\right)}$$

$$M = E\left(\frac{du}{ds} - \frac{v}{R}\right)\int_A y dA - E\left(\frac{d^2v}{ds^2} + \frac{v}{R^2}\right)\int_A \frac{y^2 dA}{\left(1 - \dfrac{y}{R}\right)} \Bigg\}$$

(h)

在上式中,积分符号内的部分可以通过截面形心轴对称性加以简化

$$\int_A dA = A \ , \ \int_A y dA = 0$$

$$\int_A \frac{y dA}{\left(1 - \dfrac{y}{R}\right)} = \int_A y dA + \frac{1}{R}\int_A \frac{y^2 dA}{\left(1 - \dfrac{y}{R}\right)} = \frac{1}{R}\int_A \frac{y^2 dA}{\left(1 - \dfrac{y}{R}\right)}$$

记

$$J_z = \int_A \frac{y^2 dA}{\left(1 - \dfrac{y}{R}\right)}$$

(15.6)

则相应的内力可以计算为

$$N = EA\left(\frac{du}{ds} - \frac{v}{R}\right) - \frac{EJ_z}{R}\left(\frac{d^2v}{ds^2} + \frac{v}{R^2}\right)$$

$$M = -EJ_z\left(\frac{d^2v}{ds^2} + \frac{v}{R^2}\right)$$

根据以上内力的公式,可以得到

$$\frac{du}{ds} - \frac{v}{R} = \frac{N}{EA} - \frac{M}{EAR} \atop \frac{d^2v}{ds^2} + \frac{v}{R^2} = -\frac{M}{EJ_z} \Bigg\}$$

(15.7)

将(15.7)代入(15.5)可以得到正应力的计算公式

$$\sigma_s = \frac{N}{A} - \frac{M}{AR} + \frac{M}{J_z} \cdot \frac{y}{1 - \dfrac{y}{R}}$$

(15.8)

对于直梁, $R \to \infty$, $J_z = I_z$。此时公式(15.8)可以简化为

$$\sigma = \frac{N}{A} + \frac{My}{I_z}$$

这便是直梁在轴力 N 和弯矩 M 的组合荷载作用下的横截面正应力计算公式，如果截面上轴力为零，就是直梁在平面弯曲时的正应力计算公式。

15.3.1　曲梁的纯弯正应力

在纯弯曲的情况下，轴力 $N=0$。公式 15.8 变为

$$\sigma_s = -\frac{M}{AR} + \frac{M}{J_z} \cdot \frac{y}{1 - \frac{y}{R}} \qquad (15.9)$$

这里 z 轴是截面的形心轴，而不是直梁研究时的中性轴，虽然所得公式与直梁不同，但实质上并无太大差别。

下面研究曲梁纯弯曲时中性轴的位置。设中性轴到形心轴的距离为 e，根据中性轴上正应力为零，在公式（15.9）中，令 $y = e$，$\sigma_s = 0$，则有

$$-\frac{1}{AR} + \frac{1}{J_z} \cdot \frac{e}{1 - \frac{e}{R}} = 0 \qquad (15.10)$$

上式即可用来确定中性轴的位置 e，如果以 r 表示中性轴的曲率半径，ρ 表示曲梁任意一段纤维 ab 的曲率半径，则

$$\left. \begin{array}{c} e = R - r \\ y = R - \rho \end{array} \right\} \qquad (i)$$

于是

$$J_z = \int_A \frac{y^2 dA}{(1 - \frac{y}{R})} = R \int_A \frac{(R-\rho)^2}{\rho} dA = R^3 \int_A \frac{dA}{\rho} - 2R^2 \int_A dA + R \int_A \rho dA$$

观察上式的最后一项，可以看成是横截面对曲率中心的静矩，即

$$\int_A \rho dA = RA$$

所以

$$J_z = R^3 \int_A \frac{dA}{\rho} - R^2 A \qquad (j)$$

将（i）和（j）式代入（15.10）可得

$$r = \frac{A}{\int_A \frac{dA}{\rho}} \qquad (15.11)$$

利用该公式即可确定横截面上中性轴的位置。

　　这是一般纯弯曲曲梁的中性轴确定公式,值得注意的是,横截面对中性轴的静矩并不等于零,所以中性轴不通过截面形心。并且对于纯弯曲曲梁,两横截面转过的转角与曲率半径存在一定的关系,上面的公式还可以进行相应的简化,下面通过实例说明纯弯曲正应力的计算。

　　如图 15.5 所示,一平面曲梁,取夹角为 $\mathrm{d}\varphi$ 的一微段,设曲梁两端承受一对使梁的曲率增大的外力偶矩 M_e,由截面法可知,梁横截面上只有数值上等于 M_e 的弯矩 M,此时平截面假设仍然成立,即假设曲梁在变形后仍然保持横截面为平面,并绕中性轴作微小转动,分别沿横截面上的中性轴和对称轴剪力坐标轴 z 和 y(图 15.5c),根据平面假设,由坐标为 y 处的线段的伸长,得横截面上个点沿横截面法线方向的线应变 ε 为

$$\varepsilon = \frac{y\delta(\mathrm{d}\varphi)}{(r+y)\mathrm{d}\varphi} = \frac{y}{r+y} \cdot \frac{\delta(\mathrm{d}\varphi)}{\mathrm{d}\varphi} \tag{k}$$

其中,r 为微段中性轴处任意一线段的原始曲梁半径;$\delta(\mathrm{d}\varphi)$ 为两横截面 1-1 和 2-2 绕中性轴转动转角(图 15.5b),由于在同一截面处 r 和 $\dfrac{\delta(\mathrm{d}\varphi)}{\mathrm{d}\varphi}$ 为一常量,故(a)式表明线应变 ε 沿截面高度按双曲线规律变化。已知直梁在纯弯曲时 ε 与 y 成正比,这是因为直梁在相邻梁横截面间线段原长相等,而曲梁各线段的原长则随线段与中性轴间的距离 y 而改变。如 ab 和 cd 两线段距离中性轴的距离相等,则变形后其伸长和缩短量也相等。但初始长度 ab 若不等于 cd,线应变(即相对伸长量)ε_{ab}、ε_{cd} 也不相同。

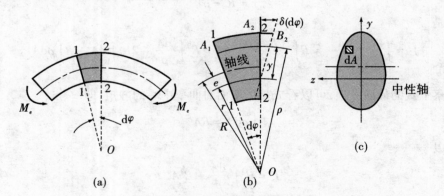

图 15.5　平面曲梁的纯弯曲

　　根据纵向纤维间无正应力假设,由胡克定律得

$$\sigma = E\varepsilon = E\,\frac{y}{r+y} \cdot \frac{\delta(\mathrm{d}\varphi)}{\mathrm{d}\varphi} = E\,\frac{y}{\rho} \cdot \frac{\delta(\mathrm{d}\varphi)}{\mathrm{d}\varphi} \tag{1}$$

根据截面上的内力应与外力平衡,平衡方程可写为

$$\left. \begin{aligned} \sum F_N = 0 && F_N = \int_A \sigma \mathrm{d}A = 0 \\ \sum M_y = 0 && M_y = \int_A z\sigma \mathrm{d}A = 0 \\ \sum M_z = 0 && M = M_e = M_z = \int_A y\sigma \mathrm{d}A \end{aligned} \right\} \tag{m}$$

将(1)式代入(m)式可得

$$M = E \cdot \frac{\delta(\mathrm{d}\varphi)}{\mathrm{d}\varphi} \int_A \frac{y^2}{r+y}\mathrm{d}A = E \cdot \frac{\delta(\mathrm{d}\varphi)}{\mathrm{d}\varphi} \int_A \frac{y^2}{\rho}\mathrm{d}A \tag{n}$$

因为上式中 $\rho = r + y$,积分形式变化可得

$$\int_A \frac{y^2}{\rho}\mathrm{d}A = \int_A \frac{(\rho - r)y}{\rho}\mathrm{d}A = \int_A y\mathrm{d}A - r\int_A \frac{y}{\rho}\mathrm{d}A \tag{o}$$

上式中, $r\int_A \dfrac{y}{\rho}\mathrm{d}A = 0$,因为

$$F_N = \int_A \sigma \mathrm{d}A = E \cdot \frac{\delta(\mathrm{d}\varphi)}{\mathrm{d}\varphi} \int_A \frac{y}{\rho}\mathrm{d}A = 0$$

而 $E \cdot \dfrac{\delta(\mathrm{d}\varphi)}{\mathrm{d}\varphi}$ 不为零,所以 $\int_A \dfrac{y}{\rho}\mathrm{d}A = 0$,因此(o)式可以简化为

$$\int_A \frac{y^2}{\rho}\mathrm{d}A = \int_A y\mathrm{d}A = A \cdot e = S \tag{p}$$

其中 S 为整个横截面对中性轴(z 轴)的静矩。

将(p)式代入(n)式得

$$M = E \cdot \frac{\delta(\mathrm{d}\varphi)}{\mathrm{d}\varphi} \cdot S$$

所以应力计算公式为

$$\sigma = \frac{My}{S\rho} \tag{15.12}$$

这就是平面纯弯曲梁横截面任意一点正应力计算公式,式中 y 为该点到中性轴的距离, ρ 为该点到曲率中心的距离, S 为整个横截面对中性轴的静矩, M 为横截面上的弯矩,按照以往的规定,使曲梁曲率增加的弯矩为正,容易得到在截面上离中性轴最远的边缘处正应力最大。

若横截面尺寸与中性层的曲梁半径处于同一个量级,称为大曲率曲梁。此时完全正应力的计算可以按公式(15.12)计算;若截面的高度远小于轴线的曲

梁半径（此类杆件称为小曲率曲梁），这时可以证明，弯曲正应力实际上接近与直线分布，这是因为从公式(1)和(n)可以消去 $E\dfrac{\delta(\mathrm{d}\varphi)}{\mathrm{d}\varphi}$，得

$$\sigma = \frac{My}{\rho\displaystyle\int_A \frac{y^2}{\rho}\mathrm{d}A}$$

注意到 $\rho = r + y$，上式可以改写为

$$\sigma = \frac{My}{(r+y)\displaystyle\int_A \frac{y^2}{r+y}\mathrm{d}A} = \frac{My}{\left(1+\dfrac{y}{r}\right)\displaystyle\int_A \frac{y^2}{\left(1+\dfrac{y}{r}\right)}\mathrm{d}A}$$

对于小曲率梁，由于 y 远小于 r，y/r 与 1 相比可以省略，于是

$$\sigma = \frac{My}{\displaystyle\int_A y^2 \mathrm{d}A} = \frac{My}{I_z}$$

这便是直梁的弯曲正应力计算公式，中性轴必然通过截面的形心。

若以 c 表示截面形心到截面内侧边缘的距离，并以轴线曲率半径 R 与 c 之比 R/c 表示曲梁的形状特性。当截面为矩形且 $R/c = 2R/h = 10$ 时，计算结果表明，按直梁公式与按公式(15.12)计算的差别在 7% 以内。因此，可以认为当 $R/c > 10$ 时，弯曲正应力可以按直梁公式计算，属于小曲率曲梁，工程中的桥梁或房建工程中的拱结构都属于小曲率梁；当 $R/c \leqslant 10$ 时，按公式(15.12)计算。

15.3.2　中性层曲率半径的确定

计算曲梁弯曲正应力时，首先要按公式(15.11)计算中性层的曲率半径，下面介绍几种常见截面的曲率半径计算方法。

（1）梯形截面　设曲梁的横截面为梯形，如图 15.6 所示。取微面积 $\mathrm{d}A$，则

$$\mathrm{d}A = b_\rho \mathrm{d}\rho，\quad b_\rho = b_1 + (b_2 - b_1)\frac{R_1 - \rho}{R_1 - R_2}$$

式中，R_1 和 R_2 分别是曲梁最外边缘和最内边缘的曲率半径。于是有

$$\int_A \frac{\mathrm{d}A}{\rho} = \int_{R_2}^{R_1}\left[b_1 + (b_2 - b_1)\frac{R_1 - \rho}{R_1 - R_2}\right]\frac{\mathrm{d}\rho}{\rho}$$

$$= \left[b_1 + (b_2 - b_1)\frac{R_1}{R_1 - R_2}\right]\ln\frac{R_1}{R_2} - (b_2 - b_1)$$

$$= \frac{b_2 R_1 - b_1 R_2}{R_1 - R_2}\ln\frac{R_1}{R_2} - (b_2 - b_1)$$

因而

$$r = \frac{A}{\int_A \dfrac{\mathrm{d}A}{\rho}} = \frac{\dfrac{1}{2}(b_1 + b_2)h}{\dfrac{b_2 R_1 - b_1 R_2}{h}\ln\dfrac{R_1}{R_2} - (b_2 - b_1)} \tag{15.13}$$

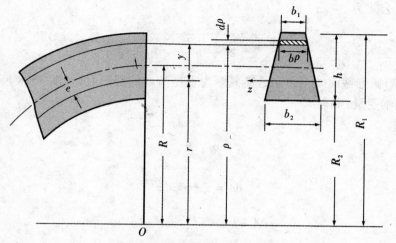

图 15.6　梯形截面梁曲率半径的确定

若曲梁的横截面为矩形或三角形，如图 15.7 所示，可作为梯形截面的特殊情况求得相应的中性层曲率半径。

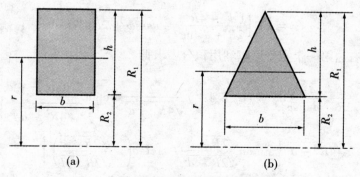

图 15.7　矩形和三角形截面梁曲率半径的确定

在式(15.13)中取 $b_1 = b_2 = b$，可得到矩形截面曲梁的中性层曲率半径计算

公式为

$$r = \frac{A}{\int_A \dfrac{\mathrm{d}A}{\rho}} = \frac{bh}{b\ln \dfrac{R_1}{R_2}} = \frac{h}{\ln \dfrac{R_1}{R_2}} \tag{15.14}$$

在式(15.13)中取 $b_1 = 0$，$b_2 = b$，则得到三角形截面曲梁的中性层曲率半径计算公式为

$$r = \frac{h}{2\left(\dfrac{R_1}{h}\ln \dfrac{R_1}{R_2} - 1\right)} \tag{15.15}$$

（2）圆形截面　当曲梁的横截面为直径为 d 的圆形时，如图 15.8 所示，以 φ 为基本变量，则有

$$b_\rho = d\cos\varphi$$

$$\rho = R + \frac{d}{2}\sin\varphi$$

$$\mathrm{d}\rho = \frac{d}{2}\cos\varphi\mathrm{d}\varphi$$

$$\mathrm{d}A = b_\rho\mathrm{d}\rho = \frac{d^2}{2}\cos^2\varphi\mathrm{d}\varphi$$

于是可得

$$\int_A \frac{\mathrm{d}A}{\rho} = \int_{-\frac{\pi}{2}}^{\frac{\pi}{2}} \frac{\dfrac{d^2}{2}\cos^2\varphi\mathrm{d}\varphi}{R + \dfrac{d}{2}\sin\varphi} = \int_{-\frac{\pi}{2}}^{\frac{\pi}{2}} \frac{d^2(1 - \sin^2\varphi)\,\mathrm{d}\varphi}{2R + d\sin\varphi}$$

$$= \int_{-\frac{\pi}{2}}^{\frac{\pi}{2}} \left[\frac{(d^2 - 4R^2)}{2R + d\sin\varphi} - d\sin\varphi + 2R\right]\mathrm{d}\varphi$$

上式右边第一个积分可以利用积分表求得

$$\int_{-\frac{\pi}{2}}^{\frac{\pi}{2}} \frac{(d^2 - 4R^2)}{2R + d\sin\varphi}\mathrm{d}\varphi = (d^2 - 4R^2)\frac{2}{\sqrt{4R^2 - d^2}}\arctan \frac{2R\tan\dfrac{\varphi}{2} + d}{\sqrt{4R^2 - d^2}}\Bigg|_{-\frac{\pi}{2}}^{\frac{\pi}{2}}$$

$$= -2\sqrt{4R^2 - d^2}\left[\arctan\frac{\sqrt{2R + d}}{\sqrt{2R - d}} - \arctan\left(-\frac{\sqrt{2R - d}}{\sqrt{2R + d}}\right)\right]$$

$$= -2\sqrt{4R^2 - d^2}\left[\arctan\frac{\sqrt{2R + d}}{\sqrt{2R - d}} + \arctan\frac{\sqrt{2R - d}}{\sqrt{2R + d}}\right]$$

$$= -2\sqrt{4R^2 - d^2}\cdot\frac{\pi}{2} = -\pi\sqrt{4R^2 - d^2}$$

第二个和第三个积分可以求出为

$$\int_{-\frac{\pi}{2}}^{\frac{\pi}{2}} d\sin\varphi d\varphi = 0 \qquad \int_{-\frac{\pi}{2}}^{\frac{\pi}{2}} 2R d\varphi = 2R\pi$$

所以中性层的曲率半径为

$$r = \frac{A}{\int_A \dfrac{\mathrm{d}A}{\rho}} = \frac{d^2}{4(2R - \sqrt{4R^2 - d^2})} \tag{15.16}$$

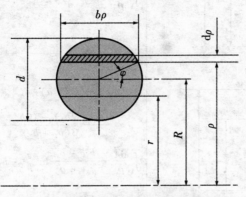

图 15.8　圆形截面梁曲率半径的确定

（3）组合截面　当曲梁的横截面有多个基本部分组成，如 $A_1, A_2, \cdots$，公式 (15.11) 中的 A 和 $\int_A \dfrac{\mathrm{d}A}{\rho}$ 可以写成

$$A = \sum_{i=1}^{n} A_i$$

$$\int_A \frac{\mathrm{d}A}{\rho} = \int_{A_1} \frac{\mathrm{d}A}{\rho} + \int_{A_2} \frac{\mathrm{d}A}{\rho} + \cdots = \sum_{i=1}^{n} \int_{A_i} \frac{\mathrm{d}A}{\rho}$$

于是曲率半径可以写成

$$r = \frac{\displaystyle\sum_{i=1}^{n} A_i}{\displaystyle\sum_{i=1}^{n} \int_{A_i} \dfrac{\mathrm{d}A}{\rho}} \tag{15.17}$$

为了方便地计算出组合截面的曲率半径，表 15.1 给出了几种常见截面的相关数据，利用这些数据便可求出组合截面的曲率半径。

表 15.1 曲梁横截面及曲率半径计算表

截面形状	计算参数
矩形	$A = b(c-a)$，$R = \dfrac{c+a}{2}$ $\displaystyle\int_A \dfrac{\mathrm{d}A}{\rho} = b\ln\dfrac{c}{a}$
梯形	$A = \dfrac{b_1+b_2}{2}(c-a)$，$R$ $= \dfrac{a(b_1+2b_2)+(2b_1+b_2)}{3(b_1+b_2)}$ $\displaystyle\int_A \dfrac{\mathrm{d}A}{\rho} = \dfrac{b_2 c - b_1 a}{c-a}\ln\dfrac{c}{a} - b_2 + b_1$
圆形	$A = \pi b^2$，$\displaystyle\int_A \dfrac{\mathrm{d}A}{\rho} = 2\pi\left(R - \sqrt{R^2-b^2}\right)$
弓形 1	$A = b^2\theta - \dfrac{1}{2}b^2\sin2\theta$，$R = a + \dfrac{4b\sin^3\theta}{3(2\theta-\sin2\theta)}$ 若 $a>b$，$\displaystyle\int_A \dfrac{\mathrm{d}A}{\rho} = 2a\theta - 2b\sin\theta - \pi\sqrt{a^2-b^2} +$ $2\sqrt{a^2-b^2}\arcsin\left[\dfrac{b+a\cos\theta}{a+b\cos\theta}\right]$ 若 $a<b$，$\displaystyle\int_A \dfrac{\mathrm{d}A}{\rho} = 2a\theta - 2b\sin\theta -$ $2\sqrt{a^2-b^2}\arcsin\left[\dfrac{b-a\cos\theta}{a-b\cos\theta}\right]$

续表 15.1

截面形状	计算参数
弓形 2	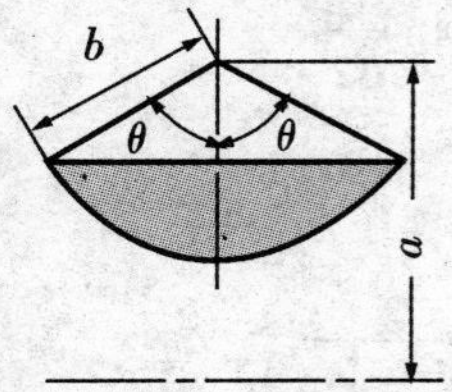 $A = b^2\theta - \dfrac{1}{2}b^2\sin2\theta,\ R = a - \dfrac{4b\sin^3\theta}{3(2\theta - \sin2\theta)}$ $\displaystyle\int_A \dfrac{\mathrm{d}A}{\rho} = 2a\theta + 2b\sin\theta - \pi\sqrt{a^2 - b^2} -$ $2\sqrt{a^2 - b^2}\arcsin\left[\dfrac{b - a\cos\theta}{a - b\cos\theta}\right]$
椭圆形	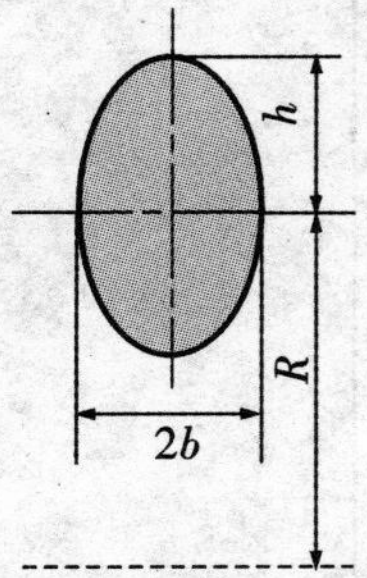 $A = \pi bh,$ $\displaystyle\int_A \dfrac{\mathrm{d}A}{\rho} = \dfrac{2\pi b}{h}\left(R - \sqrt{R^2 - h^2}\right)$
半椭圆形 1	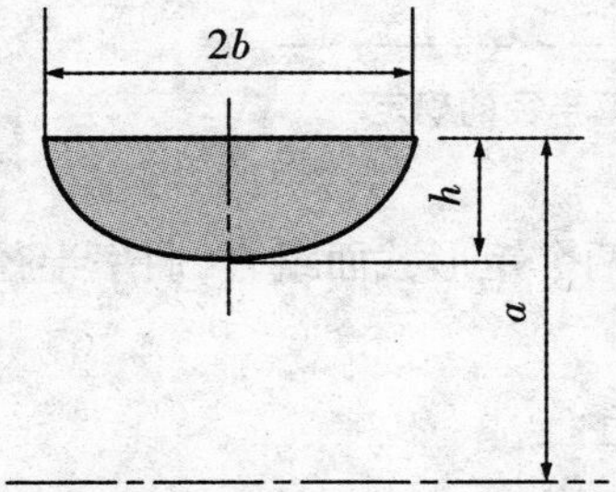 $A = \dfrac{1}{2}\pi bh,\ R = a - \dfrac{4h}{3\pi}$ $\displaystyle\int_A \dfrac{\mathrm{d}A}{\rho} = 2b + \dfrac{\pi b}{h}\left(a - \sqrt{a^2 - h^2}\right) -$ $\dfrac{2b}{h}\sqrt{a^2 - h^2}\arcsin\left(\dfrac{h}{a}\right)$
半椭圆形 2	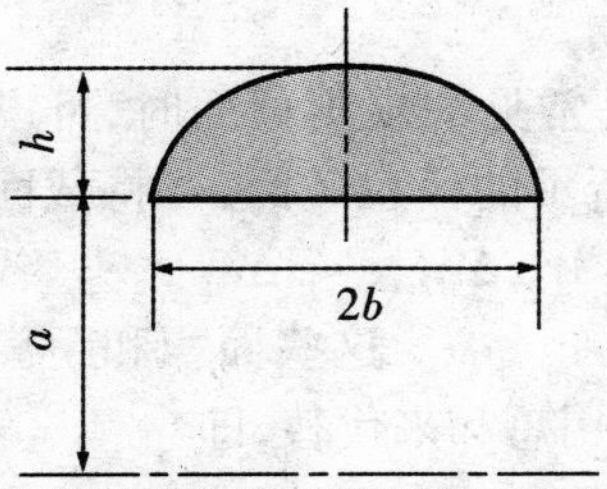 $A = \dfrac{1}{2}\pi bh,\ R = a + \dfrac{4h}{3\pi}$ $\displaystyle\int_A \dfrac{\mathrm{d}A}{\rho} = -2b + \dfrac{\pi b}{h}\left(a - \sqrt{a^2 - h^2}\right) +$ $\dfrac{2b}{h}\sqrt{a^2 - h^2}\arcsin\left(\dfrac{h}{a}\right)$

　　如图 15.9 所示的工字形截面可以看做三个矩形截面组合,曲率半径可以直接写出

$$r = \frac{\sum\limits_{i=1}^{3} A_i}{\sum\limits_{i=1}^{3} \int_{A_i} \frac{dA}{\rho}} = \frac{b_1 h_1 + b_2 h_2 + b_3 h_3}{b_1 \ln \dfrac{R_1}{R_2} + b_2 \ln \dfrac{R_2}{R_3} + b_3 \ln \dfrac{R_3}{R_4}}$$

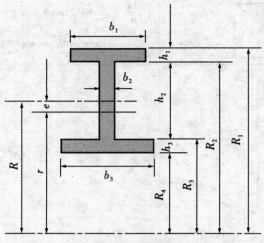

图 15.9   工字形截面梁曲率半径的确定

如图 15.10 所示的 T 字形截面可以看做两个矩形截面组合，曲率半径可以直接写出

$$r = \frac{b_2 h_2 + b_3 h_3}{b_2 \ln \dfrac{R_2}{R_3} + b_3 \ln \dfrac{R_3}{R_4}}$$

（4）计算 r 的近似方法   当曲梁的截面不是常见的规则截面时，可以采用近似算法计算中性层的曲率半径。如图 15.11 所示的任意截面，可将截面划分为平行于中性轴的若干细长条，其面积分别为 ΔA_1，ΔA_2，$\cdots$，ΔA_i，$\cdots$。各个长条形心到曲梁曲率中心的距离分别为 ρ_1，ρ_2，$\cdots$，ρ_i，$\cdots$。这些面积和距离可以从图形中按比例直接量出，于是积分可以近似的用总和来代替，即

$$r = \frac{\sum \Delta A_i}{\sum \dfrac{\Delta A_i}{\rho_i}} \tag{15.18}$$

显然，当细长条无限小时，结果接近与精确值。

由以上公式及表格可以得到截面的曲率半径 r，求出截面中性轴与形心轴之间的距离 $e = R - r$，从而算出截面对中性轴的静矩 S，即

$$S = Ae = A(R - r)$$

之后便可以通过公式(15.12)计算曲梁纯弯曲的弯曲正应力了。

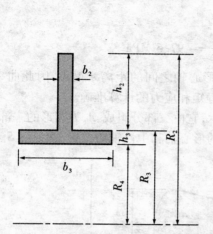

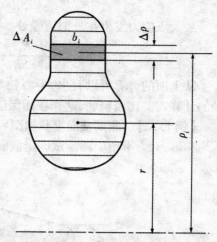

图 15.10　T 字形截面梁曲率半径的确定　　　图 15.11　曲率半径的近似算法

【例 15.1】　设曲梁的横截面为梯形,截面形状即尺寸标注见图 15.6,具体尺寸: $b_1 = 40$ mm, $b_2 = 60$ mm, $h = 140$ mm, $R_1 = 260$ mm, $R_2 = 120$ mm。试确定中性层的曲率半径 r,并计算截面对中性轴的静矩 S。若截面上的弯矩为 $M = -18.53$ kN·m,试求截面最大拉应力和最大压应力。

解:计算截面面积 A

$$A = \frac{1}{2} \times (40 + 60) \times 140 = 7\,000 \text{ mm}^2$$

截面形心到内测边缘的距离 c 为

$$c = \frac{\left[40 \times 140 \times \frac{140}{2} + \frac{1}{2} \times (60 - 40) \times 140 \times \frac{140}{3} \right]}{7000} = 65.3 \text{ mm}$$

曲梁轴线的曲率半径 R 为　$R = R_2 + c = 185.3$ mm

由公式(15.14)计算曲率半径为

$$r = \frac{\frac{1}{2}(b_1 + b_2)h}{\dfrac{b_2 R_1 - b_1 R_2}{h} \ln \dfrac{R_1}{R_2} - (b_2 - b_1)} = 176.6 \text{ mm}$$

截面中性轴与形心轴之间的距离 e 为　　$e = R - r = 8.7$ mm

截面面积对中性轴的静矩 S 为　　$S = Ae = 60\,900$ mm^3

由于弯矩为负,故最大拉应力发生在截面上离曲率中心最近的内侧边缘处

$$\sigma_t = \frac{M(R_2 - r)}{SR_2} = 143.5 \text{ MPa}$$

最大压应力发生在外侧边缘处

$$\sigma_c = \frac{M(R_1 - r)}{SR_1} = -97.6 \text{ MPa}$$

从上面的计算可以看出,中心轴与形心轴之间的距离 e 很小,因此曲率半径的计算需要比较精确,这样才能保证静矩和应力的计算准确。

【例15.2】 曲梁截面形状如图所示,它由三部分组成,A_1 为圆形的一部分,A_2 为梯形,A_3 为半个椭圆。试确定截面的形心轴和中性轴的位置,并计算 S。

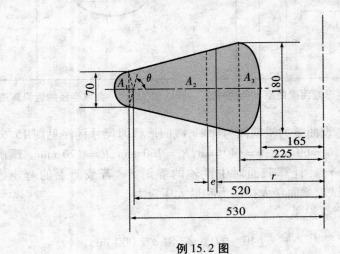

例15.2 图

解: 利用表 15.1 第四栏提供的公式求 A_1

$$A_1 = 1\,363 \text{ mm}^2, \quad R_1 = 541 \text{ mm}, \quad \int_{A_1} \frac{\mathrm{d}A}{\rho} = 2.520 \text{ mm}$$

利用表 15.1 第二栏提供的公式求 A_2

$$A_2 = 38\,130 \text{ mm}^2, \quad R_2 = 355.1 \text{ mm}, \quad \int_{A_2} \frac{\mathrm{d}A}{\rho} = 113.7 \text{ mm}$$

利用表 15.1 第七栏提供的公式求 A_3

$$A_3 = 8482 \text{ mm}^2, \quad R_3 = 199.5 \text{ mm}, \quad \int_{A_3} \frac{\mathrm{d}A}{\rho} = 42.79 \text{ mm}$$

根据以上数据,求总面积 A,形心位置 R 和积分 $\int_A \frac{\mathrm{d}A}{\rho}$

$$A = A_1 + A_2 + A_3 = 47\ 980\ \text{mm}^2$$

$$R = \frac{A_1 R_1 + A_2 R_2 + A_3 R_3}{A_1 + A_2 + A_3} = 332.9\ \text{mm}$$

$$\int_A \frac{\mathrm{d}A}{\rho} = \sum_{i=1}^{3} \int_A \frac{\mathrm{d}A}{\rho} = 2.52 + 113.7 + 42.79 = 159\ \text{mm}$$

中性层的曲率半径为

$$r = \frac{A}{\displaystyle\int_A \frac{\mathrm{d}A}{\rho}} = 301.8\ \text{mm}$$

形心轴到中性轴的距离为　$e = R - r = 31.1\ \text{mm}$

截面对中性轴的静矩为　$S = Ae = 1492 \times 10^3\ \text{mm}^3$

15.3.3　参数 J_z 的确定

下面针对几种常见的截面简要介绍参数 J_z 的求法。

如图 15.12 所示，曲梁的截面为高为 h 宽为 b 的矩形，取微分面积 $\mathrm{d}A$，则

$$\mathrm{d}A = b\mathrm{d}y$$

由公式（15.6）可知

$$J_z = \int_A \frac{y^2 \mathrm{d}A}{1 - \dfrac{y}{R}} = \int_{-\frac{h}{2}}^{\frac{h}{2}} \frac{y^2 b\mathrm{d}y}{1 - \dfrac{y}{R}} = R^3 b \int_{-\frac{h}{2}}^{\frac{h}{2}} \frac{\left(\dfrac{y}{R}\right)^2 \mathrm{d}\left(\dfrac{y}{R}\right)}{1 - \dfrac{y}{R}}$$

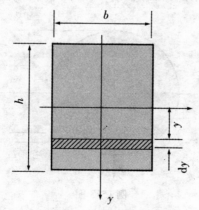

图 15.12　参数 J_z 算法示例

将上式中 $1 - \dfrac{y}{R}$ 用变量 t 代替可得

$$J_z = R^3 b \ln \frac{2R + h}{2R - h} - R^2 bh \qquad (15.19)$$

在计算 J_z 时，也可以把公式（15.6）中的被积函数展成级数形式，然后进行积分，即

$$J_z = \int_A \frac{y^2 \, \mathrm{d}A}{1 - \dfrac{y}{R}} = \int_A \left(y^2 + \frac{y^3}{R} + \frac{y^4}{R^2} + \frac{y^5}{R^3} + \cdots \right) \mathrm{d}A$$

由于矩形截面关于 z 轴对称，以上积分中奇次项的积分为零，故有

$$J_z = \int_A \frac{y^2 \, \mathrm{d}A}{1 - \dfrac{y}{R}} = \int_{-\frac{h}{2}}^{\frac{h}{2}} \left(y^2 + \frac{y^4}{R^2} + \frac{y^6}{R^4} + \cdots \right) b \, \mathrm{d}y$$

$$= \frac{bh^3}{12} \left(1 + \frac{3h^2}{20R^2} + \frac{3h^4}{112R^4} + \cdots \right)$$

$$= I_z \left(1 + \frac{3h^2}{20R^2} + \frac{3h^4}{112R^4} + \cdots \right)$$

利用以上结果，可以求出：当 $R = h$ 时，$J_z = 1.177 I_z$；当 $R = 2h$ 时，$J_z = 1.039 I_z$；当 $R = 3h$ 时，$J_z = 1.017 I_z$；当 $R = 4h$ 时，$J_z = 1.009 I_z$。由此可见，当 $R \approx 4h$ 时，以 I_z 代替 J_z 的误差已小于 1%。

【例 15.3】 如图所示圆形截面的半径为 a，试求截面的 J_z。

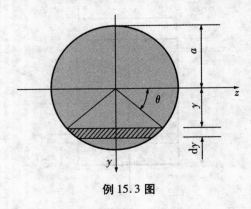

例 15.3 图

解： 参照矩形截面的求解方法，将公式（15.6）的被积函数展开为级数，并因圆形截面关于 z 轴对称，级数中奇次项积分为零，故有

$$J_z = \int_A \frac{y^2 \mathrm{d}A}{1 - \dfrac{y}{R}} = \int_A \left(y^2 + \frac{y^4}{R^2} + \frac{y^6}{R^4} + \cdots \right) \mathrm{d}A$$

取微段 $\mathrm{d}y$ 及 θ 角如例 15.3 图所示,该微面积可以求出

$$y = a\sin\theta \qquad z = a\cos\theta \qquad \mathrm{d}A = 2z\mathrm{d}y = 2a^2\cos^2\theta\mathrm{d}\theta$$

代入级数式中有

$$J_z = 4a^4 \int_0^{\frac{\pi}{2}} \left(\sin^2\theta + \frac{a^2}{R^2}\sin^4\theta + \frac{a^4}{R^4}\sin^8\theta + \cdots \right) \cos^2\theta\mathrm{d}\theta$$

根据三角函数的特点

$$\int_0^{\frac{\pi}{2}} \sin^2\theta \cos^2\theta\mathrm{d}\theta = \frac{1 \cdot 3 \cdot 5 \cdots (2n - 1) \cdot \pi}{2 \cdot 4 \cdot 6 \cdots (2n + 2) \cdot 2}$$

积分可以求出

$$J_z = \frac{\pi a^4}{4} + \frac{\pi a^6}{8R^2} + \frac{5\pi a^8}{64R^4} + \cdots = \frac{\pi a^4}{4}\left(1 + \frac{a^2}{2R^2} + \frac{5a^4}{16R^4} + \cdots \right)$$

$$= I_z\left(1 + \frac{a^2}{2R^2} + \frac{5a^4}{16R^4} + \cdots \right)$$

15.4　曲梁纯弯曲时的径向应力

直梁在纯弯曲时,各纵向纤维之间不存在挤压应力,但对于曲梁来说,即使是纯弯曲,也存在径向应力 σ_y。如图 15.13 所示,从纯弯曲曲梁中取出横截面相对转角为 $\mathrm{d}\theta$ 的微段,若再以平行于坐标面 sz 的曲面中从微段中截取一部分,可以绘出该微段面上的受力情况如图 15.13(b)所示。

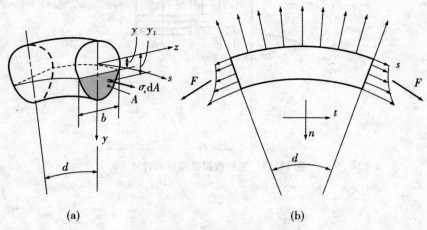

图 15.13　曲梁微段及截面受力情况

以 $\overline{A}$ 表示该部分横截面的面积，F 表示 $\overline{A}$ 上由 $\sigma_s dA$ 组成的内力系的合力，则

$$F = \int_{\overline{A}} \sigma_s dA = \int_{\overline{A}} \left(-\frac{M}{AR} + \frac{M}{J_z} \cdot \frac{y_1}{1 - \dfrac{y_1}{R}} \right) dA = -\frac{M\overline{A}}{AR} + \frac{M}{J_z} \cdot \overline{K}_z \tag{q}$$

其中

$$\overline{K}_z = \int_{\overline{A}} \frac{y_1 dA}{1 - \dfrac{y_1}{R}} \tag{r}$$

$\overline{K}_z$ 是一个量纲与静矩相同的几何量，若将作用于截出部分上的所有力投影于垂直方向 n，平衡方程为

$$\sigma_y b(R - y)d\theta - 2F\sin\frac{d\theta}{2} = 0$$

将（q）式代入上式，并取 $\sin\dfrac{d\theta}{2} = \dfrac{d\theta}{2}$ 得

$$\sigma_y = \frac{M}{b(R - y)}\left(-\frac{\overline{A}}{AR} + \frac{\overline{K}_z}{J_z} \right) \tag{15.20}$$

下面以矩形截面曲梁为例说明径向应力的计算。

如图 15.14 所示的矩形截面，有

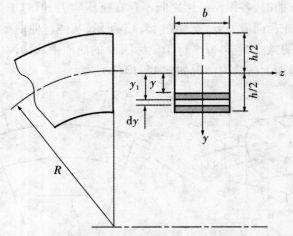

图 15.14　矩形截面径向应力计算

$$A = bh \qquad \overline{A} = b\left(\frac{h}{2} - y\right) \qquad J_z = R^3 b\ln\frac{2R + h}{2R - h} - R^2 bh$$

$$\overline{K}_z = \int_{\overline{A}} \frac{y_1 \mathrm{d}A}{1 - \dfrac{y_1}{R}} = Rb\int_y^{\frac{h}{2}} \frac{y_1 \mathrm{d}y_1}{R - y_1} = Rb\left[R\ln\frac{2(R - y)}{2R - h} - \left(\frac{h}{2} - y\right)\right]$$

当 $R = 1.5h$ 时，以上计算结果为

$$A = bh \qquad \overline{A} = b\left(\frac{h}{2} - y\right)$$

$$J_z = 1.5^3 bh^3\ln2 - 1.5^2 bh^3 = 0.0894bh^3$$

$$\overline{K}_z = 1.5bh\left[1.5h\ln\frac{3h - 2y}{2h} - \left(\frac{h}{2} - y\right)\right]$$

代入公式(15.20)并整理可得

$$\sigma_y = -\frac{M}{bh^2\left(1.5 - \dfrac{y}{h}\right)}\left[17.45\left(\frac{1}{2} - \frac{y}{h}\right) - 25.17\left(\ln1.5 - \frac{y}{h}\right)\right]$$

根据上式计算结果，绘制 σ_y 沿截面高度变化的情况如图 15.15 所示，并与弹性力学的精确解对比，图中实线部分是本章计算结果，虚线部分是弹性力学精确解，可见两者的差别较小。

15.5　曲梁的强度计算

当曲梁上只作用着纵向对称面内的荷载时，一般来说，除在截面上会产生弯矩外还会有轴力和剪力。如图 15.16 所示的曲梁，从曲梁中截取截面 mm 右半部分，把所有的内力和外力分别向 mm 截面的法线和切线方向投影，并对截面形心取矩，由平衡方程易得

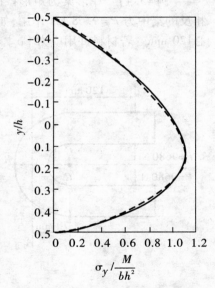

图 15.15　径向应力计算结果对比

$$N = -P\sin\varphi , \quad F = P\cos\varphi , \quad M = PR\sin\varphi$$

其中引起拉伸的轴力 N 为正；使轴线曲率增加的弯矩 M 为正；剪力 F 对所考察的曲梁微段内任一点的力矩为顺时针方向的为正。与弯矩 M 相对应的是正应力且沿截面高度按双曲线规律分布，与轴力对应的正应力在截面上均匀分布，

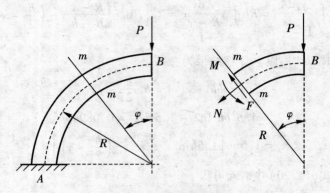

材料力学（Ⅱ）

故若要判断截面的最大正应力,只需将上述两种正应力相互叠加即可。与剪力 F 相对应的切应力一般较小,可以不予考虑。

图 15.16　曲梁的截面内力

【**例 15.4**】　U 形梁为矩形截面,尺寸为 40 mm×60 mm,受一对共线,方向相反的集中力 $P=9.68$ kN 作用,如图所示。力的作用线距 U 形梁底横截面形心 120 mm。若材料许用应力 $[\sigma] = 100$ MPa ,试校核该梁的强度。

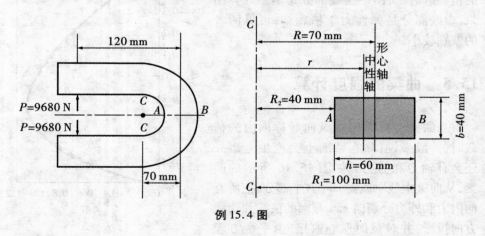

例 15.4 图

解:根据题意该梁的最大应力可能发生点为弯矩最大点即 A 点或 B 点,现研究 AB 截面的应力。首先需要求出其中性轴,根据表 15.1 中矩形截面的中性轴的计算公式可得

$$r = \frac{A}{\int_A \frac{\mathrm{d}A}{\rho}} = \frac{bh}{b\ln\frac{c}{a}} = \frac{h}{\ln\frac{c}{a}} = \frac{60}{\ln\frac{100}{40}} = 65.5 \text{ mm}$$

截面中性轴与形心轴之间的距离 e 为 $e = 70 - r = 4.5$ mm

截面面积对中性轴的静矩 S 为 $S = Ae = 10800$ mm³

截面上的弯矩为 $M = -9680 \times 120 = -1161600$ N·mm

由于弯矩为负,故最大弯曲拉应力发生在截面上离曲率中心最近的内侧边缘 A 处

$$\sigma_t = \frac{M(R_2 - r)}{SR_2} = \frac{-9680 \times 120 \times (40 - 65.5)}{10800 \times 40} = 68.56 \text{ MPa}$$

最大弯曲压应力发生在外侧边缘 B 处

$$\sigma_c = \frac{M(R_1 - r)}{SR_1} = \frac{-9680 \times 120 \times (100 - 65.5)}{10800 \times 100} = -37.11 \text{ MPa}$$

同时施加的荷载会在截面 AB 上产生均匀分布的拉应力

$$\sigma = \frac{P}{A} = \frac{9680}{60 \times 40} = 4.03 \text{ MPa}$$

故 A 点的总应力为

$$\sigma_A = \sigma_t + \sigma = 68.56 + 4.03 = 72.59 \text{ MPa} < [\sigma] = 100 \text{ MPa}$$

B 点的总应力为

$$\sigma_B = \sigma_c + \sigma = -37.11 + 4.03 = -33.08 \text{ MPa} < [\sigma] = 100 \text{ MPa}$$

因此满足强度条件。

15.6   曲梁的变形计算

在公式 15.7 中已经得到了曲梁变形后内力与位移的关系

$$\left. \begin{array}{l} \dfrac{\mathrm{d}u}{\mathrm{d}s} - \dfrac{v}{R} = \dfrac{N}{EA} - \dfrac{M}{EAR} \\[3mm] \dfrac{\mathrm{d}^2 v}{\mathrm{d}s^2} + \dfrac{v}{R^2} = -\dfrac{M}{EJ_z} \end{array} \right\}$$

该方程即为曲梁的挠曲线微分方程,理论上来讲只要给定适当的边界条件,就可以得到曲梁任意位置的变形。

下面讨论如图 15.17 所示的半径为 R 的半圆形曲梁在集中力 P 的作用下,截面形心位置的位移 u 和 v 计算。

在任意夹角为 q 的横截面上,轴力和弯矩可以计算如下

$$N = P\cos\theta \ , \ M = -PR(1 - \cos\theta)$$

代入挠曲线方程

$$\frac{\mathrm{d}u}{\mathrm{d}s} - \frac{v}{R} = \frac{P}{EA} \tag{15.21}$$

$$\frac{\mathrm{d}^2 v}{\mathrm{d}s^2} + \frac{v}{R^2} = -\frac{PR}{EJ_z}(1 - \cos\theta) \tag{15.22}$$

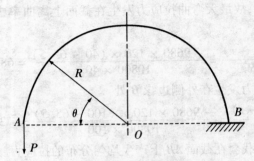

图 15.17 曲梁的变形

以上两个方程联立求解出 u 和 v 即可。根据关系式 $\mathrm{d}s = R\mathrm{d}\theta$,关于 v 的微分方程可以表示为

$$\frac{\mathrm{d}^2 v}{\mathrm{d}\theta^2} + v = \frac{PR^3}{EJ_z}(1 - \cos\theta)$$

该微分方程具有如下通解形式

$$v = A\cos\theta + B\sin\theta + \frac{PR^3}{2EJ_z}(2 - \theta\cos\theta) \tag{15.22}$$

代入边界条件 $\theta = \pi$ 时, $v = 0$, $\dfrac{\mathrm{d}v}{\mathrm{d}\theta} = 0$

则

$$A = \frac{PR^3}{EJ_z} \ , \ B = \frac{PR^3 \pi}{2EJ_z}$$

将 A 和 B 的表达式代入式(15.22)可得

$$v = \frac{PR^3}{EJ_z}\Big[\cos\theta + \frac{1}{2}(\pi - \theta)\sin\theta + 1\Big] \tag{15.23}$$

再代入式(15.21)可得

$$\frac{\mathrm{d}u}{\mathrm{d}\theta} = \frac{PR}{EA} + \frac{PR^3}{EJ_z}\Big[\cos\theta + \frac{1}{2}(\pi - \theta)\sin\theta + 1\Big]$$

积分可得

第 15 章　曲梁的强度与变形

$$u = \frac{PR}{EA}\theta + \frac{PR^3}{2EJ_z}\big[2\theta + (\pi - \theta)\cos\theta + \sin\theta\big] + C$$

关于 u 的边界条件为 $\theta = \pi$ 时，$u = 0$，所以

$$C = -\frac{PR\pi}{EA} - \frac{PR^3\pi}{EJ_z}$$

代入可得 u 的表达式为

$$u = -\frac{PR}{EA}(\pi - \theta) - \frac{PR^3}{2EJ_z}\big[2(\pi - \theta) + (\pi - \theta)\cos\theta - \sin\theta\big] \quad (15.24)$$

当曲梁的截面高度远小于曲率半径 R 时，称为小曲率曲梁，此时 $J_z \approx I_z$，公式（15.7）所示的微分方程可写为

$$\frac{\mathrm{d}^2 v}{\mathrm{d}s^2} + \frac{v}{R^2} = -\frac{M}{EI_z} \quad (15.25)$$

该方程即为小曲率曲梁挠曲线微分方程，对于小曲率曲梁，可以近似认为中性轴通过截面形心，弯曲正应力沿截面高度按直线规律分布，实际工程中的拱桥、活塞环等都可以认为是小曲率曲梁。

【例 15.5】　有一竖直圆环，直径 AB 的两端作用着一对 P 力，现已知 mn 截面上的弯矩为

$$M_0 = PR\left(\frac{1}{2} - \frac{1}{\pi}\right)$$

假设该圆环可以认为是小曲率曲梁，求 P 力作用点 A 和 B 的相对径向位移。

解：对于圆形曲梁，可以用 θ 表示圆心角，微分方程（15.25）可以写为

$$\frac{\mathrm{d}^2 v}{\mathrm{d}\theta^2} + v = -\frac{MR^2}{EI_z}$$

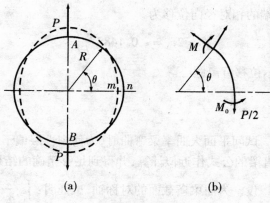

例 15.5 图

如图 b 所示，对圆心取矩得到夹角为 θ 的任意截面上的弯矩为

$$M = M_0 - \frac{PR}{2}(1 - \cos\theta) = \frac{PR}{2}\left(\cos\theta - \frac{2}{\pi}\right)$$

代入上式可得

$$\frac{\mathrm{d}^2 v}{\mathrm{d}\theta^2} + v = -\frac{PR^3}{2EI_z}\left(\cos\theta - \frac{2}{\pi}\right)$$

该微分方程的通解为

$$v = A\cos\theta + B\sin\theta - \frac{PR^3}{4EI_z}\theta\sin\theta + \frac{PR^3}{EI_z\pi}$$

圆环变形时水平方向和竖直方向对称于直径，故边界条件为

$$\theta = 0 \text{ 和 } \theta = \frac{\pi}{2} \text{ 时}, \frac{\mathrm{d}v}{\mathrm{d}\theta} = 0$$

因此可求得

$$A = -\frac{PR^3}{4EI_z}, \ B = 0$$

代入 v 的表达式有

$$v = -\frac{PR^3}{4EI_z}\cos\theta - \frac{PR^3}{4EI_z}\theta\sin\theta + \frac{PR^3}{EI_z\pi}$$

令 $\theta = \frac{\pi}{2}$，得 A 点的径向位移为

$$v_A = -\frac{PR^3}{4EI_z}\left(\frac{\pi}{8} - \frac{1}{\pi}\right) = -0.0744\frac{PR^3}{EI_z}$$

根据对称 B 点的径向位移与 A 点相同

$$v_B = v_A = -0.0744\frac{PR^3}{EI_z}$$

所以 A、B 两端的相对径向位移为

$$v_r = 2v_A = -0.1488\frac{PR^3}{EI_z}$$

其中负号表示位移背离圆心。

思考题

思考题 15.1　试问平面大曲率梁弯曲时，为何中性层偏于曲梁的内侧？在什么条件下可用直梁的公式作近似计算，并得到足够精确的结果？

思考题 15.2　设 y 为曲梁横截面的对称轴，试证明：$\int_A \frac{yz}{\rho}\mathrm{d}A = 0$。

思考题15.3　曲梁横截面为 T 形,试求截面的 J_z。

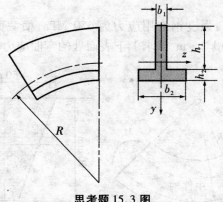

思考题 15.3 图

思考题15.4　一起重机吊钩中一段横截面如图所示,曲线和载荷均在 xy 平面内,内半径为 45 mm,弯矩 $M = -4$ kN·m,试求上下表面处的弯曲应力。

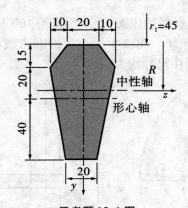

思考题 15.4 图

思考题15.5　小曲率曲梁和大曲率曲梁的区别是什么? 如何界定? 工程中哪些结构属于小曲率曲梁? 哪些属于大曲率曲梁? 试举例说明。

思考题15.6　曲梁的计算公式与直梁有何区别? 在什么样的情况下可以用直梁的公式计算曲梁?

习题

习题 15.1 某高强度钢许用应力为 650 MPa，横截面为梯形截面如图所示，受到弯矩 $M = -20$ kN·m，试求上下表面处的弯曲应力，并校核强度。

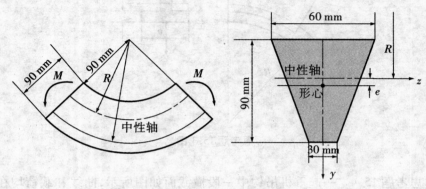

习题 15.1 图

习题 15.2 一铸铁材料冲床架，许用应力为 100 MPa，其正视图和横截面如图所示，截面受到弯矩 $M = -40$ kN·m 的作用，求截面最大拉伸弯曲应力和最大压缩弯曲应力。（图中尺寸均为 mm）

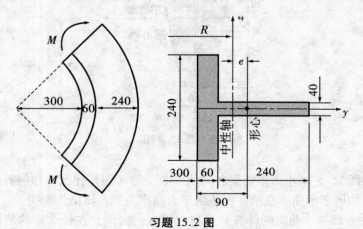

习题 15.2 图

习题 15.3 如图所示一钢制曲梁，半径 $R_c = 40$ mm，其横截面尺寸为 $b = 10$ mm，$h = 20$ mm，横截面 m-m 上的弯矩为 $M = -60$ N·m，求截面 m-m 上的最

大弯曲正应力。

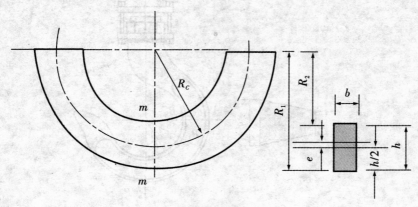

习题 15.3 图

习题 15.4 如图所示压力机机架,半径 $R = 80$ mm,横截面为矩形,压力机的最大压力 $P = 8$ kN,试计算最大应力。

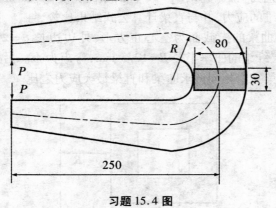

习题 15.4 图

习题 15.5 横截面为梯形的吊钩,起重量为 $P = 100$ kN。吊钩的尺寸为 $R_1 = 200$ mm,$R_2 = 80$ mm,$b_1 = 30$ mm,$b_2 = 80$ mm。试计算危险截面 AB 上的最大拉应力。

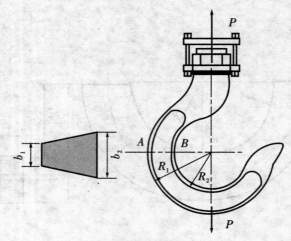

习题 15.5 图

习题 15.6　矩形截面曲梁受纯弯曲，弯矩 $M = 600$ N·m，曲梁最外层和最内层曲率半径分别为 $R_1 = 70$ m，$R_2 = 30$ mm，截面宽度 $b = 20$ mm，试计算曲梁最内层和最外层纤维的应力，并与直梁计算公式结果比较。

习题 15.7　曲梁的横截面为空心正方形，外边边长 $a = 25$ mm，里边边长 $b = 15$ mm，最内层纤维的曲率半径 $R = 12.5$ mm，弯矩为 M。另外一直梁横截面和弯矩与上述曲梁完全相同试求曲梁和直梁最大应力之比。

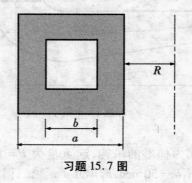

习题 15.7 图

习题 15.8　如图所示的圆环内径 $D_2 = 120$ mm，圆环的横截面为直径 $d = 80$ mm 的圆形，压力 $P = 20$ kN。求 A、B 两点的应力。

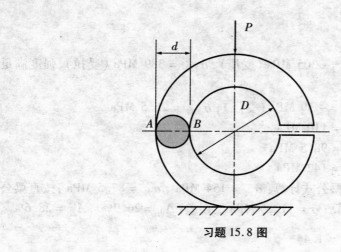

习题 15.8 图

习题 15.9　如图所示曲梁受弯矩 $M = 25$ kN·m 作用,求梁内的最大拉伸和压缩弯曲应力。

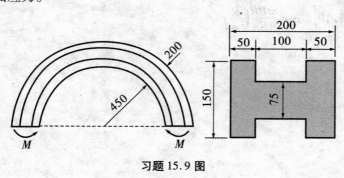

习题 15.9 图

习题 15.10　求图示曲梁截面 B 的垂直位移。曲梁轴线为四分之一圆周。(不计轴力和剪力的影响,中性轴到形心轴的距离为 e)

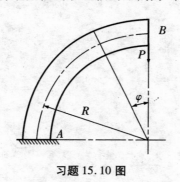

习题 15.10 图

习题参考答案

答案 15.1　$\sigma_{底面} = -305\ \text{MPa}$（受压），$\sigma_{顶面} = 389\ \text{MPa}$（受拉），强度满足
　　　　　要求。

答案 15.2　$\sigma_{外侧} = -39\ \text{MPa}$（受压），$\sigma_{翼缘} = 25.5\ \text{MPa}$

答案 15.3　$\sigma_{max} = 110\ \text{MPa}$

答案 15.4　$\sigma_{max} = 98.5\ \text{MPa}$

答案 15.5　$\sigma_{max} = 142\ \text{MPa}$

答案 15.6　按曲梁公式计算：$\sigma_{内} = 154\ \text{MPa}$，$\sigma_{外} = 87.5\ \text{MPa}$；按直梁公
　　　　　式计算；$\sigma = 112.5\ \text{MPa}$。误差：$\Delta_{内} = 26.9\%$，$\Delta_{外} = 28.6\%$。

答案 15.7　$\dfrac{\sigma_{曲梁}}{\sigma_{直梁}} = 1.44$

答案 15.8　$\sigma_A = 26.1\ \text{MPa}$，$\sigma_B = -60.9\ \text{MPa}$。

答案 15.9　$\sigma_t = 24.1\ \text{MPa}$，$\sigma_c = -29.9\ \text{MPa}$。

答案 15.10　$\delta = \dfrac{\pi PR}{4EA}\left(\dfrac{R}{e}\right)$

第16章 轴对称变形问题

16.1 概述

高压容器、高压管道、油泵缸体、枪筒、炮筒等是工程与兵器中常见的部件，如图16.1中的坦克炮筒和高压容器，都可以简化为在内压作用下的圆筒。这类圆筒与薄壁圆筒不同，其壁厚与半径属于同一量级，称为厚壁圆筒。薄壁圆筒的壁厚与半径相比是一个微小的量，可以认为沿壁厚应力是均匀分布的，但厚壁圆筒的壁厚与半径相比不再是一个微小的量，不能再假设沿壁厚应力是均匀的。厚壁圆筒的几何形状和载荷都对称于圆筒的轴线，所以壁内各点的应力和变形也应该对称于轴线。这类问题称为轴对称问题。

(a)   (b)

图16.1 坦克炮筒(a)和高压容器(b)

对于有封头的容器，在封头与筒体的连接焊缝附近，应力和变形比较复杂。但在离连接焊缝较远处，可以认为应力和变形沿轴线无变化，即它们与轴线坐标无关。本章我们只研究离焊缝较远处的应力和应变。

厚壁圆筒的计算公式可用于轮毂与轴的紧配合、轴承的紧配合等问题。高速旋转的圆盘，如汽轮机的转子等，虽然是另外一类问题，但分析方法与厚壁圆筒相近，所以也在这一章中讨论。

16.2　厚壁圆筒

对于厚壁圆筒应力和变形的分析，也和研究弯曲等问题相似，应该综合考虑几何、静力和物理三方面的关系。

（1）变形几何关系　图 16.2（a）表示一厚壁圆筒，p_1 和 p_2 分别为圆筒所受的内压力和外压力。以半径为 ρ 和 $\rho + \mathrm{d}\rho$ 的两个相邻圆柱面和夹角为 $\mathrm{d}\varphi$ 的两个相邻径向面，从圆筒中取出单元体 $abcd$，并设单元体沿轴线方向的尺寸（即垂直于图面的尺寸）为一单位。将单元体放大成图 16.2（b）。由于变形对圆筒轴线是对称的，故筒内各点沿半径方向的位移 u 只与半径 ρ 有关，与 φ 角无关。变形后单元体 ad 边位移到 $a'd'$，由此求得周向应变为

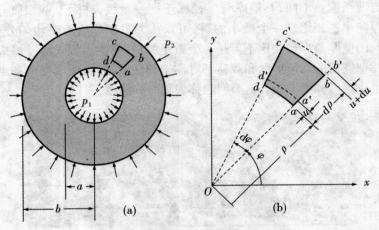

图 16.2　厚壁圆筒及单元体变形图

$$\varepsilon_\varphi = \frac{\widehat{a'd'} - \widehat{ad}}{\widehat{ad}} = \frac{(\rho + u)\,\mathrm{d}\varphi}{\rho\mathrm{d}\varphi} = \frac{u}{\rho} \tag{a}$$

因为位移 u 是 ρ 的函数，在 ab 边上，若 a 点的径向位移为 u，则 b 点的径向位移应为 $u + \mathrm{d}u$。因而 a 点沿径向的应变是

$$\varepsilon_\rho = \frac{\overline{a'b'} - \overline{ab}}{\overline{ab}} = \frac{[\mathrm{d}\rho + (u + \mathrm{d}u) - u] - \mathrm{d}\rho}{\mathrm{d}\rho} = \frac{\mathrm{d}u}{\mathrm{d}\rho} \tag{b}$$

（2）静力平衡方程　作用于单元体的柱面 ad 上的正应力 σ_ρ（图 16.3）称为径向应力，作用于径向面 ab 上的正应力 σ_φ 称为周向应力或环向应力。根据

轴对称的性质，σ_ρ 和 σ_φ 都只是 ρ 的函数，与 φ 角无关。所以 cd 和 ab 面上的正应力相同，bc 面上的正应力比 ad 面上的多一个增量 $\mathrm{d}\sigma_\rho$。也由于轴对称的原因，单元体的周围四个面上无切应力，σ_ρ 和 σ_φ 都是主应力。将作用于单元体上的内力投影于坐标 ρ 列平衡方程，得

$$(\sigma_\rho + \mathrm{d}\sigma_\rho)(\rho + \mathrm{d}\rho)\mathrm{d}\varphi - \sigma_\rho\rho\mathrm{d}\varphi - 2\sigma_\varphi\mathrm{d}\rho \cdot \frac{\mathrm{d}\varphi}{2} = 0$$

整理上式，并略去高阶微量，得

$$\frac{\mathrm{d}\sigma_\rho}{\mathrm{d}\rho} + \frac{\sigma_\rho - \sigma_\varphi}{\rho} = 0 \qquad\qquad (\text{c})$$

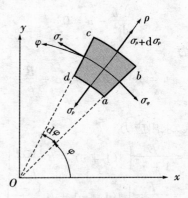

图 16.3　单元体受力图

（3）物理方程　在线弹性的情况下，由广义胡克定律得应力、应变间的关系

$$\left.\begin{aligned}
\varepsilon_\rho &= \frac{1}{E}(\sigma_\rho - \nu\sigma_\varphi) \\
\varepsilon_\varphi &= \frac{1}{E}(\sigma_\varphi - \nu\sigma_\rho)
\end{aligned}\right\} \qquad\qquad (\text{d})$$

具备了以上三方面的关系式，便可进一步求出厚壁圆筒的应力和变形。由（a）式和（b）式，得

$$\left.\begin{aligned}
\frac{\mathrm{d}u}{\mathrm{d}\rho} &= \frac{1}{E}(\sigma_\rho - \nu\sigma_\varphi) \\
\frac{u}{\rho} &= \frac{1}{E}(\sigma_\varphi - \nu\sigma_\rho)
\end{aligned}\right\}$$

由此解出 σ_ρ 和 σ_φ 为

$$\left.\begin{aligned}
\sigma_\rho &= \frac{E}{1-\nu^2}\Big(\frac{\mathrm{d}u}{\mathrm{d}\rho} + \nu\,\frac{u}{\rho}\Big) \\
\sigma_\varphi &= \frac{E}{1-\nu^2}\Big(\frac{u}{\rho} + \nu\,\frac{\mathrm{d}u}{\mathrm{d}\rho}\Big)
\end{aligned}\right\} \tag{e}$$

把上式中的 σ_ρ 和 σ_φ 代入平衡方程(c),整理后得出

$$\frac{\mathrm{d}^2 u}{\mathrm{d}\rho^2} + \frac{1}{\rho}\frac{\mathrm{d}u}{\mathrm{d}\rho} - \frac{u}{\rho^2} = 0 \tag{f}$$

这是由位移 u 表示的平衡方程。求解以上微分方程时,令 $\rho = e^t$,即 $\ln\rho = t$,则微分方程(f)化为

$$\frac{\mathrm{d}^2 u}{\mathrm{d}t^2} - u = 0$$

由此求得位移 u 的通解为

$$u = Ae^t + Be^{-t} = A\rho + \frac{B}{\rho} \tag{g}$$

式中,A,B 为积分常数。

以位移 u 代入(e)式,求出应力

$$\left.\begin{aligned}
\sigma_\rho &= \frac{E}{1-\nu^2}\Big[A(1+\nu) - B\,\frac{1-\nu}{\rho^2}\Big] \\
\sigma_\varphi &= \frac{E}{1-\nu^2}\Big[A(1+\nu) + B\,\frac{1-\nu}{\rho^2}\Big]
\end{aligned}\right\} \tag{h}$$

确定积分常数的边界条件是

$$(\sigma_\rho)_{\rho=a} = -p_1 \text{ 和 } (\sigma_\rho)_{\rho=b} = -p_2$$

由于拉伸正应力取为正,因此,方程式右边的符号均为负。代入(h)式,从而得

$$A = \frac{1-\nu}{E}\frac{a^2 p_1 - b^2 p_2}{b^2 - a^2} \text{ ; } B = \frac{1+\nu}{E}\frac{a^2 b^2 (p_1 - p_2)}{b^2 - a^2} \tag{i}$$

将这些常数值代入(h)式,求得正应力的表达式

$$\left.\begin{aligned}
\sigma_\rho &= \frac{a^2 p_1 - b^2 p_2}{b^2 - a^2} - \frac{(p_1 - p_2)\,a^2 b^2}{b^2 - a^2}\cdot\frac{1}{\rho^2} \\
\sigma_\varphi &= \frac{a^2 p_1 - b^2 p_2}{b^2 - a^2} + \frac{(p_1 - p_2)\,a^2 b^2}{b^2 - a^2}\cdot\frac{1}{\rho^2}
\end{aligned}\right\} \tag{16.1}$$

应当着重指出,因这两个应力之和保持为常数,因此根据广义胡克定律,各体元在圆筒轴线方向的变形相同,与 ρ 无关。所以圆筒的截面在变形后仍保持为平面。这就证实了我们把此问题当作二维问题来考虑是正确的。

以(i)式中的积分常数代入(g)式,求出筒壁内任一点的径向位移为

$$u = \frac{1-\nu}{E} \frac{a^2 p_1 - b^2 p_2}{b^2 - a^2} \cdot \rho + \frac{1-\nu}{E} \frac{a^2 b^2 (p_1 - p_2)}{b^2 - a^2} \cdot \frac{1}{\rho} \qquad (16.2)$$

只承受内压的厚壁圆筒：压力油缸、高压容器等都是只承受内压而无外压，这是工程实际中最常见的情况。这时在公式(16.1)中，令 $p_2 = 0$，得到应力计算公式

$$\left. \begin{array}{l} \sigma_\rho = -\dfrac{p_1 a^2}{b^2 - a^2}\left(\dfrac{b^2}{\rho^2} - 1\right) \\[4mm] \sigma_\varphi = \dfrac{p_1 a^2}{b^2 - a^2}\left(\dfrac{b^2}{\rho^2} + 1\right) \end{array} \right\} \qquad (16.3)$$

上式表明，σ_ρ 恒为压应力，而 σ_φ 恒为拉应力。沿筒壁厚度，σ_φ 和 σ_ρ 的变化情况如图 16.4 所示。

在筒壁内侧面处，$\rho = a$。两者同时达到极值。因为两者同为主应力，故可记为 $\sigma_\varphi = \sigma_1$，$\sigma_\rho = \sigma_3$。根据最大切应力理论，塑性条件和强度条件分别为

$$\sigma_1 - \sigma_3 \approx \sigma_s, \quad \sigma_1 - \sigma_3 \leqslant [\sigma] \qquad (j)$$

式中，σ_s 为材料的屈服极限。以公式 (16.3) 中的 σ_φ 和 σ_ρ 代替 σ_1 和 σ_3，并令 $\rho = a$，(j)式化为

$$\frac{2 p_1^0 b^2}{b^2 - a^2} \approx \sigma_s \qquad (16.4)$$

$$\frac{2 p_1 b^2}{b^2 - a^2} \leqslant [\sigma] \qquad (16.5)$$

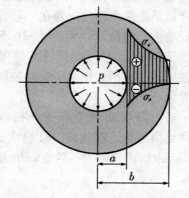

图 16.4　σ_φ 和 σ_ρ 沿壁厚分布图

式中，p_1^0 是筒壁内侧面处开始出现塑性变形时的内压力。

当圆筒的壁厚 $b - a = \delta$ 与半径 a，b 相比是一个很小的数值时（即为薄壁圆筒），在公式(16.3)的第二式中可近似地认为

$$\frac{b^2}{\rho^2} + 1 \rightarrow 1 + 1 = 2, \quad b^2 - a^2 = (b - a)(b + a) \rightarrow \delta d$$

式中，d 为薄壁圆筒的内直径。于是该式变为

$$\sigma_\varphi = \frac{p_1 d}{2\delta} \qquad (k)$$

这就是《材料力学（Ⅰ）》中导出的薄壁圆筒的应力计算公式。可见厚壁圆筒公式(16.3)是一个精确解，而(k)式只是它的一个特殊情况。

【例 16.1】　某柴油机的高压油管内径 2 mm，外径 7 mm。材料为 20 钢，

$\sigma_s = 250$ MPa。最大油压 $p = 60$ MPa，试求高压油管的工作安全因数。

解: 油管属于只有内压的情况，且

$$a = 1 \text{ mm}, \quad b = 3.5 \text{ mm}, \quad p_i = p = 60 \text{ MPa}$$

在油管的内壁上 σ_ρ 和 σ_φ 同为最大值，由式（16.5）第三强度理论相当应力为

$$\sigma_{13} = \frac{2pb^2}{b^2 - a^2} = 130.6 \text{ MPa}$$

由此求出工作安全因数为

$$n = \frac{\sigma_s}{\sigma_{13}} = \frac{250}{130.6} = 1.91$$

16.3　组合厚壁圆筒

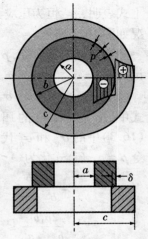

在机械工程中，轴与轮毂的配合，组合曲轴的曲柄与轴颈的配合，经常采用过盈配合方法。这种配合可看做是把两个圆筒嵌套在一起，加工时使外筒的内半径略小于内筒的外半径（图16.5），两者的差值 δ 为过盈量，通过加热外套筒进行装配。配合之后，两筒接触面上必将产生相互压紧的装配压力 p，形成紧固的静配合。

对内筒来说，装配压力 p 相当于外压力 p_2，而它却并无内压力。在公式（16.2）中，令 $p_1 = 0$，$p_2 = p$，$\rho = b$，求得内筒外半径的缩短量为

图16.5　过盈配合

$$\delta_1 = u|_{\rho=b} = -\frac{bp}{E_1}\left(\frac{b^2 + a^2}{b^2 - a^2} - \nu_1\right) \tag{a}$$

式中，E_1 和 ν_1 是内筒材料的弹性常数。

对外筒来说，装配压力 p 相当于内压力 p_1，而它却无外压力。于是在公式（16.2）中，令 $p_1 = 0$，$p_2 = 0$，把 a 改为 b，b 改为 c（因为外筒内半径为 b，而外半径为 c），且令 $\rho = b$，求得外筒内半径的伸长量为

$$\delta_2 = u|_{\rho=b} = \frac{bp}{E_2}\left(\frac{c^2 + b^2}{c^2 - b^2} + \nu_2\right) \tag{b}$$

式中，E_2 和 ν_2 是外筒材料的弹性常数。

从图16.5可以看出，配合后 δ_1 与 δ_2 绝对值之和应该等于过盈量 δ，即

$$|\delta_1| + |\delta_2| = \delta \tag{c}$$

把（a）式和（b）式代入（c）式，整理后得到

$$p = \frac{\delta}{b\left[\dfrac{1}{E_1}\left(\dfrac{b^2 + a^2}{b^2 - a^2} - \nu_1\right) + \dfrac{1}{E_2}\left(\dfrac{c^2 + b^2}{c^2 - b^2} + \nu_2\right)\right]} \qquad (16.6)$$

某些情况下,内筒和外筒的材料是相同的,例如组合曲轴的曲柄与轴颈一般就是同一种钢材。这时 $E_1 = E_2 = E$, $\nu_1 = \nu_2 = \nu$,公式(16.6)化为

$$p = \frac{E\delta(c^2 - b^2)(b^2 - a^2)}{2b^3(c^2 - a^2)} \qquad (16.7)$$

由于过盈配合产生的环向应力可分别由式(16.1)和式(16.3)求出,结果为

$$(\sigma_\varphi)_{内} = -\frac{b^2 p}{b^2 - a^2}\left(1 + \frac{a^2}{\rho^2}\right) \qquad (16.8)$$

$$(\sigma_\varphi)_{外} = \frac{b^2 p}{c^2 - b^2}\left(1 + \frac{c^2}{\rho^2}\right) \qquad (16.9)$$

即内筒的环向应力恒为压应力,外筒的环向应力恒为拉应力,其变化规律如图 16.5 中的曲线所示。

有些厚壁圆筒要承受很高的内压,如高压容器、炮筒等。如果为改善其强度状况而采取增加壁厚的方法,则因在公式(16.5)中,当 b 的数值增加时,分子与分母同时加大,所以收效甚微。这种情况下,通常用两个圆筒以过盈配合的方法构成组合筒。其应力分布将比单一的整体厚壁圆筒更为合理。例如内半径为 a 、外半径为 c 的整体厚壁筒在内压作用下,按照公式(16.3),环向应力沿壁厚的分布如图 16.6 中虚线所示。最大应力发生在筒壁的内侧,而筒壁的外层材料应力尚低,并未得到充分利用。如改为组合筒,装配压力将引起内筒环向受外压而外筒环向受拉。组合筒在内压作用下的应力应该是图 16.4 和图 16.5 两种应力分布的线性叠加,叠加结果如图 16.6 中实曲线所示,内筒的环向应力降低,

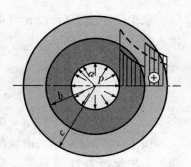

图 16.6　环向应力分布

而外筒环向应力提高,应力的分布更为合理,材料的强度潜力得到了充分利用。

【例 16.2】　万吨货轮低速大功率柴油机的曲轴为组合曲轴,轴颈与曲柄用红套配合,可近似地看做是两个厚壁筒的过盈配合,如例 16.2 图所示。已知: $r_1 = 110$ mm, $r_2 = 282.5$ mm, $r_3 = 545$ mm,曲柄厚度 $h = 345$ mm。钢材的 $E = 210$ GPa, $\sigma_s = 280$ MPa。试计算当曲柄开始出现塑性变形时的装配压力,并求产生这一装配压力的过盈量。若曲轴按上述方式配合后,轴颈传递的最大扭矩为 $T_{max} = 1\,055$ kN·m,取摩擦因数为 $f = 0.15$,试计算传递这一扭矩时的工作安全因数。

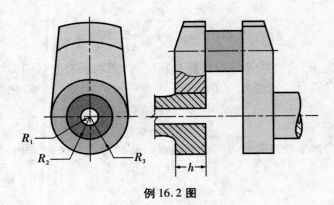

例16.2 图

解：在过盈配合中把曲柄看成是只受内压的厚壁筒，设当内侧面出现塑性变形时的装配压力为 p^0，在公式（16.4）中以 r_2 代替 a，以 r_3 代替 b，得

$$\frac{2p^0 b^2}{b^2 - a^2} = \frac{2p^0 r_3^2}{r_3^2 - r_2^2} = \sigma_s = 280 \text{ MPa}$$

由此解出

$$p^0 = 102 \text{ MPa}$$

求出装配压力后，以 $a = 110$ mm，$b = 282.5$ mm，$c = 545$ mm，$p = p^0 = 102$ MPa 代入公式（16.7），得

$$p = \frac{E\delta(c^2 - b^2)(b^2 - a^2)}{2b^3(c^2 - a^2)}$$

由上式解出

$$\delta = 0.43 \times 10^3 \text{ m} = 0.43 \text{ mm}$$

按上述方式配合后，由装配压力 $p^0 = 102$ MPa，算出曲柄与轴颈配合面单位面积上的摩擦力为

$$fp^0 = 15.3 \text{ MPa}$$

对轴的中心线的摩擦力矩为

$$M_f = 2\pi r_2 h \cdot fp^0 \cdot r_2 = 2640 \times 10^3 \text{ N} \cdot \text{m} = 2640 \text{ kN} \cdot \text{m}$$

M_f 与 $T_{\max}$ 之比即为工作安全因数，故

$$n = \frac{M_f}{T_{\max}} = 2.5$$

16.4 等厚度转盘

当圆盘绕垂直于本身的对称轴旋转时,由惯性力产生的应力在高速时可能变得很大。这些应力的分布对称于旋转轴,且可用图 16.2 中所述的方法计算。设应力在圆盘厚度上不变并取此厚度为 1。

将作用在体元上的惯性力与图 16.2 中所研究的力相加,可导出如图 16.2 中 *abcd* 体元的平衡方程式。惯性力为

$$\frac{\gamma\omega^2\rho^2}{\sigma}\mathrm{d}\rho\mathrm{d}\varphi \tag{a}$$

其中 γ 为材料的密度,而 ω 为圆盘的角速度。其余的符号与图 16.2 中的相同。于是平衡方程式成为

$$\sigma_\varphi - \sigma_\rho - \rho\frac{\mathrm{d}\sigma_\rho}{\mathrm{d}\rho} - \frac{\gamma\omega^2\rho^2}{g} = 0 \tag{b}$$

代入用位移 u 表示的应力 σ_φ 和 σ_ρ ,得下列方程式

$$\frac{\mathrm{d}^2 u}{\mathrm{d}\rho^2} + \frac{1}{\rho}\frac{\mathrm{d}u}{\mathrm{d}\rho} - \frac{u}{\rho^2} + (1-\nu^2)\frac{\gamma\omega^2\rho}{gE} = 0 \tag{16.10}$$

将特解与相应齐次方程式的解相加,就可求得此方程的通解。特解为

$$u = -(1-\nu^2)\frac{\gamma\omega^2}{gE}\frac{\rho^3}{8}$$

于是运用记号

$$N = (1-\nu^2)\frac{\gamma\omega^2}{gE} \tag{c}$$

则式(16.10)的通解为

$$u = -N\frac{\rho^3}{8} + C_1\rho + \frac{C_2}{\rho} \tag{d}$$

同前面一样,确定式中的常数 C_1 和 C_2 时,须使其满足盘边处的条件。

对于边上无作用力的中心有孔的圆盘(图 16.2),盘边处的条件为

$$(\sigma_\rho)_{\rho=a} = 0, (\sigma_\rho)_{\rho=b} = 0 \tag{e}$$

将式(d)代入方程组(16.1)的第一式,可得 σ_ρ 的通式,即

$$\sigma_\rho = \frac{E}{1-\nu^2}\left[-\frac{3+\nu}{8}N\rho^2 + (1+\nu)C_1 - (1-\nu)C_2\frac{1}{\rho^2}\right] \tag{f}$$

当 $r=a$ 和 $r=b$ 时,此表达式必定为零,如式(e)所示。取此情形,得下列用以计算 C_1 和 C_2 的方程式

$$\left.\begin{array}{l} -\dfrac{3+\nu}{8}Na^2 + (1+\nu)\,C_1 - (1-\nu)\,C_2\,\dfrac{1}{a^2} = 0 \\[3mm] -\dfrac{3+\nu}{8}Nb^2 + (1+\nu)\,C_1 - (1-\nu)\,C_2\,\dfrac{1}{b^2} = 0 \end{array}\right\} \tag{g}$$

从而得

$$C_1 = \frac{3+\nu}{8(1+\nu)}(a^2 + b^2)\,N; \quad C_2 = \frac{3+\nu}{8(1-\nu)}a^2 b^2 N \tag{h}$$

将这些值代入式（d）可得 u 的通式。然后将求得的 u 表达式代入式（16.1），得

$$\sigma_\rho = \frac{3+\nu}{8(1-\nu^2)}EN\Big(a^2 + b^2 - \rho^2 - \frac{a^2 b^2}{\rho^2}\Big) \tag{16.11}$$

$$\sigma_\varphi = \frac{3+\nu}{8(1-\nu^2)}EN\Big(a^2 + b^2 - \frac{1+3\nu}{3+\nu}\rho^2 + \frac{a^2 b^2}{\rho^2}\Big) \tag{16.12}$$

如果现在将式（c）所示的 N 值代入，并令

$$\frac{a}{b} = \alpha, \qquad \frac{\rho}{b} = x, \qquad b\omega = \eta \tag{i}$$

则式（16.11）和（16.12）就变成

$$\sigma_\rho = \frac{\gamma\eta^2}{g}\frac{3+\nu}{8}\Big(1 + a^2 - x^2 - \frac{a^2}{x^2}\Big) \tag{16.13}$$

$$\sigma_\varphi = \frac{\gamma\eta^2}{g}\frac{3+\nu}{8}\Big(1 + a^2 - \frac{1+3\nu}{3+\nu}x^2 + \frac{a^2}{x^2}\Big) \tag{16.14}$$

可以看出，在边上，即 $x=1$ 或 $x=\alpha$ 处，径向应力 σ_ρ 为零；当 x 为其他值时，则 σ_ρ 为正。最大值发生在

$$x = \sqrt{\alpha} = \sqrt{\frac{a}{b}} \ \text{或} \ \rho = \sqrt{ab} \tag{j}$$

处。运用式（j）的 ρ，由式（16.13）得出

$$(\sigma_\rho)_{\max} = \frac{\gamma\eta^2}{g}\frac{3+\nu}{8}(1+\alpha)^2 \tag{16.15}$$

在圆盘的内边上，切向应力 σ_φ 为最大。将 $x=\alpha$ 代入式（16.14），则得

$$(\sigma_\varphi)_{\max} = \frac{\gamma\eta^2}{g}\frac{3+\nu}{4}\Big(1 + \frac{1-\nu}{3+\nu}\alpha^2\Big) \tag{16.16}$$

可以看出，$(\sigma_\varphi)_{\max}$ 总是大于 $(\sigma_\rho)_{\max}$。

在图 16.7 中，以式（16.13）和式（16.14）中括弧内各项之值作为纵坐标，而以 x 之值作为横坐标绘图。实线代表 $\alpha=1/4$ 的情形，即内半径为外半径的 1/4。虚线则代表 α 为其他值时式（16.14）中括弧内项之值。由式（16.16）知，内边

上的应力 $(\sigma_\varphi)_{\max}$ 按抛物线律随 α 而变化。如图 16.7 中的曲线 mn 所示。

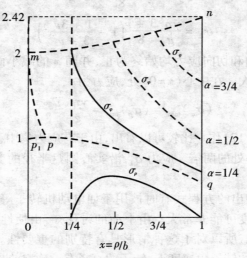

图 16.7 σ_φ 随 x 变化规律

有趣的是,当内半径非常小时,即 α 趋近于零时,在孔附近的应力 σ_φ 有非常剧烈的变化。这由曲线 mpq 表示,对于此情形

$$(\sigma_\varphi)_{\max} = \frac{\gamma\eta^2}{g}\frac{3+\nu}{4} \qquad (16.17)$$

对于另一个极端情形,当内半径趋近于圆盘的外半径,即 α 趋近于 1 时,式(16. 16)变成

$$(\sigma_\varphi)_{\max} = \frac{\gamma\eta^2}{g}$$

此与对薄转环求得的式一致。可以看出,对于圆盘中心有孔的情形,最大应力并不随孔的半径改变很大;极薄的环之值只比有一小孔的极厚的环之值大 20% 左右。

对于实心圆盘的情形,当 $r = 0$ 时边界条件为 $u = 0$;因此必须取通解[式(d)]中的常数 C_2 等于零。常数 C_1 可由圆盘外边上 $\sigma_\rho = 0$ 这一条件求得。运用方程组(g)的第二式,得

$$C_1 = \frac{3+\nu}{8(1+\nu)}Nb^2 \qquad (k)$$

现在将常数 C_1 和 C_2 之值引入位移 u 的通式[式(d)]中,然后将求得的表达式代入式(16.1)。这样得

$$\sigma_\rho = \frac{\gamma\eta^2}{g}\frac{3+\nu}{8}(1-x^2) \tag{16.18}$$

$$\sigma_\varphi = \frac{\gamma\eta^2}{g}\frac{3+\nu}{8}\Big(1-\frac{1+3\nu}{3+\nu}x^2\Big) \tag{16.19}$$

式中，$x=r/b$。径向和切向应力均始终为正，并随 x 的减小而增大。换言之，越接近中心，应力越大。在中心（$x=0$）处，应力为

$$(\sigma_\varphi)_{max} = (\sigma_\rho)_{max} = \frac{\gamma\eta^2}{g}\frac{3+\nu}{8} \tag{16.20}$$

将此与式（16.17）作一比较可以看出，由于有应力集中，中心小孔边上的应力为实心圆盘中心处的两倍。应力 σ_φ 沿实心圆盘半径的变化如图 16.7 中的虚线 p_1pq 所示。

上面对转盘导出的方程式有时被用于如电动机转子等较长的圆筒中。在大型设备中，角速度可能非常大。由上面的讨论知，由惯性力产生的应力与角速度的平方成正比，所以对于这种情形具有特别的重要性。因此，对于已知强度的材料，在给定的转子角速度下，转子的直径有一确定的最大极限。

在讨论这种转子的实用应力时须着重指出，特大的锻件可能在材料的中心处有缺陷，此处也就是惯性力所产生的应力达到最大之处。为了消除这种疑虑，惯常沿转子的轴线搪一中心孔。虽然最大应力由于孔的存在而提高了一倍，但是这一缺点因有可能探查锻件内部材料是否健全而得到补偿。此外，还惯常在预先试验时使转子在一定的超速下运转，致使孔周的应力可超过屈服点。在转子停止后，由于孔处材料的永久变形，应力不完全消失。这样就使发生屈服的里面部分为尚未发生屈服的外面部分所压缩，相反地，外面部分受里面部分的膨胀而拉伸。这些情形与受内压而产生了过应力的厚壁圆筒中的类似。孔处由过应力产生的残余应力与惯性力产生的应力方向相反；因此过应力对转子中最终的应力分布产生有利的影响。

还应指出，上面求得的应力方程中[参看式（16.13）和式（16.14）]，除了 k 和决定材料性质的常数外，只包含如 α 和 x 等的比值。因此，对于已知材料和已知的角速度，在几何相似的转子中，位置相似的各点上应力相等。这一事实简化了几何相似的圆盘中应力的计算，它也适用于根据模型试验来确定大型圆盘的强度。

在前面的讨论中假设了盘边无外力作用。如果有拉力或压缩力沿盘边均匀分布，则由此产生的应力可用厚壁圆筒的理论求得。这些应力[参看式（16.2）]可写成下列形式

$$\left.\begin{array}{l} \sigma_\rho = k - \dfrac{n}{\rho^2} \\[3mm] \sigma_\varphi = k + \dfrac{n}{\rho^2} \end{array}\right\} \tag{1}$$

式中,k 和 n 为决定于圆盘尺寸及作用在边上的外力大小的常数。将式(1)的应力与式(16.13)和式(16.14)的应力叠加,则总应力就可写成下列形式

$$\left.\begin{array}{l} \sigma_\rho = A + \dfrac{B}{\rho^2} - \beta_1 \omega^2 \rho^2 \\[3mm] \sigma_\varphi = A - \dfrac{B}{\rho^2} - \beta \omega^2 \rho^2 \end{array}\right\} \tag{16.21}$$

式中

$$\beta_1 = \frac{\gamma}{g}\frac{3+\nu}{8}; \beta = \frac{\gamma}{g}\frac{1+3\nu}{8} \tag{16.22}$$

而 A 和 B 为积分常数,对于任何特定情形,均可用式(16.2),式(16.13)和式(16.14)三式算得。运用记号

$$s = \sigma_\rho + \beta_1 \omega^2 \rho^2 , \ t = \sigma_\varphi + \beta \omega^2 \rho^2 \tag{16.23}$$

$$\omega = \frac{1}{\rho^2} \tag{16.24}$$

式(16.21)变成

$$s = A + B\omega, t = A - B\omega \tag{16.25}$$

如果圆盘任意点的 s 和 t 为已知,则对于任何其他点,它们的大小就不难用下列图解法求得。

以 s_1 和 t_1 表示在 $\omega = \omega_1$ 之点 s 和 t 的大小(参看图16.8)。于是在 $\omega = \omega_2$ 的任何其他点处 s 和 t 的大小 s_2 和 t_2 可由通过 ω_2 的铅直线与直线 $s_1 s_2$ 及 $t_1 t_2$ 之交点求得,直线 $s_1 s_2$ 与 $t_1 t_2$ 之交点是在纵坐标轴上($\omega = 0$ 处),它们与此轴所成的倾角相等。这些直线以图形表示了方程式(16.25)。它们在 $\omega = 0$ 的轴上具有公共的纵坐标 A,并具有大小相等而符号相反的斜率($\pm B$)。

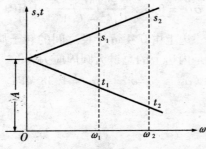

图16.8　s、t 随 ω 变化规律

【**例 16.3**】 试确定一外半径为 0.65 m，内孔半径为 0.1 m 的转子中由离心力产生的应力。如图所示，转子的外部切成放绕组用的 0.25 m 深的一些槽。转子由钢制成，其转速为 1800 转/分。槽中绕组的重量与切去材料的重量相同。

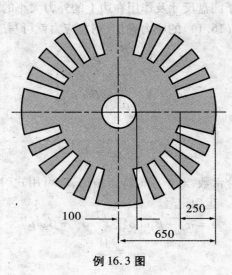

例 16.3 图

解： 由于径向槽的存在，外半径与 0.4 m 半径之间的转子部分不能承受圆周拉应力。由此转环产生的离心力，作为一径向拉应力沿 0.4 m 半径的圆柱面传递。此应力的大小为

$$p_0 = \frac{1}{2\pi \times 0.4} \int_{r=0.4}^{r=0.65} \frac{\gamma}{g} \omega^2 \rho \, \mathrm{d}V = \frac{1}{2\pi \times 0.4} \frac{\gamma \omega^2}{g} 2\pi \int_{0.4}^{0.65} \rho^2 \mathrm{d}\rho = 0.18 \frac{\gamma \omega^2}{g}$$

得

$$p_0 = 0.5 \text{ MPa}$$

内边上由拉应力 p_0 产生的最大切应力由式（16.5）求得为

$$\sigma'_\varphi = 0.5 \times \frac{2 \times 0.4^2}{0.4^2 - 0.1^2} = 1 \text{ MPa}$$

对转盘算得的，同一边上由 0.4 m 半径之间的转子质量产生的最大切应力为 $\sigma''_\varphi = 0.38$ MPa。于是内边上的总最大圆周应力为

$$(\sigma_\varphi)_{\max} = \sigma'_\varphi + \sigma''_\varphi = 1.38 \text{ MPa}。$$

16.5　变厚度等强度转盘

对于变厚度圆盘,研究图 16.9 所示微元体的平衡可类似地得到平衡方程为

$$\frac{\mathrm{d}}{\mathrm{d}\rho}(h\rho\sigma_\rho) - h\sigma_\varphi + \frac{\gamma}{g}\omega^2 h\rho^2 = 0 \qquad (16.26)$$

式(16.26)即为变厚度圆盘在以等角速度旋转时的平衡微分方程,若取 $h = \mathrm{const}$,则上式就是等厚度旋转圆盘的平衡方程

$$\frac{\mathrm{d}\sigma_\rho}{\mathrm{d}\rho} + \frac{\sigma_\rho - \sigma_\varphi}{\rho} + \frac{\gamma}{g}\omega^2\rho = 0 \qquad (\mathrm{a})$$

在应力函数解法中,取

$$h\rho\sigma_\rho = \varphi, \quad h\sigma_\varphi = \frac{\mathrm{d}\varphi}{\mathrm{d}\rho} + h\frac{\gamma}{g}\omega^2\rho^2$$

$$(16.27)$$

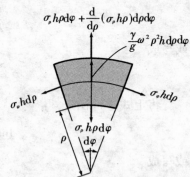

图 16.9　变厚度圆盘微元体

式中, $\varphi(\rho)$ 为应力函数。

应力函数按式(16.27)取法时,式(16.26)自动满足。将以 φ 表示的应力分量代入协调方程

$$(1 + \nu)(\sigma_\varphi - \sigma_\rho) + \rho\left(\frac{\mathrm{d}\sigma_\varphi}{\mathrm{d}\rho} - \nu\frac{\mathrm{d}\sigma_\rho}{\mathrm{d}\rho}\right) = 0 \qquad (\mathrm{b})$$

则得

$$\rho^2\frac{\mathrm{d}^2\varphi}{\mathrm{d}\rho^2} + \rho\frac{\mathrm{d}\varphi}{\mathrm{d}r} - \varphi + (3 + \nu)\frac{\gamma}{g}\omega^2 h\rho^3 - \frac{\rho}{h}\frac{\mathrm{d}h}{\mathrm{d}\rho}\left(\rho\frac{\mathrm{d}\varphi}{\mathrm{d}r} - \nu\varphi\right) = 0 \quad (16.28)$$

由上式求得应力函数 φ 后,利用式(16.27)可求得应力分量,然后由弹性本构方程可以求得应变分量,并由此求得位移分量。

例如,设圆盘的厚度与半径之间为幂函数关系,即

$$h = C\rho^n$$

式中,C 为常数;n 为任意数。

将 h 的表达式代入式(16.28),并进行积分,得

$$\varphi = m\rho^{n+3} + A\rho^\alpha + B\rho^\beta$$

式中, $m = -\dfrac{(3 + \nu)\rho\omega^2 C}{\nu n + 3n + 8}$,$\alpha,\beta$ 是如下二次方程的根,即

$$x^2 - nx + \nu n - 1 = 0$$

而 A,B 是由边界条件确定的积分常数。

当给定 C,n 后，由以上各式求解，得 φ 后便可由式（16.27）确定应力分量。

等强度旋转圆盘：工程中常用等强度条件确定的转盘剖面形式，所谓等强度条件是在圆盘中要求

$$\sigma_\varphi = \sigma_\rho = \sigma_0 = \text{const}$$

由于给出了应力的条件，该应力必须满足协调方程及平衡方程。将应力分量代入式（b），协调方程自动满足，代入式（16.26），则有

$$\frac{1}{h}\frac{\mathrm{d}h}{\mathrm{d}\rho} + \frac{\gamma\omega^2\rho}{g\sigma_0} = 0$$

或写成

$$\frac{\mathrm{d}h}{h} = -\frac{\gamma\omega^2\rho}{g\sigma_0}\mathrm{d}\rho$$

将上式进行积分，得

$$\ln h = -\frac{\gamma\omega^2\rho^2}{2g\sigma_0} + \ln C$$

或写成

$$h = Ce^{\frac{\gamma\omega^2\rho^2}{2g\sigma_0}}$$

式中，C 为积分常数，若在 $\rho=0$ 处取 $h=h_0$，则可得 $C=h_0$，上式可写成

$$h = h_0 e^{-\frac{\gamma\omega^2\rho^2}{2g\sigma_0}}$$

按上式确定旋转圆盘的厚度，就得到了工程上称之为等强度的旋转圆盘，其剖面形式如图16.10所示。在角速度很高的燃气轮机中，经常采用这种圆盘作为叶轮。由于在整个圆盘中要求应力为 σ_0，在叶轮的外边缘处，其径向应力也应为 σ_0，在设计中可用选择轮缘尺寸的办法来保证这个条件的实现。

在等强度旋转圆盘中，由于 $\sigma_\varphi = \sigma_\rho = \sigma_0$，其位移分量的求解变得十分简单，即

$$u = \rho\varepsilon_\varphi = \frac{\rho}{E}(\sigma_\varphi - \nu\sigma_\rho) = \frac{1-\nu}{E}\sigma_0\rho$$

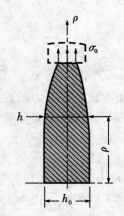

图 16.10　等强度转盘剖面

16.6　长筒中的温度应力

当圆筒壁受热不均匀时,其各部分将不均匀地膨胀,而相互间的干涉产生了热应力。在下面的讨论中,取温度分布对称于圆筒轴线,并沿此轴线不变,于是圆筒的变形也对称于轴线。我们可用 16.2 节中所推证的方法,用垂直于轴线而相距单位长的两截面从圆筒上切下一圆环。在受热而变形时,可以认为取得离圆筒两端足够远的这种截面仍保持为平面,因此,轴向的单位伸长量为常数。令 z 轴为圆筒的轴线,w 为沿 z 轴方向的位移,其余的符号则与式(16.2)和图 16.2 中的相同。于是在三个垂直方向的单位伸长量各为

$$\left.\begin{array}{l} \varepsilon_z = \dfrac{\mathrm{d}w}{\mathrm{d}z} = 常数, \\[2mm] \varepsilon_\rho = \dfrac{\mathrm{d}u}{\mathrm{d}\rho}, \\[2mm] \varepsilon_\varphi = \dfrac{u}{\rho} \end{array}\right\} \tag{a}$$

这些伸长量可以表示为应力 σ_z,σ_ρ,σ_φ 和热膨胀系数的函数。以 α 表示线膨胀系数,而以 t 表示温度高于均匀初温的温度增量。温度增量 t 只随径向距离 ρ 而变,伸长量为

$$\left.\begin{array}{l} \varepsilon_z = \dfrac{\sigma_z}{E} - \dfrac{\nu}{E}(\sigma_\rho + \sigma_\varphi) + \alpha t, \\[2mm] \varepsilon_\rho = \dfrac{\sigma_\rho}{E} - \dfrac{\nu}{E}(\sigma_z + \sigma_\varphi) + \alpha t, \\[2mm] \varepsilon_\varphi = \dfrac{\sigma_\varphi}{E} - \dfrac{\nu}{E}(\sigma_z + \sigma_\rho) + \alpha t \end{array}\right\} \tag{b}$$

用符号 Δ 表示单位体积的增量,得

$$\Delta = \varepsilon_z + \varepsilon_\rho + \varepsilon_\varphi = \frac{1 - 2\nu}{E}(\sigma_z + \sigma_\rho + \sigma_\varphi) + 3\alpha t \tag{c}$$

由式(b)和(c)得

$$\left.\begin{array}{l} \sigma_z = \dfrac{E}{1 + \nu}\Big(\varepsilon_z + \dfrac{\nu}{1 - 2\nu}\Delta\Big) - \dfrac{\alpha t E}{1 - 2\nu}, \\[2mm] \sigma_\rho = \dfrac{E}{1 + \nu}\Big(\varepsilon_\rho + \dfrac{\nu}{1 - 2\nu}\Delta\Big) - \dfrac{\alpha t E}{1 - 2\nu}, \\[2mm] \sigma_\varphi = \dfrac{E}{1 + \nu}\Big(\varepsilon_\varphi + \dfrac{\nu}{1 - 2\nu}\Delta\Big) - \dfrac{\alpha t E}{1 - 2\nu} \end{array}\right\} \tag{d}$$

体元 $abcd$（图 16.2）的平衡方程式为：

$$\frac{\mathrm{d}\sigma_\rho}{\mathrm{d}\rho} + \frac{\sigma_\rho - \sigma_\varphi}{\rho} = 0 \tag{e}$$

将式（d）和（a）代入式（e），得

$$\frac{\mathrm{d}^2 u}{\mathrm{d}\rho^2} + \frac{1}{\rho}\frac{\mathrm{d}u}{\mathrm{d}\rho} - \frac{u}{\rho^2} = \frac{1+\nu}{1-\nu}\alpha\frac{\mathrm{d}\varphi}{\mathrm{d}\rho} \tag{16.29}$$

此方程式确定了在任何特定的温度分布下的位移 u。它可以写成下列形式

$$\frac{\mathrm{d}}{\mathrm{d}\rho}\Big[\frac{1}{\rho}\frac{\mathrm{d}}{\mathrm{d}\rho}(\rho u)\Big] = \frac{1+\nu}{1-\nu}\alpha\frac{\mathrm{d}t}{\mathrm{d}\rho}$$

对 ρ 积分，得

$$\frac{\mathrm{d}}{\mathrm{d}\rho}(\rho u) = \frac{1+\nu}{1-\nu}\alpha t\rho + 2C_1\rho$$

由第二次积分得出解为

$$u = \frac{1}{\rho}\frac{1+\nu}{1-\nu}\int_a^\rho \alpha t\rho\mathrm{d}\rho + C_1\rho + C_2\frac{1}{\rho} \tag{f}$$

式中，C_1 和 C_2 为积分常数，确定时须使其满足圆筒内外两表面上的边界条件。如果这些表面不受外力作用，则 C_1 和 C_2 可由下列条件确定

$$(\sigma_\rho)_{\rho=a} = 0; (\sigma_\rho)_{\rho=b} = 0 \tag{g}$$

将 $\varepsilon_\rho = \mathrm{d}u/\mathrm{d}\rho$ 和 $\varepsilon_\varphi = u/\varphi$ 代入方程组（d）的第二式，然后取式（f）中的 u，可得 σ_ρ 的通式，即

$$\sigma_\rho = \frac{E}{1+\nu}\Big(-\frac{1+\nu}{1+\nu}\frac{1}{\rho^2}\int_a^\rho \alpha t\rho\mathrm{d}\rho + \frac{C_1}{1-2\nu} - \frac{C_2}{\rho^2} + \frac{\nu}{1-2\nu}\varepsilon_z\Big) \tag{h}$$

于是由式（g）得

$$C_2 = \frac{1+\nu}{1+\nu}\frac{a^2}{b^2-a^2}\int_a^b \alpha t\rho\mathrm{d}\rho$$

$$C_1 = \frac{(1+\nu)(1-2\nu)}{1-\nu}\frac{1}{b^2-a^2}\int_a^b \alpha t\rho\mathrm{d}\rho - \nu\varepsilon_z \tag{i}$$

将这些值代入式（h），σ_ρ 的通式就变成

$$\sigma_\rho = \frac{E}{1-\nu}\Big(-\frac{1}{\rho^2}\int_a^\rho \alpha t\rho\mathrm{d}\rho + \frac{\rho^2-a^2}{\rho^2(b^2-a^2)}\int_a^b \alpha t\rho\mathrm{d}\rho\Big) \tag{16.30}$$

σ_φ 的通式可由平衡方程式（e）求得，即

$$\sigma_\varphi = \sigma_\rho + \rho\frac{\mathrm{d}\sigma_\rho}{\mathrm{d}\rho} = \frac{E}{1-\nu}\Big[\frac{1}{\rho^2}\int_a^\rho \alpha t\rho\mathrm{d}\rho + \frac{\rho^2+a^2}{\rho^2(b^2-a^2)}\int_a^b \alpha t\rho\mathrm{d}\rho - \alpha t\Big]$$

$$(16.31)$$

如果壁厚上温度的分布为已知,我们就能积出式(16.30)和式(16.31)中的积分,而求得任何特定情形下的 σ_ρ 和 σ_φ。

当圆筒壁的内表面温度为 t_i,而外表面的温度为零时,平衡温度分布可用下列函数表示

$$t = \frac{t_i}{\ln\dfrac{b}{a}}\ln\frac{b}{\rho}$$

$$(16.32)$$

用了 t 的这一表达式,式(16.30)和(16.31)中就变成

$$\sigma_\rho = \frac{E\alpha t_i}{2(1-\nu)\ln\dfrac{b}{a}}\Big[-\ln\frac{b}{\rho} - \frac{a^2}{b^2-a^2}\Big(1-\frac{b^2}{\rho^2}\Big)\ln\frac{b}{a}\Big] \quad (16.33)$$

$$\sigma_\varphi = \frac{E\alpha t_i}{2(1-\nu)\ln\dfrac{b}{a}}\Big[1-\ln\frac{b}{\rho} - \frac{a^2}{b^2-a^2}\Big(1+\frac{b^2}{\rho^2}\Big)\ln\frac{b}{a}\Big] \quad (16.34)$$

σ_φ 的最大值发生在圆筒的内表面或外表面上,将 $\rho=a,\rho=b$ 代入上式,得

$$(\sigma_\varphi)_{\rho=a} = \frac{E\alpha t_i}{2(1-\nu)\ln\dfrac{b}{a}}\Big[1-\frac{2b^2}{b^2-a^2}\ln\frac{b}{a}\Big] \quad (16.35)$$

$$(\sigma_\varphi)_{\rho=b} = \frac{E\alpha t_i}{2(1-\nu)\ln\dfrac{b}{a}}\Big[1-\frac{2a^2}{b^2-a^2}\ln\frac{b}{a}\Big] \quad (16.36)$$

对于 $a/b=0.3$ 和 t_i 为负值的特殊情形,壁厚上热应力的分布如图 16.11 所示。

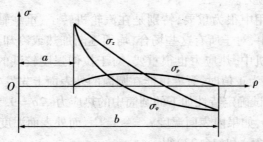

图 16.11　$a/b=0.3,t_i<0$ 时壁厚热应力分布图

如果壁厚比起圆筒的外半径很小时，可令

$$\frac{b}{a} = 1 + m, \ln\frac{b}{a} = m - \frac{m^2}{2} + \frac{m^3}{3} - \cdots$$

并把 m 看做一很小的值来简化式（16.33）和式（16.34），于是

$$(\sigma_\varphi)_{\rho=a} = -\frac{E\alpha t_i}{2(1-\nu)}\left(1 + \frac{m}{3}\right) \tag{j}$$

$$(\sigma_\varphi)_{\rho=b} = \frac{E\alpha t_i}{2(1-\nu)}\left(1 - \frac{m}{3}\right) \tag{k}$$

对于筒壁极薄的情形，这些方程式括弧内的第二项可忽略不计，因此这些方程式就与对受热不均匀的板导出的方程式一样。

在上面的讨论中只研究了 σ_ρ 和 σ_φ，并指出了这些值与圆筒轴线方向的伸长量 ε_z 无关，应力 σ_z 可由方程式（d）的第一式算得。将 $\varepsilon_\rho = du/d\rho$，$\varepsilon_\varphi = u/\rho$ 代入，并对 u 运用式（f）而对任意常数运用式（i），我们就能求得 σ_z 的通式，此表达式包含了圆筒轴线方向的不变伸长量 ε_z 的大小，此时得 σ_z 的最后表达式如下

$$\sigma_z = \frac{E\alpha t_i}{2(1-\nu)\ln\dfrac{b}{a}}\left[1 - 2\ln\frac{b}{\rho} - \frac{2a^2}{b^2 - a^2}\ln\frac{b}{a}\right] \tag{16.37}$$

可以看出，在圆筒的内、外两表面上，应力 σ_z 等于 σ_φ。

对于中心无孔，而壁厚比起半径 b 来可认为很小的等厚壁圆盘，其径向和切向应力可用下式表示

$$\sigma_\rho = \alpha E\left(\frac{1}{b^2}\int_0^b t\rho d\rho - \frac{1}{\rho^2}\int_0^\rho t\rho d\rho\right) \tag{16.38}$$

$$\sigma_\varphi = \alpha E\left(-t + \frac{1}{b^2}\int_0^b t\rho d\rho + \frac{1}{\rho^2}\int_0^\rho t\rho d\rho\right) \tag{16.39}$$

对于任何特定情形，当温度 t 已知为 ρ 的函数时，很容易求出这些表达式中的积分而求得热应力。

热应力在实用中很为重要，特别是在汽轮机转子、重载轴或大型涡轮机圆盘等的巨大圆筒中，对于所有这些场合，均须逐渐加热或冷却，以减小径向的温度梯度。在柴油机中，热应力也很重要，对于拉伸强度较低的材料，如石块、砖和混凝土等，当 t_i 为正值时，裂缝可能在圆筒的外表面上先发生。

【例16.4】 试确定特性如下的圆筒中的热应力：$2a = 9.5$ mm，$2b = 32$ mm，$E\alpha/(1-\nu) = 615$，如果内表面温度 $t_i = -1$ ℃，而外表面温度为零时。

解： 由式（16.35）和（16.37）得

$$(\sigma_i)_{\rho=a} = (\sigma_z)_{\rho=a} = 28.8 \text{ kPa},$$

$$(\sigma_i)_{\rho=a} = (\sigma_z)_{\rho=a} = -13.3 \text{ kPa},$$

根据式(16.33),应力 σ_ρ 的最大值发生在 $\rho = 7.6$ mm 处,其大小等于 6.0 kPa,壁厚上的应力分布如图 16.11 所示。

习题

习题 16.1　万能试验机油缸外径 $D = 194$ mm,活塞面积为 0.01 m^2。$P = 200$ kN。试求油缸内侧面的应力,并求第三强度理论的相当应力 σ_{13}。

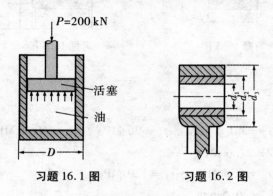

习题 16.1 图　　　　习题 16.2 图

习题 16.2　某型柴油机的连杆小头如图所示。小头外径 $d_3 = 50$ mm,内径 $d_2 = 39$ mm. 青铜衬套内径 $d_1 = 35$ mm。连杆材料的弹性模量 $E = 220$ GPa。青铜衬套的弹性模量 $E_1 = 115$ GPa,两种材料的泊松比皆为 $\nu = 0.3$。小头及铜衬套间的过盈量按直径计算为 $(0.068 + 0.037)$ mm,其中 0.068 mm 为装配过盈,0.037 mm 为温度过盈。试计算小头与衬套间的压力。

习题 16.3　炮筒内直径为 150 mm,外直径为 250 mm。射击时筒内气体的最大压力为 $p_1 = 120$ MPa。试求炮筒内侧面的周向应力及径向应力。

习题 16.4　钢制厚壁圆筒,内半径 $a = 100$ mm,内压 $p_1 = 30$ MPa。外压 p_2 为零。$[\sigma] = 160$ MPa。试用第三强度理论计算壁厚。

习题 16.5　图示轮与轴装配时采用过盈配合,需要传递的扭矩为 $T = 500$ N·m,轮的外直径 $d_1 = 80$ mm,宽 $l = 60$ mm。轴直径 $d_2 = 40$ mm。轮与轴由同一钢材制成,$E = 210$ GPa,$\nu = 0.3$。接触面上的摩擦因数取 $f = 0.09$。求所需装配压力及半径计算的过盈量。规定工作安全因数为 2。

习题 16.6　由 45 钢制成的齿轮,轮缘以过盈配合的方式装于铸铁 HT150 制成的轮芯上,将轮缘及轮芯作为厚壁筒,其尺寸如图所示。铸铁的 $E_1 = 137$ GPa,$\nu = 0.3$。已知传递的扭矩 $T = 7000$ N·m,接触面上的摩擦因数为 $f =$

0.09。规定的安全因数为2，试求所需装配压力和以半径计算的过盈量。

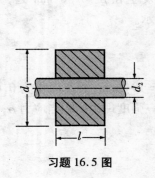

习题 16.5 图

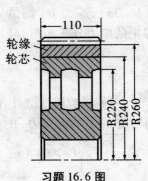

习题 16.6 图

习题参考答案

答案 16.1　$\sigma_\varphi = 40.4$ MPa，$\sigma_\rho = 20$ MPa，$\sigma_{13} = 60.4$ MPa

答案 16.2　$p = 27.6$ MPa

答案 16.3　$\sigma_\varphi = 255$ MPa，$\sigma_\rho = 120$ MPa

答案 16.4　$\delta \geqslant 26.5$ mm

答案 16.5　$p = 73.7$ MPa，$\delta = 0.0187$ mm

答案 16.6　$p = 3.91$ MPa，$\delta = 0.139$ mm

第 17 章　构件的应力集中

17.1　概述

在第 1 章和第 10 章里都曾提到应力集中的概念。由于构件截面尺寸突然变化而引起应力局部增大的现象,称为应力集中。应力集中的严重程度用应力集中系数 k_t 表示,它等于应力集中区的最大应力 σ_{max} 除以某名义应力 σ_0(或称基准应力),即 $k_t = \sigma_{max}/\sigma_0$。在工程实际中,出于功能与工艺考虑,即便是总体上很简单的结构零部件往往也具有复杂的局部形状,如图 17.1 所示的一根齿轮传动轴就必须带有切槽、阶梯形截面变化等,而这些设计往往也是部件连接以及功能要求不可避免的。这样,构件的应力分布规律就不像在讨论基本变形时看到的那样简单,如简单拉压杆的应力在横截面上为均匀分布,弯曲正应力与扭转剪应力在横截面上为线性分布等,在构件截面发生变化的局部区域会产生不同程度的应力集中现象。

图 17.1　齿轮传动轴照片

若在结构设计中忽略应力集中因素,会酿成部件的意外破坏。如某材料试验机底梁在无圆弧过渡台阶处的整体断裂(图 17.2),就是因材质缺陷与拐角处严重应力集中造成的构件强度不足,以至于在实际使用载荷远小于额定载荷的情况下,经数年反复使用后就发生断裂破坏。结构部件的安全主要由应力集中部位的最高应力水平来控制,因此研究复杂结构的应力集中问题对于结构安全是十分必要的。

不同材料对应力集中的敏感程度也不尽相同。对于塑性材料来说,当应力过高,以至于超过材料的比例极限时,应力的分布将与材料的塑性性能有关,特别当材料屈服时,应力集中区的最大应力将不能增大,随之而来的是低应力区的应力继续提高,应力分布趋于平缓。静载试验也证明应力集中对塑性材料静载破坏影响不大,但它可能引起构件在高应力区的局部塑性变形;而对于脆性材料,高度的应力集中现象可一直延续到构件破裂为止,应力集中问题必须注意;对于疲劳问题,由于从裂纹萌生到疲劳破坏可发生在应力水平并不高的线弹性范围内,所以承受交变载荷的构件,不管什么材料,应力集中问题都是要特别重视的。由于上述原因,在构件设计中是否有必要应用台阶、凹槽、凹角、开孔等使构件截面发生急剧变化的工艺设计,是需要进行认真判断和斟酌的问题。不可避免的截面变化要尽可能平缓,截面变化的位置也应尽可能设计在构件的低应力区。

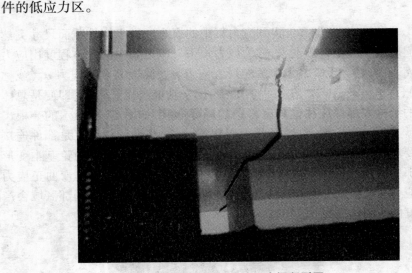

图 17.2   材料试验机底梁断裂图

对于应力集中问题的研究,通常有理论、试验和数值等三种方法,理论研究仅限于比较简单的情况(如无限板中含一个圆孔的情况等);而对于一般有限尺寸构件的复杂应力集中问题,只能靠试验或数值研究来解决。有限元数值方法经济、快捷,所以也是目前人们研究应力集中首先考虑采用的方法。本章内容将给出一些典型受力构件的应力集中研究结果,以便从中了解研究应力集中问题的基本思路。

后面的研究仅限于线弹性情况,得到的应力集中系数为理论应力集中系数,它仅与构件的几何特性有关。对于疲劳问题,实际的应力集中系数还与材料的性能有关,一般通过光滑小试样与有应力集中小试样的疲劳极限来确定,特称为有效应力集中系数(见第 10 章)。此外,后面关于名义应力的取法也将

涉及两种方法,即

(1)以被削弱截面按材料力学方法求得的应力作为名义应力。如厚度为 t、宽度为 $2B$、带有直径为 2ρ 的圆孔的板条承受拉力 F 作用,名义应力可取为最小截面处的平均应力,$\sigma_0 = P/2(B-\rho)t$。

(2)在应力集中因素存在时出现最大应力的对应位置,假定引起应力集中的因素不存在,按材料力学方法计算所得的应力作为名义应力。譬如带键槽的轴,最大剪应力 τ_{max} 会发生在键槽根部角点处,若按材料力学方法计算此处的剪应力作为名义应力不是一件容易的事,这时可以忽略键槽的存在,计算在对应位置的剪应力作为名义剪应力 τ_0。

对于具体的应力集中问题,究竟按哪种方法确定名义应力,这主要取决于计算的方法是否便于实施。

17.2　拉压构件的应力集中

17.2.1　带圆孔单向拉(压)无限板

如果在单向受拉(压)无限宽板中带有一个圆孔(见图 17.3),精确理论给出极坐标系下的应力解为

$$\sigma_\theta = \frac{\sigma}{2}\Big[1 + \frac{a^2}{r^2} - \Big(1 + \frac{3a^4}{r^4}\Big)\cos2\theta\Big]$$

$$\sigma_r = \frac{\sigma}{2}\Big[1 - \frac{a^2}{r^2} - \Big(1 + \frac{3a^4}{r^4} - \frac{4a^2}{r^2}\Big)\cos2\theta\Big] \qquad (17.1)$$

$$\tau_{r\theta} = -\frac{\sigma}{2}\Big(1 + \frac{3a^4}{r^4} - \frac{4a^2}{r^2}\Big)\sin2\theta$$

σ_θ 沿 y 轴的应力分布为

$$\sigma_{\theta,\theta=\pi/2} = \frac{\sigma}{2}\Big[2 + \frac{a^2}{r^2} + \frac{3a^4}{r^4}\Big]$$

在孔边,σ_r、$\tau_{r\theta}$ 均为零,而 σ_θ 在 A 点最大,$\sigma_{\theta A} = 3\sigma$,在 B 点最小,$\sigma_{\theta B} = -\sigma$。取名义应力为远处应力 $\sigma_0 = \sigma$,最大应力点的应力集中系数

$$k_{t\sigma} = \frac{\sigma_{\theta A}}{\sigma} = 3.0 \qquad (17.2)$$

对于有限宽度板,上述结果仅适用于孔的尺寸与板宽之比相对很小的情况,而在一般情况下会存在明显偏差,需要用试验或数值方法进行研究,以确定

应力集中的规律。

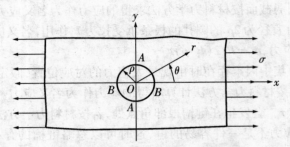

图 17.3 含圆孔的单向受拉无限板

17.2.2 带圆孔的单向拉（压）板条

若在有限宽度板条中间有一圆孔，如图 17.4 所示。假定板条宽度为 $2b$，圆孔半径为 ρ，中心 O_1 对带板 x 轴中心线的偏心距为 e。西田通过光弹性实验分析得到的应力分布（图 17.5）表明，在孔边 A 点的 σ_θ 大于 B 点的 σ_θ，为最大应力。在孔边 C 点的附近区域，σ_θ 为压应力。这种趋势随着偏心率 e/b 增大而增强。

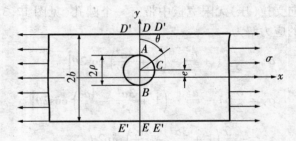

图 17.4 带偏圆孔的单向受拉板条

在直线边 y 轴上的点 D 和 E 的 σ_x 分别低于 $\sigma_{\theta A}$ 和 $\sigma_{\theta B}$，而在附近的 D' 和 E' 点存在有 σ_x 最大值。应力状态依圆孔的直径 ρ/b 和偏心率 e/b 而定。

取薄弱截面沿 y 轴的平均应力为名义应力

$$\sigma_0 = \frac{2bt\sigma}{2t(b-\rho)} = \frac{bt\sigma}{t(b-\rho)} \tag{17.3}$$

应力集中系数

$$k_{t\sigma} = \frac{\sigma_{\theta A}}{\sigma_0} \tag{17.4}$$

应力集中系数 $k_{t\sigma}$ 随偏心率 e/b、参数 ρ/b 的变化如图 17.6 所示。

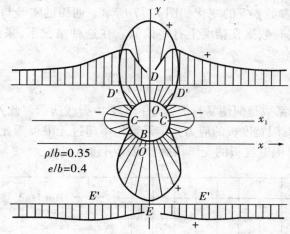

图 17.5　带孔板条的试验应力分布

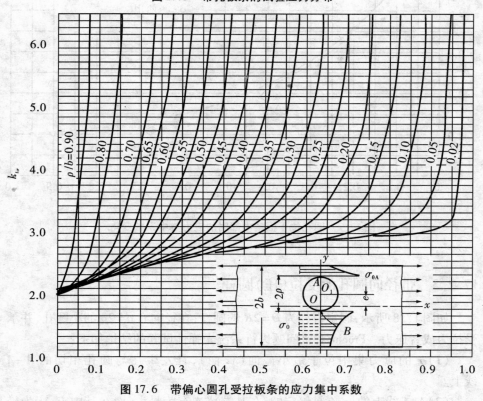

图 17.6　带偏心圆孔受拉板条的应力集中系数

对于 $e/b \rightarrow 0$ 的极限情况，在 $\rho/b < 0.5$ 范围内，Howland 给出了精确解，应力集中系数 $k_{t\sigma}$ 随参数 ρ/b 的变化如图 17.7 所示。西田的实验与 Howland 的精确一致。其他实验数据在精度上有些偏低。在这种情况下，采用以下的近似公式

$$k_{t\sigma} = 2 + \left(\frac{b-\rho}{b}\right)^3$$

来确定应力集中系数是简便易行的，如图 17.7 中虚线所示。此外，由图不难看出，含中心圆孔有限宽度板的应力集中系数均不超过无限板圆孔问题的应力集中系数 3，这是有限宽度板的变形相对自由所引起的变化。

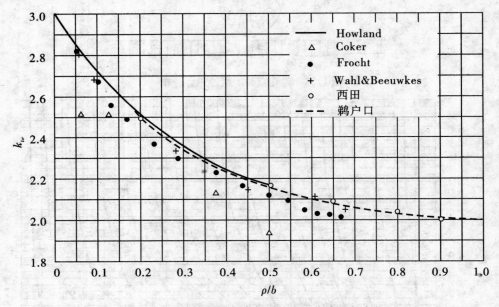

图 17.7　圆孔位于板条中部时的应力集中系数变化

17.2.3　带径向圆孔的受拉（压）圆杆

如图 17.8 所示，假定直径为 $D = 2R$ 的圆杆，在径向有 $d = 2\rho$ 的小圆孔，并承受拉力或者压力。Frocht 对该问题进行系统光弹性试验的结论如下：

（1）σ_x 的应力集中位于最小截面（yz 面），且发生在与圆孔相切的 A–A 线上。

（2）A–A 线上的 σ_x 不是恒定的，在其端部 A 点为最大，而在其中点 A_0 为最

小。因此，σ_A 是最大应力。

（3）d/D 越大，σ_A 与 σ_{A0} 之差越显著。

图 17.9 所示为 $d/D = 0.36$ 时，沿 $A\text{-}A$ 线 σ_x 的分布规律。$d \to 0$ 时，即与圆棒尺寸相比，圆孔为无穷小时，若将与孔深有关的应力变化略去不计，则将 $A\text{-}A$ 线上的应力 σ_x 取为圆棒最小截面上平均应力 σ_0 的 3 倍（定值），是切合实际的选择（严格说来，较之圆棒表面上圆孔边缘点 A 更靠近中心的点上所产生的应力要比点 A 高百分之

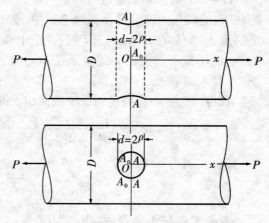

图 17.8　带径向圆孔的受拉圆杆

几）。因此可以认为，d/D 较大时出现的 σ_x 不均匀，即点 A 应力的增加，系下述原因所致：半圆形最小截面，即点 A 附近的截面形成一种楔形，因而导致两曲面边界上点 A 的应力增加。这个问题可由成层理论来理解，即考虑沿垂直于孔轴的平面切割圆棒而成的薄板，各个薄板承受拉力时，把截面积考虑在内的集中应力在圆孔端部的薄板上为最大。不过，实际应力的增加远远小于基于这一观点求出的数值。因为即使是有圆孔的平板，应力分布也不是二维的，而且与开口稍微向里的部位上产生最大应力这样一个事实有关。

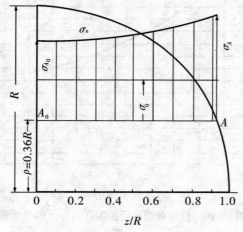

图 17.9　沿 $A\text{-}A$ 线 σ_x 的分布规律

　　Leven 也对这个问题进一步进行了细致的三维冻结光弹性试验,其分析结论如下:沿圆孔内壁的最小截面上 σ_x 在最外边的点 A 反而最小,在由此略微向里的点 A',例如在 $\rho/R=0.407$ 时,在距中心点 A 为 $0.75R$ 的部位,σ_x 最大,而在点 A_0,σ_x 略低于最大值。试验是在不同的 ρ/R 下系统进行的。结果表明,ρ/R 越小,点 A' 越靠近点 A。

　　若将圆孔中心线通过的最小截面积上的平均应力取为名义应力 σ_0,则

$$\sigma_0 = \frac{P}{\pi R^2 - 2(\rho\sqrt{R^2 - \rho^2} \cdot R^2 \sin^{-1}\rho/R)} \tag{17.5}$$

　　若 ρ 远小于 R 时,则

$$\sigma_0 = \frac{P}{\pi R^2 - 4\rho R} \tag{17.6}$$

　　考虑 A 点与 A_0 两点的应力集中系数

$$k_{t\sigma} = \frac{\sigma_A}{\sigma_0}, \quad k'_{t\sigma} = \frac{\sigma_{A_0}}{\sigma_0} \tag{17.7}$$

　　根据 Frocht 得到的试验结果,应力集中系数 $k_{t\sigma}$、$k'_{t\sigma}$ 随 $d/D=\rho/R$ 变化的关系曲线表示于图 17.10。

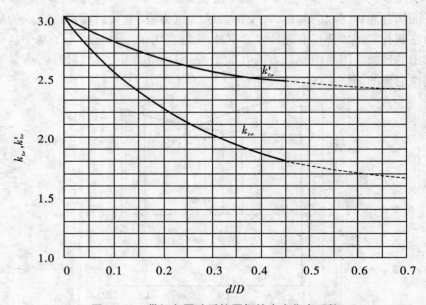

图 17.10　带经向圆孔受拉圆杆的应力集中系数

17.2.4　带凹口与圆角的拉(压)构件

(1)双侧带圆形凹口板条的拉伸　在这种情况下(见图 17.11),取名义应力 $\sigma_0 = \dfrac{P}{2bt}$,应力集中系数

$$k_{t\sigma} = \frac{\sigma_A}{\sigma_0} = 1 + \left[\frac{d/\rho}{1.55B/b - 1.3}\right]^n \text{(经验公式)} \tag{17.8}$$

其中,$n = \dfrac{(B/b - 1) + 0.5\sqrt{d/\rho}}{(B/b - 1) + \sqrt{d/\rho}}$,应力集中系数 $k_{t\sigma}$ 随 ρ/d 的变化如图17.11所示。

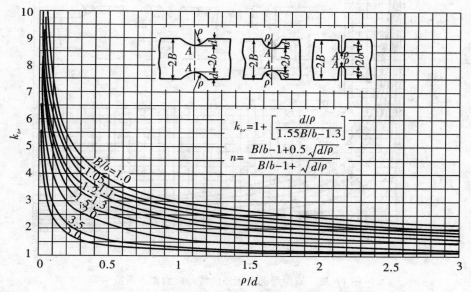

图 17.11　双侧带圆形凹口板条的拉伸应力集中系数

(2)双侧带圆角板条的拉伸　在这种情况下(见图 17.12),名义应力仍取 $\sigma_0 = \dfrac{P}{2bt}$,应力集中系数

$$k_{t\sigma} = \frac{\sigma_A}{\sigma_0} = 1 + \left[\frac{h/\rho}{2.8B/b - 2}\right]^{0.65} \text{(经验公式)} \tag{17.9}$$

应力集中系数 $k_{t\sigma}$ 随 ρ/h 与参数 B/b 的变化如图 17.12 所示。

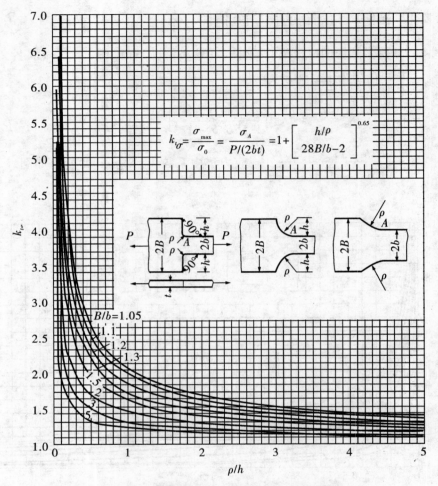

图 17.12　双侧带圆角板条的拉伸应力集中系数

（3）带 U 形槽圆杆的拉伸　此种情况下（图 17.13），取名义应力 $\sigma_0 = \dfrac{P}{\pi b^2}$，

应力集中系数

$$k_{t\sigma} = \frac{\sigma_A}{\sigma_0} \tag{17.10}$$

应力集中系数 $k_{t\sigma}$ 随 d/B 与参数 ρ/B 的变化如图 17.13 所示。

第 17 章　构件的应力集中

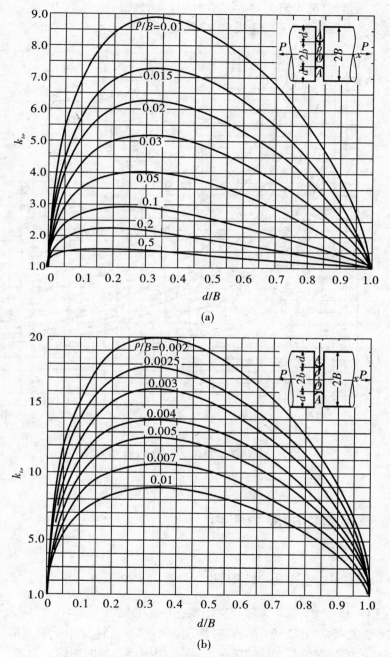

(a)

(b)

图 17.13　带 U 形槽圆杆拉伸应力的集中系数

（3）带圆角圆杆的拉伸　应力集中的计算公式同式（17.10），应力集中系数 $k_{t\sigma}$ 随 ρ/b 与参数 B/b 的变化如图 17.14 所示。

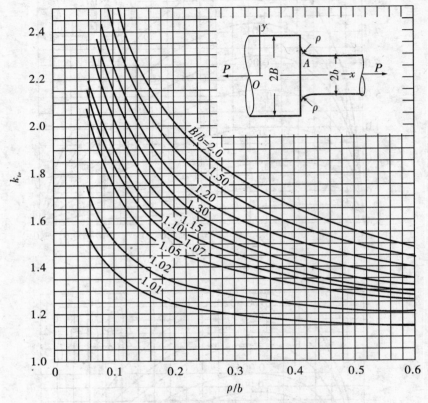

图 17.14　带圆角圆杆拉伸应力的集中系数

17.3　受扭构件的应力集中

17.3.1　含圆孔无限板的纯剪切

　　如图 17.15 所示，假定无限板在距圆孔很远的位置上受均匀切应力 τ，这和在与 x、y 轴成 45°的正交方向上同时作用大小相等而符号相反的正应力 $\sigma = \tau$ 和 $-\sigma = -\tau$ 的情况等价。在这种情况下，圆孔周围应力场的理论解为

$$\sigma_\theta = -\sigma\left(1 + \frac{3\rho^4}{r^4}\right)\sin 2\theta$$

$$\sigma_r = \sigma\left(1 + \frac{3\rho^4}{r^4} - \frac{4\rho^2}{r^2}\right)\sin 2\theta \quad (17.11)$$

$$\tau_{r\theta} = \sigma\left(1 - \frac{3\rho^4}{r^4} + \frac{2\rho^2}{r^2}\right)\cos 2\theta$$

应力分布如图 17.16 所示。

在圆孔边缘，σ_θ 在 $\theta = 45°$、$-135°$ 的点 A' 压应力最大，在 $\theta = -45°$、$135°$ 的点 A，拉应力最大。而在 $\theta = 0°$、$\pm 90°$ 和 $180°$ 这四点（点 B）上，$\sigma_\theta = 0$。

在 x、y 轴上，无论 r 值如何，σ_r 和 σ_θ 均为零，在与这些轴成 $45°$ 的直线上，$\tau_{r\theta}$ 也等于零。

在圆孔边缘 $\theta = 3\pi/4$ 和 $-\pi/4$ 的点 A，σ_θ 为最大拉应力 4σ，在 $\theta = \pi/4$ 和 $-3\pi/4$ 的点 A'，σ_θ 为最大压应力 -4σ，其应力集中系数为

$$k_{t\tau} = \frac{\sigma_{\theta,A,A'}}{\sigma_0} = \frac{\sigma_{\theta,A,A'}}{\tau} = 4.0 \quad (17.12)$$

这里，名义应力 σ_0 为远处的剪应力 τ，或其主应力 σ。

图 17.15　含圆孔无限板的纯剪切

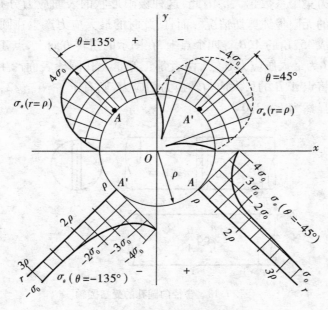

图 17.16　应力分布规律

上述结果可有效地应用于图 17.17 所示带圆孔薄壁圆筒的扭转应力集中问题。

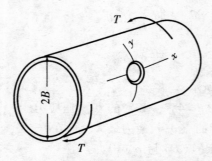

图 17.17　含圆孔的受扭薄壁管

17.3.2　含径向圆孔的圆轴扭转

对于含一个径向圆孔的圆轴（图 17.18），曾进行过几种试验应力的测定，如 Thum 和 Kirmser 用应变仪进行的测定，以及大久保用镀膜法进行的测定等。如果考虑圆孔尺寸远小于圆轴尺寸，即 $2\rho/D \to 0$ 时的极限状态，则圆棒的扭转剪应力在表面最大，所以对于圆孔的存在引起的应力集中，总起来说是越靠近圆轴表面应力集中系数越大。因此，这种极限形状的表面应力分布，可归结为前面含圆孔的无限板纯剪切情况。而且，此时的最大应力产生在圆孔边缘的表面上与轴向成45°角的 A、B 等四个点上，在图示的扭转方向上，点 A 为最大拉应力 σ_{tmax}，点 B 为最大压应力 σ_{cmax}，两者都正好是无孔圆棒表面产生的剪应力 τ 的 4 倍。若将点 A、B 的最大应力转换为切应力，则有 $\tau_{max} = \sigma_{tmax}/2$，因此上述应力集中系数显然为 $k_t = 2.0$。

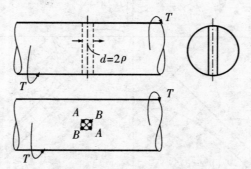

图 17.18　含径向圆孔的受扭圆轴

由式(17.11)中的 $\tau_{r\theta}$ 可以看出,在圆轴表面的 x、y 轴上距离孔边 C 点、D 点距离为 $r-\rho = 0.73\rho$(距圆孔中心 $r = \sqrt{3}\rho$)的 E、F 点存在 $\tau_{r\theta}$ 的最大值 $\tau_{max} = 4\tau/3 = 1.33\tau$。

上面是把表面当作薄层平板的二维应力分布来处理的。但是,如果考虑圆孔中心轴上应力状态略有变化的三维分布,则圆孔边缘的最大应力 σ_{cmax} 必然产生在由 A、B 两点略微向圆孔内壁靠近的点 A'、B',如图 17.19 所示。点 A'、B' 的 σ_{cmax} 还取决于材料的泊松比 ν,它常常略高于点 A、B 点的应力值。这一点也可通过试验来证实。

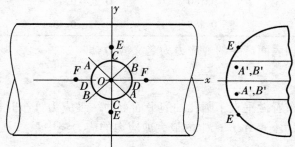

图 17.19　含圆孔受扭圆轴的最大应力点

随着圆孔直径 $d = 2\rho$ 的增加,应力集中加剧,特别是点 E 的 σ_{max} 的增加更加突出,同时点 E 到圆孔边缘的距离大体上与 d 的大小成比例。但是,一般认为点 E 的 σ_{max} 往往低于圆孔内劈上点 A'、B' 的 σ_{max},而点 F 的 σ_{max} 随着 d/D 的增加逐渐小于点 E 的 σ_{max}。

当 d/D 更大时,如 $d > 2D/3$,见图 17.20,则有效截面减小并靠近两侧,因而应力集中的情况也有所不同。在此情况下,可按两块相对的平板承受扭力的情况来考虑。可以预料,这时的最大切应力发生在最小截面外侧的中点 G,其值约为该截面上平均应力的 1.5 倍。

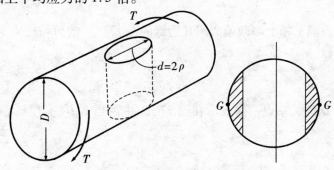

图 17.20　含大尺寸径向圆孔的受扭圆轴

当 d/D 较小时,设圆孔内壁的最大应力点 A'、B' 的位置为 S_n,以及外表面的最大应力点 E 的位置为 S_m(S_n、S_m 分别是交界线到点 A'、B' 以及点 E 的距离),根据大久保的测定,其大小如表 17.1 所示:

表 17.1

d/mm	$d/D = 2\rho/D$	S_n/ρ	S_m/ρ
2.1	0.106	0.38 ~ 0.48	0.57
3.6	0.180	0.28 ~ 0.44	0.61
5.1	0.255	0.31 ~ 0.43	0.63

取无孔圆轴表面产生的剪应力为名义应力,即

$$\tau_0 = \frac{16T}{\pi D^3} \tag{17.13}$$

当应力分布看做垂直于圆孔轴的平面上的一维应力分布时(假定泊松比为零时),在圆孔边上点 A、B 产生的最大剪应力的应力集中系数

$$k_{t\tau A,B} = \frac{\tau_{A,B}}{\tau_0} \tag{17.14}$$

根据试验结果,应力集中系数 $k_{t\tau A,B}$ 与圆孔大小 $d/D = 2\rho/D$ 的关系如图 17.21 所示。当 $d/D \to 0$ 时的极值为 2.0。如果考虑以点 A、B 边界方向的正应力 $\sigma_{A,B}$ 为对象的应力集中系数 $k_{t\sigma A,B} = \sigma_{A,B}/\tau_0$,无疑,对于任何 d/D 值,$k_{t\sigma A,B}$ 都恰好是 $k_{t\tau A,B}$ 的 2 倍。

对于一般的弹性材料,是在圆孔内壁靠近圆孔边点 A、B 的点 A'、B' 产生最大剪应力 $\tau_{A',B'}$(或者最大正应力 $\sigma_{A',B'}$),所以若取

$$k_{t\tau A',B'} = \frac{\tau_{A',B'}}{\tau_0} \tag{17.15}$$

为应力集中系数,则 $k_{t\tau A',B'}$ 与 d/D 的关系曲线,总起来说略高于 $k_{t\tau A,B}$,如图 17.21 所示。

以圆轴表面 y 轴上略微偏离圆孔边缘的点 E 产生的剪切应力 τ_E 为对象的应力集中系数

$$k_{t\tau E} = \frac{\tau_E}{\tau_0} \tag{17.16}$$

它与 d/D 的关系也一并表示在图 17.21 中。当 $d/D \to 0$,$k_{t\tau E}$ 的极限值为 1.33。

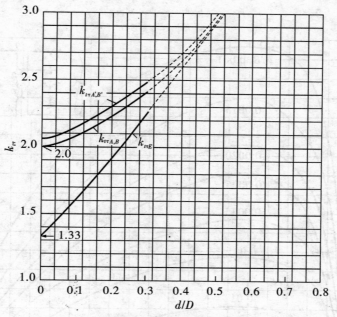

图 17.21 含径向圆孔受扭圆轴的应力集中系数

17.3.3 带凹槽、圆角圆轴的扭转

（1）带 U 形槽圆轴的扭转 取名义应力 $\tau_0 = \dfrac{2T}{\pi b^3}$ ，应力集中系数

$$k_{t\tau} = \frac{\tau_A}{\tau_0} \qquad\qquad (17.17)$$

应力集中系数 $k_{t\tau}$ 随槽深 d/B 及参数 ρ/B 的变化如图 17.22 所示。

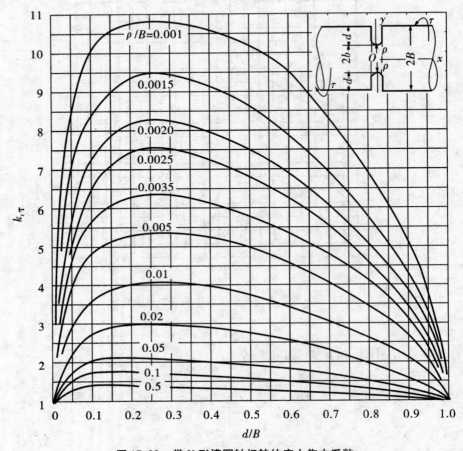

图 17.22 带 U 形槽圆轴扭转的应力集中系数

（2）带圆角圆轴的扭转　应力集中系数计算公式同式（17.17），应力集中系数 $k_{t\tau}$ 随参数 ρ/b 及槽深 B/b 的变化如图 17.23 所示。

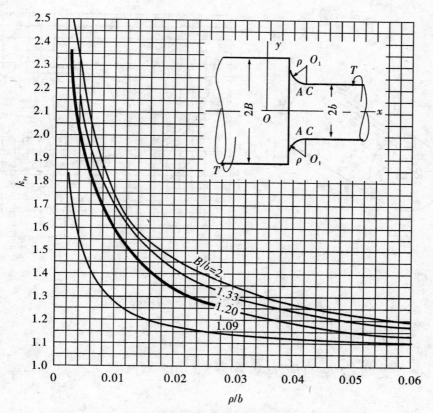

图 17.23　带圆角圆轴扭转的应力集中系数

（3）带键槽圆轴的扭转　取无键槽时的最大剪应力为名义应力，$\tau_0 = \dfrac{16T}{\pi D^3}$，应力集中系数

$$k_{t\tau} = \frac{\tau_{\max}}{\tau_0} \qquad\qquad (17.18)$$

$\tau_{\max}$ 可能发生在 A 点、B 点或 C 点。由不同研究者对不同键槽得到的应力集中系数 $k_{t\tau}$ 随 ρ/D 的变化如图 17.24 所示。

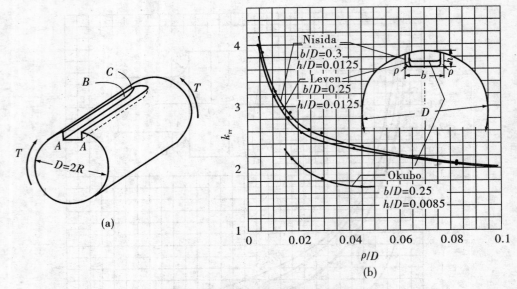

图 17.24　带键槽圆轴扭转的应力集中系数

17.4　受弯构件的应力集中

17.4.1　带偏心圆孔板条的面内弯曲

若一块带偏心圆孔的板条在面内受弯矩 M 作用（图 17.25），应力分布比较复杂，它取决圆孔直径 ρ/b 和圆孔位置 e/b（偏心率）。关于这种情况，石田诚和 Ling 曾就某一范围给出过精确解，而石田正孝用光弹性法进行了系统的研究。此时，需分成如下两种情况来研究，即①偏心距 e 小于圆孔半径 ρ；②偏心距 e 大于圆孔半径 ρ。

当 e 小于 ρ 时，应力分布特点如图 17.26(a) 中所示（$\rho/b=0.65$，$e/b=0.2$），点 A 的拉应力以及点 B 的压应力都具有极大值，此外，在圆孔边上还有另外两个拉应力极大点和两个压应力的极大点，圆孔边 $\sigma_\theta=0$ 的点有 6 个。

与此相反，在 e 大于 ρ 时，如 $\rho/b=0.2$，$e/b=0.65$ 时，A,B 两点均位于拉应力区，$\sigma_{\theta A}$、$\sigma_{\theta B}$ 都是正的，其应力分布特点如图 17.26(b) 所示。在圆孔边拉应力和压应力的极值点各有两个，而零点有 4 个。

第 17 章 构件的应力集中

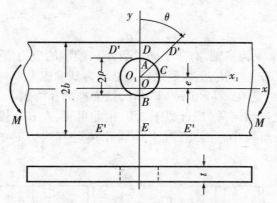

图 17.25 带偏心圆孔板条的面内弯曲

一般说来,有偏心圆孔存在时的弯曲应力,是拉伸(压缩)应力场和弯曲应力场的叠加,由于 e/ρ 的不同,应力分布也有所不同。但是,在所有的情况下,最靠近直边的孔边点 A 的应力 σ_θ 都是最大应力,而且随着圆孔向直边的靠近,剩余宽度逐渐变小,点 A 的 σ_θ 有趋于无限大的倾向,这和拉伸的情况相同。

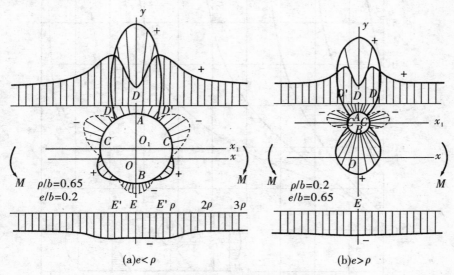

图 17.26 带偏心圆孔板条面内弯曲的应力分布

取圆孔边上最靠近直边的点 A 实际产生的 σ_θ 与没有圆孔存在时在该位置(点 A)上的 σ_θ(即名义应力 σ_0)之比为应力集中系数

$$k_{t\sigma} = \frac{\sigma_{\theta A}}{\sigma_0} \tag{17.19}$$

若取偏心率 e/b 为横轴,对于不同参数 ρ/b,绘制的应力集中系数曲线如图 17.27 所示。ρ/b 较大时,$k_{t\sigma}$ 值之所以较大是因为基准应力 σ_0 是对没有圆孔存在的情况选取的。若在 $e/b=0$, $\rho/b=1$ 时,就去掉圆孔的剩余部分选取基准应力,则无论 ρ/b 之值如何,$k_{t\sigma}$ 都近似于 2.0,由此可见,在 ρ/b 较大这一意义上,应力集中系数反而较小。因此,对于小圆孔接近直线边时的情况更应加以注意。

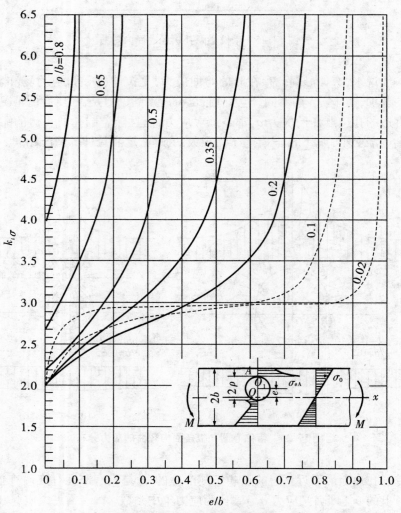

图 17.27　带偏心圆孔板条面内弯曲的应力集中系数($e/b \neq 0$)

如果考虑小圆孔,即 $\rho/b \to 0$ 的极限情况,则在 $e/b=0$ 时,$k_{t\sigma}=2$;e/b 介于 $0 \sim 1$ 之间时,$k_{t\sigma}$ 大都等于 3.0(是定值);$e/b=1$ 时,$k_{t\sigma}$ 趋于 ∞,所以 $\rho/b \to 0$ 时的应力集中系数变化曲线应由 $e/b=0$(垂直线)、$\alpha=3.0$(水平线)和 $\rho/b=1.0$(垂直线)这三条直线的组成。

对于带中心圆孔板条的情况($e/b=0$),西田等也做了系统光弹性试验研究,应力集中系数 $k_{t\sigma}$ 随 ρ/b 的变化如图 17.28 所示。

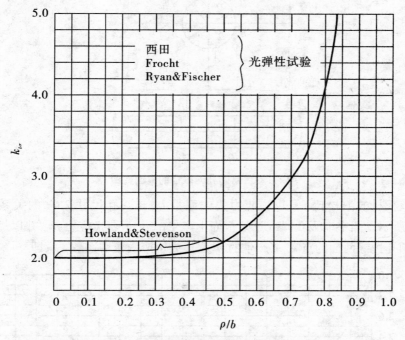

图 17.28　带中心圆孔板条面内弯曲的应力集中系数($e/b=0$)

17.4.2　带圆孔无限板的离面弯曲

有圆孔的无限板在垂直其平面内产生一个方向弯曲(图 17.29)时的应力状态,因板厚 t 和圆孔半径 ρ 之比不同而异。在 t 远小于 ρ,且为小变形的情况下,J. N. Goodier 作过计算,研究表明:应力集中系数 $k_{t\sigma}=1.8$;若 t/ρ 增大,则 $k_{t\sigma}$ 增大,在圆孔直径小于板厚时,板的两表面处于单纯的拉伸和压缩状态,极限情况下,$k_{t\sigma}=3.0$。

如为薄板,则在圆孔边缘任何点的应力具有相同的符号;如为厚板,则在点

A 和点 B，应力的符号不同，这一点与均匀拉伸的情况相同，最大应力发生在最小截面上圆孔边缘两面的点 A 和 A'。Reissner 对这个问题进行了精确计算，这种计算还考虑了与板面垂直的剪切应力。

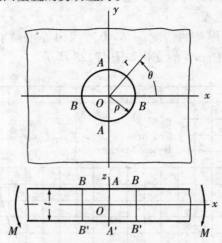

图 17.29　带圆孔无限板的离面弯曲

取板材的泊松比 $\nu = 1/3$，应力集中系数 $k_{t\sigma}$ 与圆孔尺寸 $2\rho/t$ 的关系如图 17.30 所示。图中取无孔时或远处板面上产生的 σ_x 为名义应力 σ_0，并以最小截面上圆孔边缘两面的点 A、A' 产生的 σ_θ 之比表示应力集中系数 $k_{t\sigma}$，即

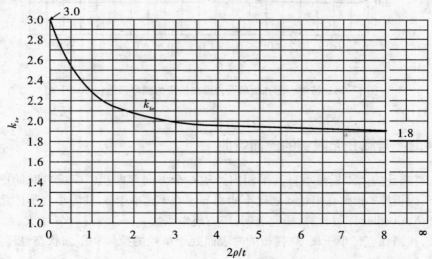

图 17.30　带圆孔无限板的离面弯曲的应力集中系数

$$k_{t\sigma} = \frac{\sigma_{\theta(r=\rho,\theta=\pi/2,z=t/2)}}{\sigma_0} \tag{17.20}$$

17.4.3　带偏心圆孔板条的离面弯曲

对于有一个偏心圆孔的板条,在与其平面垂直的方向承受弯矩时(图 17.31),严格说来,通常得不到考虑板厚的理论应力分布状态。这种情况下的应力状态分别取决于圆孔半径 ρ/b、偏心率 e/b 和板厚比 t/b(或 t/ρ)。

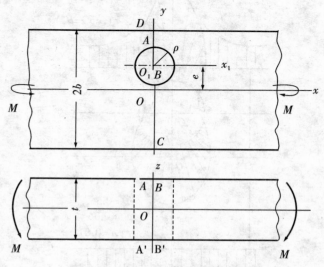

图 17.31　含偏心圆孔离面弯曲板条

在一般情况下,最大应力都发生在板的两面距直线边最近的点 A(拉应力)和 A'(压应力)。对于 B、C、D 等其他各点来说,可由拉伸的情况加以类推。作为一种特定情况,当 t/b(或 t/ρ)很大时,可以认为在弯曲的内外表面上的应力分布状态分别和单向拉伸和压缩的板条相同,即将表面薄层看做带偏心圆孔的单向拉伸与压缩板条,按 17.2.2 来处理。

当板厚较小,即薄板的情况下,同一个 xy 平面上的应力分布状态也比厚度大时缓和,而且应力集中系数较低。然而,在圆孔与板条的直边接近到极限的情况下,应力集中系数 $k_{t\sigma}$ 趋于无限大。

总之,在两种极限形状下的处理方法为:

(1) $t/\rho \rightarrow 0$ 时,作为承受均布拉力的板条(参照 17.2.2)求应力集中系数;

(2) $e/b = 0$,$b/\rho \rightarrow \infty$ 时,根据已知计算结果(见 17.4.2)求应力集中系数。

因为对于上述极限情况的点 A、A' 的应力集中系数是已知的，所以利用这些结果求三个形状参数 t/ρ、e/b、ρ/b 分别为任意值时的应力集中系数较为方便。基于这种观点，西田正孝提出一种应力集中系数的近似算法，还利用二层法光弹性试验求出了应力分布状态，证实这种近似算法给出的应力集中系数与试验分析结果完全一致。实验分析得到的应力分布特点如图 17.32 所示。

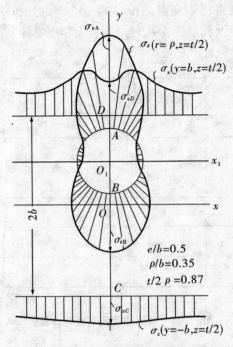

图 17.32　含偏心圆孔板条离面弯曲的应力分布

取名义应力为

$$\sigma_0 = \frac{6M}{2(b-\rho)t^2} \tag{17.21}$$

假定应力集中系数可由下式得出

$$k_{t\sigma} = \frac{\sigma_A}{\sigma_0} \tag{17.22}$$

则 $k_{t\sigma}$ 可由下式表示

$$k_{t\sigma} = 1 + \frac{(k_{B-1} - 1)(k_{T-2} - 1)}{k_{T-1} - 1} \tag{17.23}$$

其中，k_{B-1}——为 Reissner 就 $e/b = 0$，$b/\rho \rightarrow \infty$，$t/\rho \neq 0$ 情况的板条弯曲，取

第17章　构件的应力集中

$\nu = 0.33$ 的计算结果(见 17.4.2);

k_{T-1}——$e/b = 0$,$b/\rho \rightarrow \infty$ 情况的板条单向拉伸计算值,$k_{T-1} = 3.0$ (见 17.2.2);

k_{T-2}——西田正孝就 $e/b \neq 0$,$b/\rho \neq 0$ 情况的板条单向拉伸光弹性试验结果(见 17.2.2);

因此,由式(17.25)可以求出三个形状因数为任意值时的 $k_{t\sigma}$:

$$k_{t\sigma} = 1 + \frac{1}{2}(k_{B-1} - 1)(k_{T-2} - 1) \tag{17.24}$$

关于 $e/b = 0$ 的特殊情况,Reissner 取 $\nu = 1/3$,对应力集中系数随 $2\rho/t$ 变化的计算结果见图 17.33。图 17.34 分别为 $e/b = 0.1, 0.2, \cdots, 0.9$ 时以 e/b 为参数表示的应力集中系数随 $t/2\rho$ 的变化曲线。这里假定泊松比 $\nu = 0.33$。

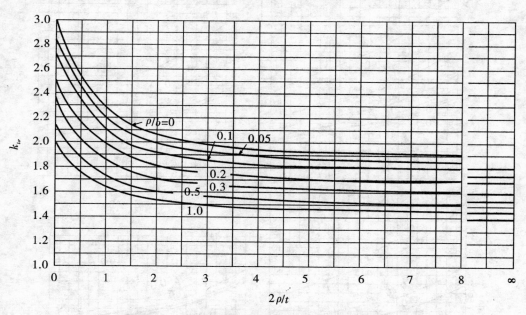

图 17.33　含中心圆孔板条离面弯曲的应力集中系数

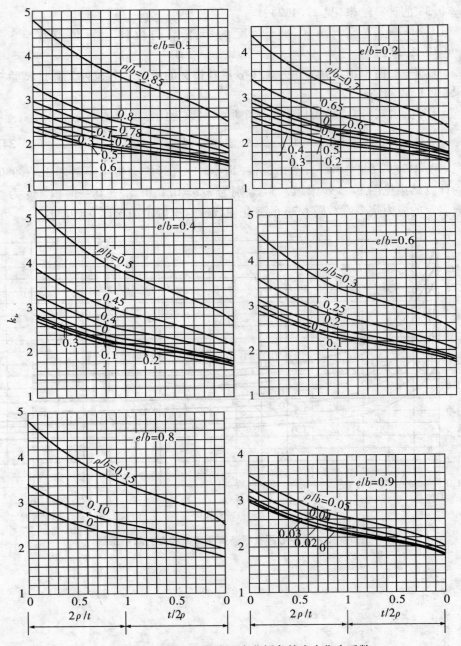

图 17.34　含偏心圆孔离面弯曲板条的应力集中系数

17.4.4　带径向圆孔圆杆的弯曲

对于直径为 $2R$、半径方向上有圆孔（直径为 2ρ）的圆杆承受弯曲的情况，如图 17.35 所示。从应力集中的角度来讲，当然是图 17.35(a) 所示的情况较为重要。对于这种情况，有石桥的计算以及大久保的测定结果。在图 17.35(b) 中，离中性轴最远处 y 轴上的点 H、H' 的 σ_x 因孔的存在反而减小，这是因为应力集中发生在中性轴处的圆孔附近的缘故。

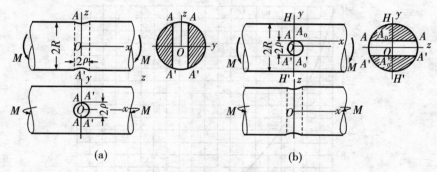

图 17.35　含径向圆孔圆杆的弯曲

为确定应力集中系数，须先确定基准应力，为此，下面先讨论圆棒最小截面的抗弯截面系数 W。

（1）圆孔轴垂直与中性轴的情况（图 17.35a）

$$W_a = \frac{I_a}{h} = \frac{R^3}{4\cos\theta}(\pi - 2\theta - 5.33\sin\theta\cos^3\theta + 0.5\sin 4\theta) \qquad (17.25)$$

若将 W_a 与没有圆孔时的 $W = \pi R^3/4$ 加以比较，则

$$\frac{W_a}{W} = \frac{1}{\cos\theta}(1 - \frac{2\theta - 5.33\sin\theta\cos^3\theta + 0.5\sin 4\theta}{\pi}) \qquad (17.26)$$

这里，$\theta = \sin^{-1}\dfrac{d}{D} = \sin^{-1}\dfrac{\rho}{R}$。$h$ 为中性轴到最小截面上圆孔边缘点 A（或点 A'）的距离。

（2）圆孔轴与中性轴重合的情况（图 17.35b）

$$\frac{W_b}{W} = \frac{I_b/R}{W} = 1 - \frac{4\theta - \sin 4\theta}{2\pi} \qquad (17.27)$$

由上述两关系很容易求出的最大理论应力 σ，并取为基准应力，再将基准应力乘以相应情况下的应力集中系数 $k_{t\sigma}$ 便可得到实际的最大应力。一般认为：

最大应力存在于最小截面边界上点 A 略偏向中心的点上。

这里仅需对情况(1)给出应力集中系数。若以 M 表示施加的弯矩,并根据式(17.25)求名义应力, $\sigma_0 = M/W_a$,则应力集中系数

$$k_{t\sigma} = \frac{\sigma_A}{\sigma_0} \tag{17.28}$$

$k_{t\sigma}$ 与圆孔大小 ρ/R 的关系如图 17.36 所示,图中 ρ/R 值较大范围内的曲线是估计的,并以虚线表示。

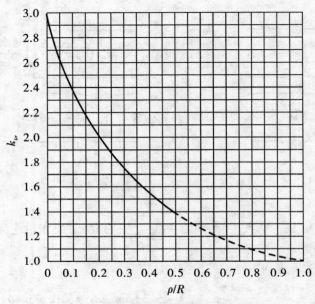

图 17.36   含径向圆孔的圆杆的应力集中系数

17.4.5   带凹口、圆角构件的弯曲

(1)双侧带凹口板条的面内弯曲   该问题的最大应力发生在凹口根部的 A 点,名义应力取为 $\sigma_0 = \dfrac{3M}{2tb^2}$,应力集中系数的确定可使用由光弹性实验分析得到的经验公式

$$k_{t\sigma} = \frac{\sigma_A}{\sigma_0} = 1 + \left[\frac{B/b - 1}{2(4.27B/b - 4)} \frac{2b}{\rho} \right]^{0.83} \tag{17.29}$$

应力集中系数 $k_{t\sigma}$ 随凹口尺寸 d/B 及参数 ρ/B 的变化如图 17.37 所示。图 17.37(a)适用范围为 $\rho/B = 0.002 \sim 0.1$,图 17.37(b)适用范围为 $\rho/B = 0.1 \sim 2$ 。

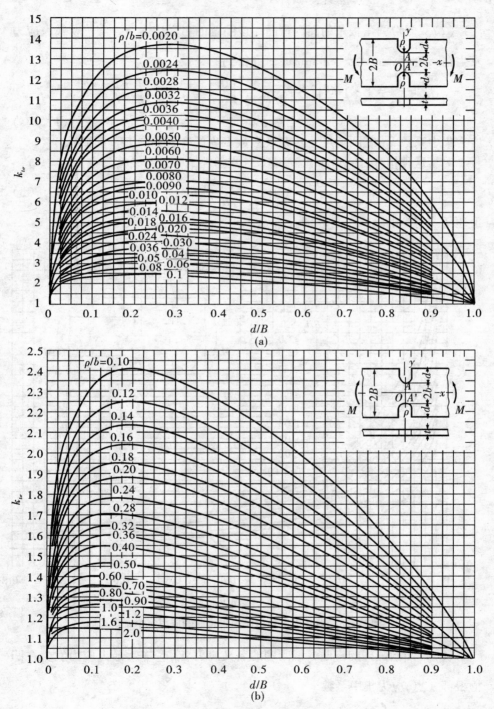

图 17.37(b)　双侧带凹口板条的面内弯曲应力集中系数　　— 189 —

（2）双侧带圆角板条的面内弯曲　该问题的名义应力 $\sigma_0 = \dfrac{3M}{2tb^2}$，最大应力发生在圆角根部的 A 点。Hartman 研究得到的经验公式为

$$k_{t\sigma} = \frac{\sigma_A}{\sigma_0} = 1 + \tanh\left[\frac{(B/b - 1)^{1/4}}{1 - \rho/(2b)}\right]\frac{0.13 + 0.65\left[1 - \rho/(2b)\right]^4}{(\rho/2b)^{1/3}}$$

（17.30a）

应力集中系数 $k_{t\sigma}$ 随圆角尺寸 ρ/B 及参数 B/b 的变化如图 17.38 所示。

对于这种情况，Heywood 也通过系统光弹性试验得到经验公式

$$k_{t\sigma} = \frac{\sigma_A}{\sigma_0} = 1 + \left[\frac{h/\rho}{5.37B/b - 4.8}\right]^{0.85}$$

（17.30b）

上述两式得到的结果稍有区别。

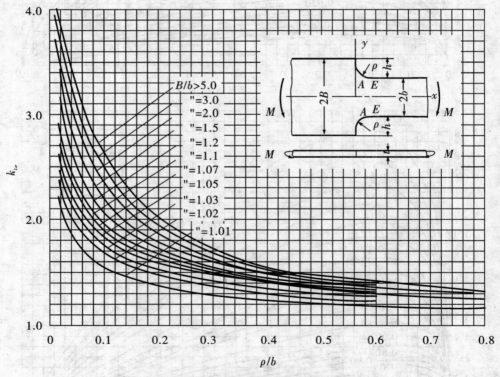

图 17.38　双侧带圆角板条面内弯曲的应力集中系数

（3）带凹槽圆杆的弯曲　该问题的名义应力 $\sigma_0 = \dfrac{4M}{\pi b^3}$，最大应力发生在凹槽根部 A 点，应力集中系数

$$k_{t\sigma} = \frac{\sigma_A}{\sigma_0}$$

(17.31)

得到的应力集中系 $k_{t\sigma}$ 数随凹槽尺寸 d/B 及参数 ρ/B 的变化如图 17.39 所示。
图 17.39(a) 适用于 $\rho/B = 0.002 \sim 0.1$,图 17.39(b) 适用于 $\rho/B = 0.1 \sim 2$。

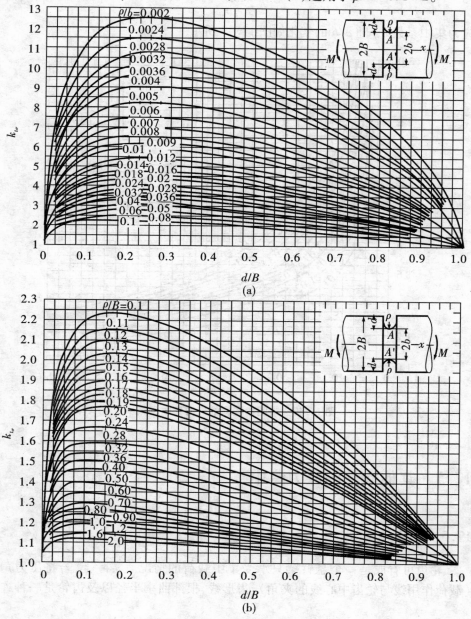

图 17.39 带凹槽圆杆弯曲时的应力集中系数

（4）带圆角圆杆的弯曲　该问题的名义应力取为细端的最大弯曲应力 $\sigma_0 = \dfrac{4M}{\pi b^3}$，最大应力发生在圆角底部 A 点，应力集中系数

$$k_{t\sigma} = \frac{\sigma_A}{\sigma_0} \qquad\qquad (17.32)$$

应力集中系数 $k_{t\sigma}$ 随 ρ/b 的变化如图 17.40 所示。

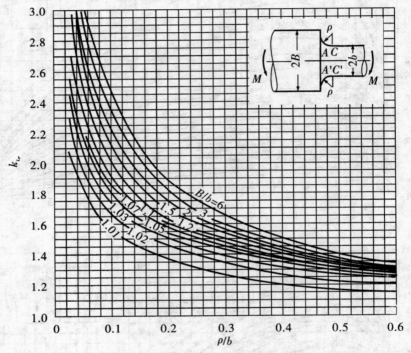

图 17.40　带圆角圆杆的应力集中系数

17.5　其他构件的应力集中

17.5.1　齿轮

轮齿可看成是一个悬臂梁只承受集中载荷的情况。实际上，若将压力角（载荷作用线与轮齿中心线的夹角）、齿形线、根部曲率半径以及齿轮是一种连

第 17 章　构件的应力集中

续的凹槽或连续突出部等都考虑进去,问题并不那么简单。

考虑垂直于齿面的单位厚度施加集中载荷 P(图 17.41a),根据 Levis 公式,在齿根处的应力可以看做是弯曲应力与压缩应力分量的叠加。悬臂梁的长度 h 就是连接抛物线的切点 M、N 所得齿中心线上的点 L 和载荷线通过中心线的点 C 之间的距离。但是可以断定,只要曲率半径 ρ 不是很大,齿根实际的最大应力点 A、B 就位于下方圆弧部移动约 $\theta = 30°$ 这样一点附近。不过,为方便起见,可设齿曲线的根部圆弧的连接点取为点 M、N。实际上,用光弹性实验来研究齿轮,则可看出在根部产生显著的应力集中(图 17.41b)。当然,在载荷 P 的接触点也会局部产生峰值应力。拉伸与压缩侧根部的圆弧点 A、B 产生的最大应力 σ_A、σ_B 主要决定于载荷倾角 $\varPhi$、曲率半径 $\rho/2b$ 等。

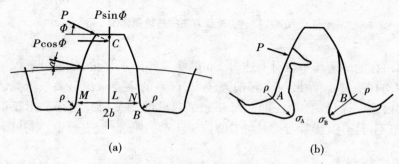

图 17.41　齿轮受力与应力分布

若以 Levis 公式(计算压弯组合变形下的应力)得到的公称最大拉应力 σ_t 为名义应力 σ_0,以

$$k_{t\sigma} = \frac{\sigma_A}{\sigma_t}$$

为应力集中系数,Dolan 通过光弹性实验得到了以 $\rho/2b$ 和 $h/2b$ 表示 α_t 的经验公式

$$k_{t\sigma} = 0.22 + \frac{1}{(\rho/2b)^{0.2}\,(h/2b)^{0.4}} \quad (\varPhi = 14.5°) \tag{17.33}$$

$$k_{t\sigma} = 0.18 + \frac{1}{(\rho/2b)^{0.15}\,(h/2b)^{0.45}} \quad (\varPhi = 20°) \tag{17.34}$$

由此可以看出,$k_{t\sigma}$ 随着 $\rho/2b$ 和 $h/2b$ 的减小而增大。图 17.42 所示为压力角为 14.5° 和 20° 时,应力集中系数 $k_{t\sigma}$ 随 $\rho/2b$ 和 $h/2b$ 的变化图。

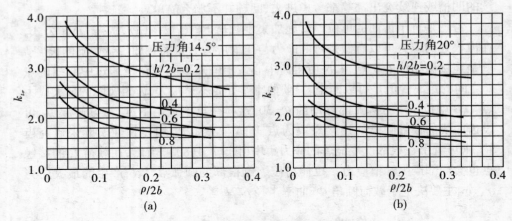

图 17.42　齿轮应力集中系数变化图

西田在他的著作中也对上述 Dolan 的结果作出了评价，认为计算模型与实验模型均有些欠妥，结果与实际偏差较大，误差的主要来源是关于齿高的确定方法和模型设计过简，并且也专门补充了自己的相关研究结果。出于篇幅考虑，这里不再详述，读者需要时可参阅西田正孝的原著《应力集中》增补版。

17.5.2　螺纹

要掌握工程上所用螺纹，即螺栓、螺母的应力分布状态，一般说来是相当困难的事。螺纹的应力状态难于确切了解的主要原因有二：① 形状、尺寸，特别是螺栓、螺母配合状态的复杂性；②载荷条件的多样性。

假若要使用一组螺栓、螺母，在了解其应力集中状态时，实际上对于螺栓、螺母的加工精度，特别是螺距误差和载荷条件（如螺栓承受纯拉力还是附加有弯矩等）往往很难把握，而这些条件又恰恰决定了螺纹的应力集中状态。因此，可以认为螺栓、螺母的应力集中系数是依个体产品及其使用状态不同而不同的。但在加工精度良好且在线弹性范围内受载时，一般可认为与下面分析的应力分布状态一致。

研究螺纹应力集中的方法是：首先求出螺纹牙的载荷分布；再通过试验确定在某一螺纹牙上的载荷产生的应力集中状态；最后，将各螺纹牙的载荷对某一特定螺纹的应力分布所产生的影响叠加起来，求最终应力分布和应力集中系数。

（1）螺纹牙的载荷分布　螺栓、螺母组合起来后，给螺栓施加拉力 T 时，各螺纹牙的载荷分布如图 17.43 所示。

若从啮合螺纹牙最下端的 1 组向上标出号码 1、2、…、n、…、ν，并假定啮合力为 P_1、P_2、…、P_n、…、P_v，则下述差分方程成立：

$$P_n - P_{n-1} - \alpha(P_1 + P_2 + \cdots + P_{n-1}) = -\alpha T \qquad (17.35)$$

这里，α 是由螺栓和螺母的尺寸、形状和材料的杨氏模量等决定的常数。在上式中令 $R_n = P_1 + P_2 + \cdots + P_n$，解方程

$$R_n - (2 + \alpha)R_{n-1} + R_{n-2} = -\alpha T \qquad (17.36)$$

则可得到作用于螺纹牙的载荷 P。对于最普通的载荷形式来说，最下端的啮合螺纹牙 1 的啮合力 P_1 为最大，其值的大小依条件而定，约占总载荷 T 的 1/3。

（2）应力分布状态　为了解上述载荷在螺纹（螺栓）上引起的应力，西田提出研究两种情况：①将螺纹牙看做悬臂梁时在根部产生的应力集中；②将螺栓看做带有环状凹槽的圆棒，它在承受拉力时的应力集中。研究 P_{n-1}，P_n，P_{n+1} 的载荷分布，将这些应力叠加起来即可。（具体分析从略）

对于图 17.44 中所注尺寸的螺栓、螺帽组合，西田通过三维光弹性冻结试验得到螺栓轴心切片的光弹性照片如图 17.45（a）所示，由此分析得到螺纹牙上的边界应力分布如图 17.45（b）所示。若就右侧螺纹号将各螺纹沟的最大应力画成曲线，则如图 17.46 所示。图中，粗实线为最大拉应力 σ_t，虚线为最大压应力 σ_c，而细实线是由前述分析方法得到的曲线，结果的一致性较好。由曲线可看出，冻结分析的应力集中系数有些偏低，分析其原因，是 1 号螺纹牙的微螺距误差造成的。

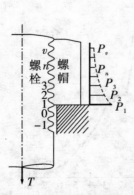

图 17.43　螺纹的载荷分布

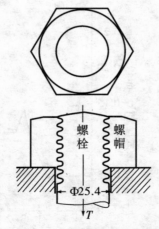

图 17.44　螺纹、螺栓组合

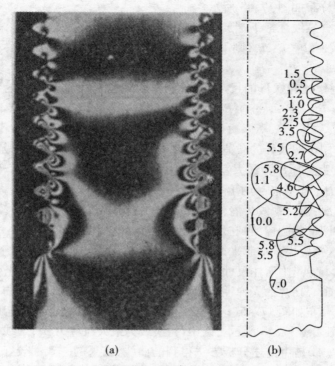

(a)　　　　　　(b)

图 17.45　螺纹的应力分布

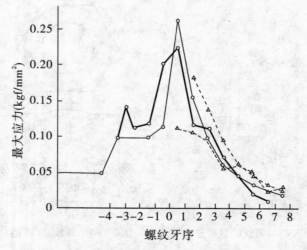

图 17.46　螺纹的最大应力分布

（3）牙形角、螺距不同时的应力集中系数 对于 $D=25.4$ mm 的螺栓、螺母,若螺距 $p=3.175$ mm,螺纹沟的曲率半径 $\rho=0.436$ mm,通过改变牙形角 2γ 来观察它对应力集中的影响,在螺纹牙数 $\nu=6$ 的情况下,结果如图 17.47 所示,牙形角 2γ 越大,应力集中系数 $k_{t\sigma}$ 越小,大致呈线性变化。

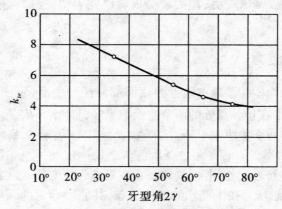

图 17.47 牙型角对应力集中的影响

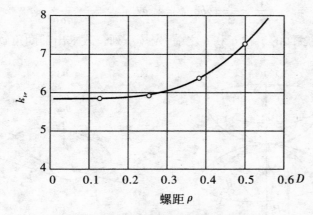

图 17.48 螺距对应力集中系数的影响

若取 $D=25.4$ mm, $2\gamma=55°$, $\rho=0.436$ mm 保持为定值,而改变螺距 p 来研究它对应力集中系数的影响,结果如图 17.48 所示。由图看出,螺距 p 越小则应力集中系数 $k_{t\sigma}$ 越低,但在 $p=0.25D$ 以下, $k_{t\sigma}$ 基本上为定值。因此,规定螺纹牙距 $p=0.125D\sim0.15D$ 可以说是最为适宜的。但须注意,螺距合适与否还取决于螺纹的精度,对于高精度螺纹,螺距 p 取得小一些对于强度有利;但对于低精度螺纹,即便螺距 p 取得并不大,螺距误差也会造成较大的应力集中。有一些方法可以用来减小螺纹的应力集中,其中最简单的是用弹性模量相对较低的材料来制作螺帽,这实际上是削弱了螺帽对螺栓的约束作用,可有效降低因螺距误差造成的螺纹峰值应力,相关疲劳试验研究表明,这样可使螺纹的疲劳强度提高35% ~60%。

17.5.3 接触应力

设两个接触物体在接触点附近的曲面都为任意曲面(见图 17.49a),以 R_1 和 R_1' 表示物体Ⅰ在接触点处的两个主曲率半径,且 $R_1' > R_1$;R_2 和 R_2' 表示物体Ⅱ在接触点处的两个主曲率半径,且 $R_2' > R_2$。以 φ 表示 R_1 所在的主曲率平面与 R_2 所在的上曲率平面的夹角。变形前两个物体仅在一点相接触。在垂直于接触点公切面的外力 P 作用下,物体将发生局部弹性变形,接触面成椭圆形(见图 17.49b)。接触压力按半椭球的规律分布,其底面即为椭圆形的接触面。以 a 和 b 分别表示椭圆接触面的长半轴和短半轴、q_{max} 表示接触面中心处的最大压力。因接触面上压力的总和应等于外力 P,故有

$$\frac{1}{2} \times \frac{4}{3} \pi a b q_{max} = P \quad \text{或} \quad q_{max} = \frac{3}{2} \frac{P}{\pi a b} \qquad (17.37)$$

在计算接触面的半轴 a 和 b 之前,先按下列公式求出辅助角 ψ

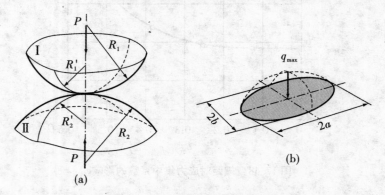

图 17.49 任意曲面接触压力示意图

$$\cos\psi = \frac{\sqrt{(k_1 - k'_1)^2 + (k_2 - k'_2)^2 + 2(k_1 - k'_1)(k_2 - k'_2)\cos2\varphi}}{k_1 + k'_1 + k_2 + k'_2}$$

$$(17.38)$$

其中，$k_1 = 1/R_1$，$k'_1 = 1/R'_1$，$k_2 = 1/R_2$，$k'_2 = 1/R'_2$，为两物体在接触点处的主曲率，并规定：若曲率中心在物体之内，则曲率为正，反之为负。求得 ψ 之后，由表 17.1 确定系数 α 和 β，然后就可按以下式计算椭圆接触面的半轴 a 和 b

$$a = \alpha \cdot \sqrt[3]{\frac{3P}{2(k_1 + k'_1 + k_2 + k'_2)}\left(\frac{1 - \nu_1^2}{E_1} + \frac{1 - \nu_2^2}{E_2}\right)}$$

$$b = \beta \cdot \sqrt[3]{\frac{3P}{2(k_1 + k'_1 + k_2 + k'_2)}\left(\frac{1 - \nu_1^2}{E_1} + \frac{1 - \nu_2^2}{E_2}\right)}$$

$$(17.39)$$

表 17.1　公式 17.39 中的系数 α 和 β

ψ	α	β	ψ	α	β
20°	3.778	0.408	60°	1.486	0.707
30°	2.731	0.493	65°	1.378	0.759
35°	2.397	0.530	70°	1.284	0.802
40°	2.136	0.567	75°	1.202	0.846
45°	1.926	0.604	80°	1.128	0.895
50°	1.754	0.641	85°	1.061	0.944
55°	1.611	0.678	90°	1.000	1.000

如两接触物体的材料相同，$E_1 = E_2 = E$，$v_1 = v_2 = v$，则公式（17.39）化为

$$a = \alpha \cdot \sqrt[3]{\frac{3P(1 - \nu^2)}{E(k_1 + k'_1 + k_2 + k'_2)}}$$

$$b = \beta \cdot \sqrt[3]{\frac{3P(1 - \nu^2)}{E(k_1 + k'_1 + k_2 + k'_2)}}$$

$$(17.40)$$

若两个接触物体皆为圆球，其半径分别为 R_1 和 R_2，则 $k_1 = k'_1 = 1/R_1$，$k_2 = k'_2 = 1/R_2$，由式（17.38）知，$\cos\psi = 0$，即 $\psi = \pi/2$，于是接触面成为圆形，公式（17.39）变为

$$a = b = \sqrt[3]{\frac{3PR_1R_2}{2(R_1 + R_2)}\left(\frac{1 - \nu_1^2}{E_1} + \frac{1 - \nu_2^2}{E_2}\right)}$$

$$(17.41)$$

代入式（17.37）得接触面中心处的最大压力为

$$q_{max} = \sqrt[3]{\frac{6P(R_1+R_2)^2}{\pi^3 R_1^2 R_2^2} \Big/ \left(\frac{1-\nu_1^2}{E_1}+\frac{1-\nu_2^2}{E_2}\right)^2} \qquad (17.42)$$

若两个球体的材料相同，且 $E_1=E_2=E$，$v_1=v_2=0.3$，则以上公式变为

$$a = 1.109\sqrt[3]{\frac{PR_1 R_2}{E(R_1+R_2)}} \qquad (17.43)$$

$$q_{max} = 0.388\sqrt[3]{PE^2\left(\frac{R_1+R_2}{R_1 R_2}\right)^2} \qquad (17.44)$$

上述为两个接触物体皆为圆球的情况，读者可自行将公式（17.37）~公式（17.39）应用到圆辊之间、圆辊或圆球与平面之间的接触应力计算。

【例17.1】 滚珠轴承如图所示。已知内、外座圈半径为 60 mm、80 mm，座圈槽的半径皆为 $r=10.5$ mm。滚珠的直径为 20 mm。滚珠和座圈材料同为铬钢，$E=208$ GPa，$\nu=0.3$。每个滚珠承受的压力是 $P=5$ kN。试求：（1）接触椭圆的半轴；（2）最大接触压力。

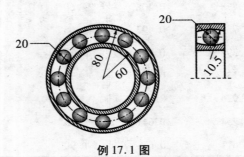

例 17.1 图

解： 先考虑滚珠与内座圈接触的情况。这时把滚珠作为接触物体中的 Ⅰ，内座圈作为 Ⅱ，故有

$$R_1 = R'_1 = 10 \text{ mm}, \quad k_1 = k'_1 = \frac{1}{10} = 0.1 \text{ mm}^{-1}$$

$$R_2 = r = 10.5 \text{ mm}, \quad k_2 = -\frac{1}{10.5} = -0.0952 \text{ mm}^{-1}$$

$$R'_2 = 60 \text{ mm}, \quad k'_2 = \frac{1}{60} = 0.0167 \text{ mm}^{-1}$$

因为滚珠是圆球，故其主曲率平面总与座圈的主曲率平面重合，即 $\varphi=0$。把以上数据代入式（17.39），得

$$\cos\psi = \frac{\sqrt{(0.1-0.1)^2+(-0.0952-0.0167)^2+2(0.1-0.1)(-0.952-0.0167)\cos0^\circ}}{0.1+0.1-0.0952+0.0167}$$

$$= 0.921$$

所以 $\psi = 22.93^\circ$

由表 17.1 插值求得，$\alpha = 3.471$，$\beta = 0.433$。由式(17.40)求得椭圆半轴分别为

$$a = 3.471 \cdot \sqrt[3]{\frac{3\times5\times10^3(1-0.3^2)}{208\times10^9(0.1+0.1-0.0952+0.0167)}}$$

$$= 3.471\times0.8144 = 2.827 \text{ mm}$$

$$b = 0.433 \times 0.8144 = 0.353 \text{ mm}$$

代入式(17.37)求最大压力为

$$q_{max} = \frac{3}{2}\frac{P}{\pi ab} = \frac{3}{2} \cdot \frac{5\times10^3}{\pi\times2.827\times0.353} = 2392\times10^6 \text{ Pa} = 2392 \text{ MPa}$$

类似的计算可确定外圈最大接触压力为 2 087 MPa(读者可自行演算)。比较可见,最大压力发生在滚珠与内圈接触处。

思考题

思考题 17.1　对于一种复杂构件,你会采用什么方法研究其应力集中问题。

思考题 17.2　考虑火车车轮与轨道之间的接触压力计算。假定车轮半径为 R,钢轨弧面半径为 r,轮轨之间的载荷为 P。

思考题 17.3　考虑齿轮轮齿之间的接触压力计算。假定一齿轮的齿端拐角与另一齿轮的齿面点接触,齿面曲率半径为 ρ,拐角半径为 r,载荷为 P。

第 18 章　非线性变形问题

　　大部分的实际工程力学问题从本质上讲都是非线性的,线性假设只是实际工程问题的一种简化。当然,任何实际工程问题的求解都避免不了适当地简化,简化是否合理决定了计算结果的准确性,对于目前工程实际中的很多问题,如杆件的大变形问题,超过弹性极限的钢结构承载问题等,仅仅假设为线性问题是很不够的,常常需要进一步考虑为非线性问题。因此,对各种工程结构的非线性分析就是必不可少且日趋重要了。

18.1　材料非线性和几何非线性问题

　　通常可把非线性问题分为两大类,即材料非线性问题和几何非线性问题。材料非线性是指非线性效应仅由非线性的应力应变关系引起,位移分量仍假设为无限小量,故仍可采用工程应力和工程应变来描述,即仅材料为非线性,材料非线性的应力应变关系是结构非线性的常见原因,许多因素都可以影响材料的应力应变性质,包括加载历史(如在弹塑性响应状况下),环境状况(如温度),加载的时间总量(如在蠕变响应状况下)等。

　　如果结构经受大变形,则变化了的几何形状可能会引起结构的非线性响应,这类非线性问题称为几何非线性。几何非线性问题又可以分为两种情形:

　　第一种情形,大位移小应变(只是物体经历了大的刚体平动和转动,固连于物体坐标系中的应变分量仍假设为无限小)。此时的应力应变关系则根据实际材料和实际问题可以是线性的也可以是非线性的。

　　第二种情形,大位移大应变,亦即最一般的情况。此时结构的平动位移,转动位移和应变都不再是无限小量,由于大应变,材料的本构关系也可能进入非线性。

　　大部分的非线性问题求解都较为复杂,因此解析解对于工程问题来说并不实用,人们多年来一直在致力于寻找和发展另一种求解途径和方法——数值解法,该方法能在满足足够精度的基础上对工程问题进行近似求解,随着电子计算机的飞速发展和广泛应用,数值分析方法已成为求解科学技术问题的主要工具。本章主要针对简单的可以求解的非线性问题进行阐述,数值分析的部分留待后续课程中学习。

18.1.1　材料非线性问题

在所有的非线性分析问题中,材料非线性问题的处理相对比较简单。下面以梁的非线性弯曲为例来加以说明。如图 18.1(a)所示的矩形截面梁,其中 h_1 和 h_2 分别为中性轴至底面和顶面的距离,ε_1 和 ε_2 分别表示梁底面和顶面的应变。梁材料的应力应变关系为图 18.1(b)所示的曲线 AOB。

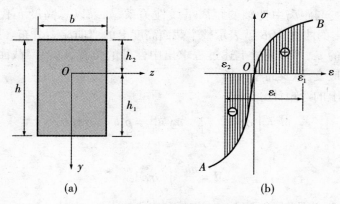

图 18.1　矩形截面梁材料非线性关系

由于材料的应力应变关系呈非线性,故截面的中性轴不再位于截面的几何中心。为了确定中性轴的位置,需要对截面的应力进行分析。

距离中性轴 y 处的应变可以表示为

$$\varepsilon = \frac{y}{\rho} \tag{18.1}$$

其中,ρ 为中性层的曲率半径。由此可得,$y = \rho\varepsilon$,$\mathrm{d}y = \rho\mathrm{d}\varepsilon$。

若梁不受纵向载荷作用,梁横截面内的正应力所产生的合力为零,即 $\int_A \sigma \mathrm{d}A = 0$,将上式代入,可得

$$\int_A \sigma \mathrm{d}A = \int_{-h_2}^{h_1} \sigma b \mathrm{d}y = \rho b \int_{\varepsilon_2}^{\varepsilon_1} \sigma \mathrm{d}\varepsilon = 0 \tag{18.2}$$

于是,中性轴的位置须满足条件

$$\int_{\varepsilon_2}^{\varepsilon_1} \sigma d\varepsilon = 0 \tag{18.3}$$

用总应变 ε_t 表示梁中最大拉应变和最大压应变的绝对值之和，即

$$\varepsilon_t = \varepsilon_1 - \varepsilon_2 = \frac{h_1}{\rho} + \frac{h_2}{\rho} = \frac{h}{\rho} \tag{18.4}$$

ε_t 为大于零的一个值。根据积分的定义，式(18.3)表示图 18.1(b)中应力应变曲线与 x 轴之间拉伸部分面积应等于压缩部分面积。对于给定的总应变 ε_t，利用这两块面积相等的性质可以确定 ε_1 和 ε_2，进而可以确定中性轴的位置，即

$$\frac{h_1}{h_2} = \frac{h_1/\rho}{h_2/\rho} = \left|\frac{\varepsilon_1}{\varepsilon_2}\right| \tag{18.5}$$

由于应变与距离中性轴的距离呈线性关系，如果以总高度 h 代替总应变 ε_t，则图 18.1 的曲线 AOB 就表示整个截面高度上的弯曲应力分布。因此，对于每一个假定的 ε_t，可以通过上述过程求出中性轴的位置，以及梁截面整个高度上的应力和应变，以及曲率半径。

梁截面上的弯矩计算公式

$$M = \int_A \sigma y dA = \int_{-h_2}^{h_1} \sigma y b dy = \rho^2 b \int_{\varepsilon_2}^{\varepsilon_1} \sigma \varepsilon d\varepsilon$$

即

$$M = \frac{bh^2}{\varepsilon_t^2} \int_{\varepsilon_2}^{\varepsilon_1} \sigma \varepsilon d\varepsilon \tag{18.6}$$

式(18.6)的意义是图 18.1(b)中应力应变曲线下的面积(阴影部分)对竖直轴的一次矩。对于每一种特定情况下的 ε_t 都可以通过上述积分过程得到一个弯矩 M。重复进行以上过程，可得到不同曲率对应的弯矩值，根据这些数据绘制弯矩-曲率图，如图 18.2 所示。

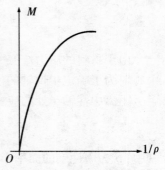

图 18.2 弯矩-曲率图

特别的，如果应力-应变曲线的拉伸部分和压缩部分相等，可知中性轴通过截面形心，因而 $h_1 = h_2 = \frac{h}{2}$，$\varepsilon_1 = -\varepsilon_2 = \frac{\varepsilon_t}{2}$，于是

$$M = \frac{2bh^2}{\varepsilon_t^2} \int_0^{\varepsilon_1} \sigma \varepsilon d\varepsilon \tag{18.7}$$

更特别地，如果材料为线弹性的，即 $\sigma = E\varepsilon$，则根据以上分析过程可得

$$M = \frac{2bh^2}{\varepsilon_t^2} \int_0^{\varepsilon_1} E\varepsilon^2 \mathrm{d}\varepsilon = \frac{2bh^2 E\varepsilon_1^3}{3\varepsilon_t^2} \qquad (18.8)$$

将 $\varepsilon_t = 2\varepsilon_1$ 和 $\sigma_{max} = E\varepsilon_1$ 代入式 18.4 和 18.8 得

$$M = \frac{\sigma_{max}bh^2}{6}, \quad \frac{1}{\rho} = \frac{M}{Ebh^3/12} = \frac{M}{EI}$$

其中，σ_{max} 为梁底面处的应力。可见，弯矩的计算公式与第 4 章得到的公式一致，因此可以认为线弹性只是材料非线性里边的一种特例。

　　上面所述的材料非线性弯曲是一般的情形，理论上可以用来求解任意的应力应变曲线及任意的截面形状，但应力应变曲线的表达式一般难以确定，因此该方法只有应力应变曲线能有具体的表达式或近似表达式时才能直接计算，这样的情况比较少而且比较简单，下面通过矩形截面梁来进行说明该类问题的求解。

　　【例 18.1】　矩形截面梁的截面尺寸及材料应力应变关系如图所示，设梁的高度为 $h = 300$ mm，宽度 $b = 150$ mm，截面上正弯矩的数值为 240 kN·m。材料的拉伸弹性模量为 E_t，压缩弹性模量为 E_c，且 $E_t = 1.5E_c$，若应力未超过材料比例极限，试求最大拉应力及最大压应力。

　　解:首先确定梁中性轴的位置，假设中性轴的位置如图(b)所示，建立直角坐标系。由于本题中应力应变关系分为两部分，拉伸部分和压缩部分，且每部分均为线性，则截面上的拉应力和压应力可分别表示为

$$\sigma_t = E_t \varepsilon = E_t \frac{y}{\rho}; \quad \sigma_c = E_c \varepsilon = E_c \frac{y}{\rho} \qquad (a)$$

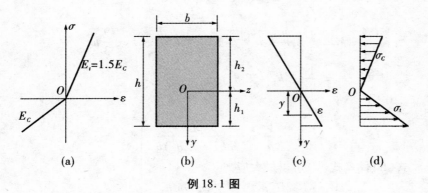

例 18.1 图

最大拉应力和最大压应力分别为

$$\sigma_{t\max} = E_t \frac{h_1}{\rho} \; ; \; \sigma_{c\max} = E_c \frac{h_2}{\rho} \tag{b}$$

应力分布如图(d)所示。

根据式(18.2)可得

$$\int \sigma_t \mathrm{d}A + \int \sigma_c \mathrm{d}A = 0 \tag{c}$$

即

$$\int_0^{h_1} E_t \frac{y}{\rho} b \mathrm{d}y - \int_0^{h_2} E_c \frac{y}{\rho} b \mathrm{d}y = \frac{1}{2} E_t b \frac{h_1^2}{\rho} - \frac{1}{2} E_c b \frac{h_2^2}{\rho} = 0$$

于是

$$E_t h_1^2 = E_c h_2^2 \tag{d}$$

将 $E_t = 1.5 E_c$ 代入上式,可得

$$\sqrt{3} h_1 = \sqrt{2} h_2 \tag{e}$$

因

$$h_1 + h_2 = h \tag{f}$$

所以

$$h_2 = \frac{\sqrt{3} h}{\sqrt{2} + \sqrt{3}} = 0.551 h = 165 \text{ mm}$$

$$h_1 = h - h_2 = 0.449 h = 135 \text{ mm}$$

为了计算最大拉应力和最大压应力,只要求出梁变形后的曲率 $1/\rho$ 即可,在梁的截面上满足平衡,即该截面上的内力系对中性轴的矩等于该截面上的弯矩

$$M = \frac{1}{2} E_t \frac{h_1}{\rho} h_1 b \times \frac{2}{3} h_1 + \frac{1}{2} E_c \frac{h_2}{\rho} h_2 b \times \frac{2}{3} h_2$$

$$= \frac{1}{3\rho} (E_t h_1^3 + E_c h_2^3) b \tag{g}$$

故曲率为

$$\frac{1}{\rho} = \frac{3M}{(E_t h_1^3 + E_c h_2^3) b} \tag{h}$$

将式(h)代入式(b)可得最大应力

$$\sigma_{t\max} = \frac{3 M E_t h_1}{(E_t h_1^3 + E_c h_2^3) b} = \frac{9 M h_1}{(3 h_1^3 + 2 h_2^3) b} = 119 \text{ MPa}$$

$$\sigma_{c\max} = \frac{3 M E_c h_1}{(E_t h_1^3 + E_c h_2^3) b} = \frac{6 M h_2}{(3 h_1^3 + 2 h_2^3) b} = 96.8 \text{ MPa}$$

以上是一般化的材料非线性分析过程,在工程中还有一种非线性称为弹塑性,应用较为广泛,而且理论也相对成熟,将在本章后面的部分列专题进行阐述。

18.1.2 几何非线性问题

在某一固体力学问题中,如果假定物体所发生的位移远小于物体自身的几何尺度,应变远小于1,那么此问题就称作满足"小变形假定"。在此前提下,建立物体或微元体的平衡条件时可以不考虑物体的位置和形状(简称位形)的变化。因此分析中不必区分变形前和变形后的位形。同时在加载和变形过程中的应变可用一阶无穷小的线性应变进行度量。但在实际中,我们往往会遇到很多不符合小变形假定的问题,例如梁的大挠度问题,板壳等薄壁结构的屈曲问题。此时必须考虑变形对平衡的影响,即平衡条件应建立在变形后的位形上,同时应变表达式也应包括位移的二次项。这样一来,平衡方程和几何关系都将是非线性的。这种由于大平动和大转动引起的非线性问题称为几何非线性问题。

大部分几何非线性问题的求解都是比较复杂的,本章仅对与材料力学联系较为紧密的梁的大挠度问题求解过程进行简要说明。

如图 18.3 所示,悬臂梁 AB 受集中荷载 P 作用而产生大挠度,使梁端从 B 点移动到 B' 点。以 θ_b 表示梁端的转角,分别以 δ_h 和 δ_v 表示梁端水平位移和竖直位移,挠度曲线 AB' 的长度等于原长 L,此处略去了拉伸引起的轴向变形,该梁处于静定状态。

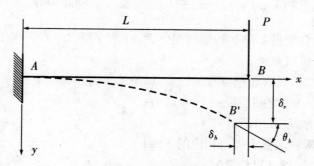

图 18.3 梁的大挠度

由第 4 章内容知,在线弹性假设下,弯矩与曲率的关系可以表述为

$$EI \frac{\mathrm{d}\theta}{\mathrm{d}s} = -M \qquad (18.9)$$

曲率的计算公式为

$$\frac{1}{\rho} = \frac{\mathrm{d}\theta}{\mathrm{d}s} \qquad (18.10)$$

其中，θ 为挠曲线的转角，s 为弧长。在小挠度的假设下，$\mathrm{d}s$ 可近似认为等于 $\mathrm{d}x$，故 $\mathrm{d}\theta/\mathrm{d}s$ 近似等于 $\mathrm{d}^2v/\mathrm{d}x^2$，但对于大挠度，该假设不再成立。要想计算弯矩必须求解方程(18.9)。由于求解过程需要大量的推导，包括因变量的变换，应用适当的边界条件等，最后可以得到用椭圆函数表达的方程的解，根据该解进而求出转角 θ_b，位移 δ_h 和 δ_v 的求解方程，这些方程均是超越方程，需要通过试凑法求解。

用于求 θ_b 的方程

$$F(k) - F(k,\varphi) = \sqrt{\frac{PL^2}{EI}} \qquad (18.11)$$

$$k = \sqrt{\frac{1 + \sin\theta_b}{2}} \qquad (18.12)$$

$$\varphi = \arcsin \frac{1}{k\sqrt{2}} \qquad (18.13)$$

$$F(k) = \int_0^{\pi/2} \frac{dt}{\sqrt{1 - k^2 \sin^2 t}} \ （第一类完全椭圆积分） \qquad (18.14)$$

$$F(k,\varphi) = \int_0^{\varphi} \frac{dt}{\sqrt{1 - k^2 \sin^2 t}} \ （第一类椭圆积分） \qquad (18.15)$$

对于各种自变量 k 和 φ 的椭圆积分 $F(k)$ 和 $F(k,\varphi)$ 在许多工程手册中有专门的数值表可以查阅。

方程(18.11)具有超越方程的性质，试凑法求解步骤如下：

(1)在 $0° \sim 90°$ 之间假设一个 θ_b 的值；

(2)根据方程(18.12)计算 k；

(3)根据椭圆函数表查得相应的 $F(k)$；

(4)按方程(18.13)计算 φ；

(5)知道 k 和 φ 之后查表得到相应的 $F(k,\varphi)$；

(6)根据方程(18.11)求出荷载 P。

重复以上步骤可以得到不同的 P 值需要的转角值，见表18.1。

用于求解梁端竖直挠度的方程为

$$\frac{\delta_v}{L} = 1 - \sqrt{\frac{4EI}{PL^2}} \left[E(k) - E(k,\varphi) \right] \qquad (18.16)$$

$$E(k) = \int_0^{\pi/2} \left[\sqrt{1 - k^2 \sin^2 t} \right] dt \,(\text{第二类完全椭圆积分}) \qquad (18.17)$$

$$E(k,\varphi) = \int_0^{\varphi} \left[\sqrt{1 - k^2 \sin^2 t} \right] dt \,(\text{第二类椭圆积分}) \qquad (18.18)$$

根据前边得到的 θ_b，k，φ 和 P 值，很容易求解方程(18.16)，同样 $E(k)$ 和 $E(k,\varphi)$ 的值需要查表确定，具体结果见表18.1。

用于求解水平挠度的方程为

$$\frac{\delta_h}{L} = 1 - \sqrt{\frac{2EI\sin\theta_b}{PL^2}} \qquad (18.19)$$

表 18.1　大挠度梁在集中荷载作用下的转角和挠度

PL^2/EI	$\theta_b/(\pi/2)$	δ_v/L	δ_h/L
0	0	0	0
0.25	0.079	0.083	0.004
0.50	0.156	0.162	0.016
0.75	0.228	0.235	0.034
1	0.294	0.302	0.056
2	0.498	0.494	0.160
3	0.628	0.603	0.255
4	0.714	0.670	0.329
5	0.774	0.714	0.388
6	0.817	0.744	0.434
7	0.849	0.767	0.472
8	0.874	0.785	0.504
9	0.894	0.799	0.531
10	0.911	0.811	0.555
∞	1	1	1

将大挠度计算的结果与小挠度理论计算的结果进行对比发现，当荷载较小

时，两种情况的计算结果一致，荷载越大差别越大，具体情况见图18.4。

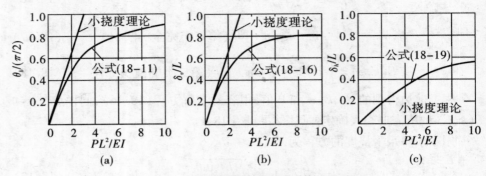

图 18.4　大挠度与小挠度理论计算结果对比

18.2　全塑性结构及其极限强度

大部分工程问题中，都不允许构件出现塑性变形，所以前面讨论的受力构件的应力、应变、位移计算，都假定构件在线弹性范围内，弹性变形可以随着荷载的卸除而恢复，其应力-应变关系必须满足胡克定律。但有些问题必须考虑材料的塑性变形，如工件表层可能因加工引起塑性变形，零件的某些部位也往往因高应力而出现塑性变形。此外，当最大应力达到屈服极限时，危险截面内的大部分材料仍处于弹性范围，构件仍能继续承受或增加荷载，而不至于发生大的塑性变形，因此，考虑材料的塑性，对于进一步认识材料、充分发挥材料的潜力显得尤为必要。

18.2.1　塑性变形的特点

下面先来回顾一下本教材关于材料力学性能中塑性变形的部分内容。图18.5 为低碳钢的拉伸应力应变曲线，图中 a、b、c 三点的应力分别对应于材料的比例极限 s_p，弹性极限 s_e，屈服极限 s_s，应力在 s_p 以下是线弹性的，应力-应变关系服从胡克定律，应力超过 s_s 后，材料将出现塑性变形，由于 a、b、c 三点相当接近，所以可以将 s_e 作为线弹性范围的边界。

在材料超过屈服极限后，应力-应变关系呈非线性，这时如将外力卸载，在卸载过程中，应力和应变将沿着直线 dd' 变化，且 dd' 的斜率与线弹性范围内的 Oa 近似一致，当卸载到应力为零时，构件有部分变形恢复（$d'g$）称为弹性应变

e_p ,无法恢复的变形(Od')称为塑性应变 e_e 。可见,塑性变形是不能恢复的,也就是说加载历程是不可逆的,这就是塑性阶段与弹性阶段的重要区别,即在加载过程与卸载过程中,塑性阶段的应力-应变关系遵循不同的规律,而弹性阶段遵循相同的规律——胡克定律。

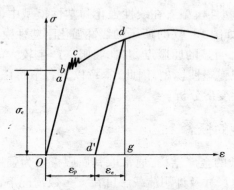

图 18.5　低碳钢拉伸应力-应变关系

塑性阶段的应力-应变关系较为复杂,为了减少运算的复杂性,通常可以将应力-应变关系进行适当简化。下面介绍常见的几种简化方案:

(1)理想弹塑性模型　在材料屈服之前,应力-应变满足胡克定律,然后结构在常应力下达到屈服,塑性变形较大,且材料强化程度不明显,这类材料可以简化为如图18.6(a)所示的理想弹塑性模型,由理想弹塑性材料组成的结构称为全塑性结构。

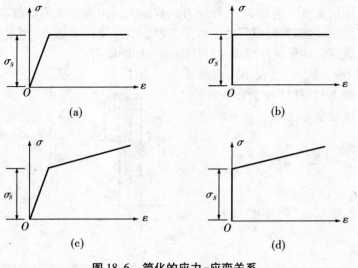

图 18.6　简化的应力-应变关系

（2）理想刚塑性模型　若理想弹塑性材料的塑性变形大到足以忽略弹性变形时，可以简化为如图 18.6（b）所示的理想刚塑性模型。

（3）线性强化弹塑性模型　对于强化程度较为明显的弹塑性材料，强化阶段可以用斜直线表示，如图 18.6（c）所示。

（4）线性强化刚塑性模型　在线性强化弹塑性模型中，如果忽略材料的弹性变形，则可简化为如图 18.6（d）所示的线性强化刚塑性模型。

常见的钢材具有明显的屈服点，并在屈服点产生较大的塑性变形，在一定范围内比较接近理想弹塑性模型，因此，本章以下各节将以理想弹塑性模型为例进行材料的非线性变形分析。

18.2.2　极限强度的概念

对于承受静荷载的金属结构，通常取其屈服极限为强度设计值，并以此为依据选择结构的安全尺寸及许用荷载。可在大多数情况下，开始屈服并不是真正意义上的破坏，而结构实际能承受的荷载往往比刚开始屈服的荷载大很多，本着节约材料的目的，应该考虑材料在屈服后仍具有的承载能力。使结构完全破坏的外部荷载称为极限荷载，此时结构的强度称为极限强度，以结构的极限强度为破坏准则的设计方法称为极限设计。下面讨论极限设计在几种结构中的应用。

18.2.3　拉压杆系的极限强度

在静定拉压杆系结构中，各杆的轴力由静力平衡条件可以全部求出，应力最大的杆件首先出现塑性变形，使应力达到最大而出现屈服的荷载就是极限荷载，而此时的强度即为极限强度。对于超静定的拉压杆系结构，情况有所不同，下面以两端固定的等截面超静定杆件为例来加以说明。

如图 18.7 所示，当较小的荷载 F 作用在该杆上时，杆件处于弹性阶段，这时可以通过变形协调计算两端的支座反力

$$R_1 = \frac{Fb}{a+b}, \quad R_2 = \frac{Fa}{a+b}$$

$$(18.20)$$

F 作用处 C 点产生的位移为

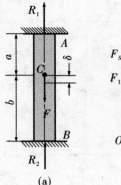
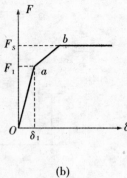

（a）　　　　　　（b）

图 18.7　超静定拉压杆的极限荷载

$$\delta = \frac{R_1 a}{EA} = \frac{Fab}{EA(a + b)} \tag{18.21}$$

如果 $b>a$，则 $R_1 > R_2$。随着 F 的增加，AC 段应力首先达到屈服，若 AC 达到屈服时荷载为 F_1，C 点产生的位移为 δ_1，则由（18.20）（18.21）两式可以得到

$$R_1 = \frac{F_1 b}{a + b} = A\sigma_s , \quad F_1 = \frac{A\sigma_s(a + b)}{b} , \quad \delta_1 = \frac{\sigma_s a}{E}$$

可见，在上述的加载过程中，荷载与位移的关系可以表述为线性关系，如图 18.7(b) 中的 Oa 段直线。此时虽然 AC 段已经进入塑性阶段，失去进一步的承载能力，如果按弹性极限设计理论，此时的 F_1 就是危险的设计荷载。但构件的 CB 段仍然具有进一步的承载能力，也就是整个杆件还可以继续承受增大载荷的作用，若材料是理想的弹塑性材料，见图 18.6(a)，继续增加荷载至 $F(F > F_1)$，AC 段变形继续增加，但应力不再增加，即轴力保持为常量 $A\sigma_s$，以 CB 段为研究对象，利用平衡条件，有

$$R_2 = F - A\sigma_s \tag{18.22}$$

相应的 C 点的位移为

$$\delta = \delta_1 + \frac{(F - F_1)b}{EA} \tag{18.23}$$

此后继续增加荷载直至 CB 段也进入屈服阶段，设此时的荷载为 F_2，此时的支座反力 $R_2 = A\sigma_s$，代入式（18.22），可得荷载为

$$F_2 = 2A\sigma_s$$

载荷达到 F_2 之后，整个杆件屈服，无需再继续增加荷载，变形将持续发生，说明杆件承载能力达到了极限状态。可见，F_2 就是极限荷载，用 F_u 来表示。荷载从 F_1 到 F_2，杆件增大的承载力仅由 CB 段担负，总承载能力的增大率比先前削弱，所以作出的荷载 F 与位移 δ 的关系为斜率较弹性阶段低的直线，达到极限荷载 F_2 后，F 与 δ 的关系则变为水平线，见图 18.7(b)。

可见在按极限设计方法，杆件的承载能力有所提升，如果仅要求极限荷载，可以令 AC、CB 段的轴力同时达到极限值 $A\sigma_s$，直接可以得到极限荷载

$$F_u = 2A\sigma_s \tag{18.24}$$

【例 18.2】 设三杆铰接的超静定结构如图（a）所示，三杆的材料相同，材料为理想弹塑性，见图（b），弹性模量为 E，三杆的横截面面积均为 A，承受竖向荷载 F 的作用，试求结构的开始屈服荷载 F_s 和极限荷载 F_u。

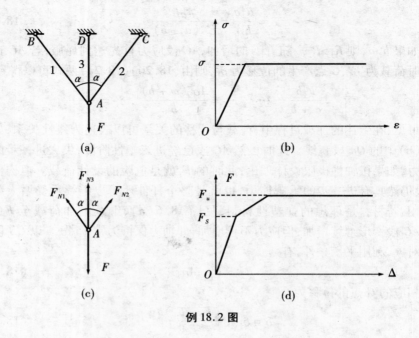

例 18.2 图

解:图示结构为一次超静定,当荷载 F 较小时,结构处于线弹性阶段,设三杆的轴力分别为 F_{N1}, F_{N2}, F_{N3},建立结点 A 的静力平衡方程

$$\sum F_x = 0 , \quad F_{N2}\sin\alpha - F_{N1}\sin\alpha = 0$$

$$F_{N2} = F_{N1} \tag{a}$$

$$\sum F_y = 0 , \quad F_{N3} + 2F_{N1}\cos\alpha - F = 0$$

$$F = F_{N3} + 2F_{N1}\cos\alpha = A(\sigma_3 + 2\sigma_1\cos\alpha) \tag{b}$$

几何相容方程

$$\Delta l_1 = \Delta l_3 \cos\alpha$$

$$\varepsilon_1 = \varepsilon_3 \cos\alpha \tag{c}$$

物理关系

$$\varepsilon_1 = \frac{\sigma_1}{E} , \quad \varepsilon_3 = \frac{\sigma_3}{E} \tag{d}$$

联立以上(a) ~ (d)式,可得

$$\sigma_1 = \sigma_2 = \frac{F\cos^2\alpha}{A(1 + 2\cos^3\alpha)} , \quad \sigma_3 = \frac{F}{A(1 + 2\cos^3\alpha)} \tag{e}$$

可见,中间杆 3 的应力大于两侧的杆内应力,若增大荷载 F,中间杆先屈服,

此时的荷载为初始屈服荷载,则

$$F_s = \sigma_s A(1 + 2\cos^3\alpha)$$

若继续增大荷载,中间杆的应力保持为 σ_s,两侧杆应力继续增加。

当荷载大于屈服荷载小于极限荷载时,结构部分处于弹性状态,部分处于塑性状态,称为弹性-塑性状态,此时,仍可根据静力平衡求出各杆的应力为

$$\sigma_1 = \sigma_2 = \frac{(F/A) - \sigma_s}{2\cos\alpha}, \quad \sigma_3 = \sigma_s$$

当继续增加荷载,使两侧的杆都进入屈服阶段时,结构进入完全塑性的极限状态,由静力平衡方程,可得极限荷载为:

$$F_u = 2A\sigma_s\cos\alpha + \sigma_s A = \sigma_s A(2\cos\alpha + 1)$$

可见,极限荷载与屈服荷载的比值为:

$$\frac{F_u}{F_s} = \frac{2\cos\alpha + 1}{1 + 2\cos^3\alpha}$$

当 $\alpha = 45°$,则 $F_u/F_s = 1.41$。加载过程中的荷载 F 与 A 点竖直方向位移 Δ 之间的关系如图(d)所示。

如果仅计算极限荷载,可以令三杆都进入屈服阶段,利用平衡方程,直接写出极限荷载的计算结果:

$$F_u = F_{N1u} + F_{N2u} + F_{N3u} = 2A\sigma_s\cos\alpha + \sigma_s A = \sigma_s A(2\cos\alpha + 1)$$

由此可见,极限荷载的分析比弹性分析更为简单。

18.2.4 纯弯梁的极限强度

在讨论梁的弯曲极限强度时,仍以纯弯曲为例推导有用的公式,而后应用于横力弯曲。如图 18.8(a)所示截面面积为 A 的纯弯曲梁,由于没有横力的作用,又假设纵向纤维无挤压,横截面上只有正应力,相当于单向拉伸压缩应力状态,在线弹性阶段,横截面上距离中性轴为 y 的点的正应力为

$$\sigma = \frac{My}{I}$$

最大应力出现在正应力最大的上下边缘处,显然,塑性变形也从这里首先出现,若以 M_s 表示此时的弯矩,则

$$M_s = \frac{I\sigma_s}{y_{max}}$$

随着荷载的继续增加,塑性区会继续扩大,且塑性区失去了继续增大承载能力,应力保持为常量 σ_s,正应力在截面上的分布情况如图 18.8(b)。

随着荷载再继续增加，最后将使所有区域均屈服，此时达到了极限状态，见图 18.8（c），在这种情况下，截面上的拉应力和压应力均等于屈服应力，即 $\sigma = \sigma_s$。

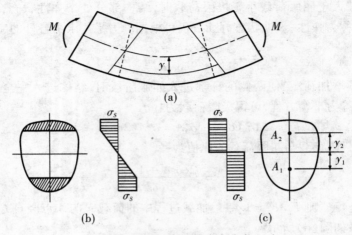

图 18.8　纯弯梁的应力分布

从截面的形状可以看出，中性轴将截面分为受拉区和受压区，其面积分别为 A_1 和 A_2，截面上的静力平衡方程为

$$\int_A \sigma \mathrm{d}A = \int_{A_1} \sigma_s \mathrm{d}A - \int_{A_2} \sigma_s \mathrm{d}A = \sigma_s(A_1 - A_2) = 0$$

$$\therefore \ A_1 = A_2 = \frac{A}{2}$$

据此可以求出极限状态下的弯矩，称为极限弯矩，记为 M_u

$$M_u = \int_A y\sigma_s \mathrm{d}A = \sigma_s\left(\int_{A_1} y\mathrm{d}A + \int_{A_2} y\mathrm{d}A\right) = \sigma_s(A_1 y_1 + A_2 y_2) \quad (18.25)$$

式中，y_1 和 y_2 分别为 A_1 和 A_2 的形心到中性轴的距离，根据 A_1、A_2 与 A 的关系，上式可改写为

$$M_u = \frac{A}{2}\sigma_s(y_1 + y_2) \quad (18.26)$$

需要注意的是，在极限状态下，中性轴将截面分为面积相等的受拉区和受压区，但中性轴不一定通过截面形心，只有当截面有相互垂直的两个对称轴时，中性轴才通过形心。

从前边讨论可知，如果按弹性设计方法，M_s 就是设计的弯矩，极限弯矩与屈服弯矩的比值为

$$\frac{M_u}{M_s} = \frac{A(y_1 + y_2)y_{max}}{2I} \qquad (18.27)$$

对于矩形截面,有 $M_u/M_s = 1.5$。可见从开始塑性变形到极限弯矩,截面的承载力增加了 50%。不同的截面,两者的比值不同,现将几种常见的截面的 M_u/M_s 列出于表 18-2 以供参考。

表 18-2　几种常见截面的 M_u/M_s 值

截面形状				
$\dfrac{M_u}{M_s}$	1.15-1.17	1.27	1.5	1.7

【例 18.3】　图示的 T 形截面梁的屈服极限为 $\sigma_s = 235 \text{ MPa}$,试求该梁的极限弯矩。

解: 根据公式,中性轴将截面分为面积相等的两部分,设中性轴 z' 距离翼缘的 y,根据面积 A_1 与 A_2 相同,可得

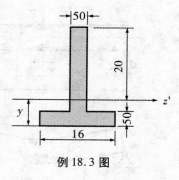

例 18.3 图

$$A_1 = (160 - 50) \times 50 + y \times 50$$
$$= (200 + 50 - y) \times 50 = A_2$$
$$y = 70 \text{ mm}$$

分别计算 A_1 与 A_2 的形心到中性轴的距离

$$y_1 = 70 - \frac{25 \times 160 \times 50 + 60 \times 50 \times 20}{160 \times 50 + 50 \times 20} = \frac{130}{3} \text{ mm} , y_2 = 90 \text{ mm}$$

将 y_1 和 y_2 代入式 18.6,可得

$$M_u = \frac{A}{2}\sigma_s(y_1 + y_2)$$

$$= 9000 \text{ mm}^2 \times 235 \text{ MPa} \times \left(\frac{130}{3} + 90\right) \text{ mm} = 277.3 \text{ kN} \cdot \text{m}$$

18.3　梁的非线性横力弯曲

实际工程中的梁大多处于横力弯曲状态下,截面上既有弯矩又有剪力,同

材料力学（Ⅱ）

弹性状态弯曲一样，在研究横力弯曲的塑性变形过程中，剪力的影响仍然可以忽略。下面以简支梁为例说明变形的过程。如图 18.9(a)所示在跨中受集中荷载 F 作用的矩形截面简支梁，易见跨中的弯矩最大，因此跨中截面最先出现塑性变形，且上下边缘处最先出现，然后才向支座处扩散，如图 18.9(a)所示的阴影部分表示的即为某一荷载下梁内塑性变形的出现区域，将跨中截面取出，建立坐标轴，将塑性变形部分用阴影表示，在塑性区内 $\sigma = \sigma_s$，在弹性区域内 $\sigma = \sigma_s \dfrac{y}{\eta}$，$\eta$ 为 x 截面处塑性区和弹性去的分界线到中性轴的距离，所以 x 截面上的弯矩为

$$M = \int_A y\sigma \mathrm{d}A$$

$$= 2\left(\int_\eta^{h/2} y\sigma_s \cdot b\mathrm{d}y + \int_0^\eta y\sigma_s \frac{y}{\eta} \cdot b\mathrm{d}y\right) = b\left(\frac{h^2}{4} - \frac{\eta^2}{3}\right)\sigma_s \qquad (18.28)$$

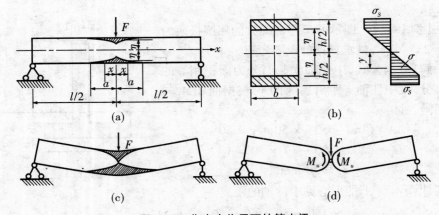

图 18.9　集中力作用下的简支梁

根据外力也可以计算该截面的弯矩为

$$M = \frac{F}{2}\left(\frac{l}{2} - x\right)$$

应力合成的弯矩和外力计算的弯矩应该相等，所以有

$$\frac{F}{2}\left(\frac{l}{2} - x\right) = b\left(\frac{h^2}{4} - \frac{\eta^2}{3}\right)\sigma_s \qquad (18.29)$$

该方程为梁内塑性区的边界方程。设当开始出现塑性变形的截面坐标为 a 时，跨中截面全部变为塑性变形区域，如图 18.9(c)所示，在式(18.29)中，令 $x = a$，$\eta = h/2$，得

$$\frac{F}{2}\left(\frac{l}{2} - a\right) = \frac{bh^2}{6}\sigma_s$$

由此可得塑性区长度为

$$2a = l\left(1 - \frac{bh^2}{6}\sigma_s \cdot \frac{4}{Fl}\right) = l\left(1 - \frac{M_1}{M_{max}}\right) \tag{18.30}$$

其中，$M_1 = \dfrac{bh^2}{6}\sigma_s$，$M_{max} = \dfrac{Fl}{4}$。

随着荷载的增加，跨中截面上的最大弯矩首先达到极限值 M_u，由于材料是理想弹塑性的，该截面上的拉应力和压应力大小均保持为 σ_s，此时截面上的弯矩不再变化，因此荷载也不能再增加，但转动却不会停止，相当于截面上有一个铰链，铰链两侧的力偶矩为极限弯矩 M_u，如图 18.9(d) 所示。此处的铰称为塑性铰，此时梁变为一个机构，可以绕着塑性铰在 M_u 作用方向上转动，梁丧失了继续增大承载能力。

当跨中截面达到极限弯矩 M_u 时的荷载就是极限荷载 F_u，此时

$$F_u = \frac{4M_u}{l} \tag{18.30}$$

若梁的截面为矩形，$M_u = \dfrac{bh^2}{4}\sigma_s$，因此 $F_u = \dfrac{bh^2\sigma_s}{l}$。在静定结构中，极限荷载分析方法类似。

对于超静定结构有多个多余约束，个别截面上出现塑性铰时，整个结构不一定达到极限状态，如图 18.10 所示的超静定梁，在弹性阶段，按超静定梁分析，得弯矩图如图 18.10(b) 所示，最大弯矩出现在 A 端，随着荷载逐渐增加，显然 A 端首先出现塑性铰，整个结构相当于图 18.10(c) 所示的静定结构，A 端的弯矩为 M_u，可根据截面全部进入塑性区域计算得到，此时结构仍然具有一定的承载能力，随着荷载继续增加，截面 C 也出现塑性铰，整个结构变为机构，此时的荷载才是极限荷载。

为了求出极限荷载，选取如图 18.10(d) 所示的机构，根据平衡方程，塑性铰两侧的弯矩为极限弯矩，取 BC 段进行研究，对 C 点取矩，有

$$\sum M_C = 0 \qquad R_B = \frac{2M_u}{l}$$

再取整梁为研究对象，对 A 点取矩，有

$$\sum M_A = 0,\ R_B l - F_u \cdot \frac{l}{2} + M_u = 0$$

由此可得

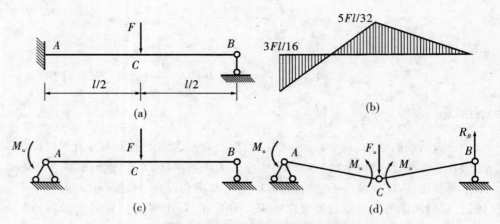

图 18.10　集中力作用下的超静定梁

$$F_u = \frac{6M_u}{l} \qquad (18.31)$$

可见在超静定梁的塑性分析中,确定了梁的极限状态,由静力学可以直接得到极限荷载,比弹性分析简单得多。

【**例** 18.4】　一端固定一端简支的梁受均布荷载,试分析其极限弯矩。

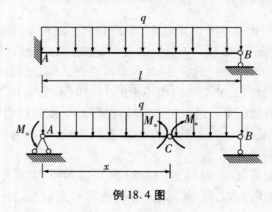

例 18.4 图

解:在弹性阶段分析,梁的最大弯矩出现在 A 端,最先出现塑性铰的是 A 端,此时梁仍然有一定的承载能力,继续增大荷载,A 端的弯矩为保持为 M_u,当达到极限荷载 q_u 时,距离 A 端 $x = c$ 处的 C 截面处也形成一个塑性铰,C 截面的弯矩为

$$M_c = \frac{q_u l}{2}x - \frac{q_u}{2}x^2 - \frac{M_u(l-x)}{l} = M_u$$

同时 C 截面弯矩为极大值,即

$$\frac{dM_c}{dx} = \frac{q_u l}{2} - q_u x + \frac{M_u}{l} = 0$$

上二式联立解之,得

$$x = c = l(2 - \sqrt{2})\ ,\ q_u = \frac{2M_u}{l^2(3 - 2\sqrt{2})}$$

【例 18.5】　在均布荷载作用下的超静定梁如图所示,求极限荷载 q_u。

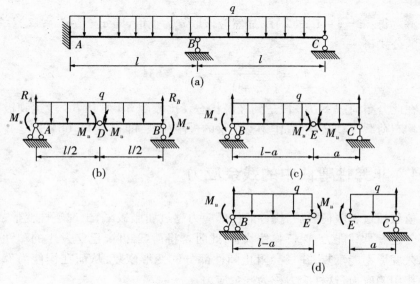

例 18.5 图

解:极限状态分为两种情况,AB 端或 BC 段变为机构极限荷载为上述两种情况较小的荷载。

要使 AB 跨变为机构,除了 A、B 截面变为塑性铰外,在跨中某一截面 D 处形成塑性铰(图(b))。由于结构对称,D 一定位于 AB 跨的跨中,且 $R_A = R_B = \dfrac{ql}{2}$,对 AD 部分列平衡方程,对 D 取矩有

$$M_D = 0 \qquad R_A \frac{l}{2} - 2M_u - \frac{q}{2}\left(\frac{l}{2}\right)^2 = 0$$

解之得：$q = \dfrac{16M_u}{l^2}$。在此分布荷载下，AB 段达到极限状态。

要使 BC 跨变为机构，除了 B 截面变为塑性铰外，还需要在跨内某一截面 E 上形成塑性铰，设截面 E 距离 C 支座的距离为 a，此时 E 截面两侧的弯矩为 M_u，且 E 截面的弯矩为整个梁的弯矩的极大值，取 BE 和 EC 段为研究对象，列平衡方程有

$$\sum M_C = 0，M_u - \frac{q}{2}a^2 = 0$$

$$\sum M_B = 0，2M_u - \frac{q}{2}(l-a)^2 = 0$$

解之得：$a = (-1 \pm \sqrt{2})l$，显然应该取 a 为正值，即 $a = (-1 + \sqrt{2})l$，代入上面的公式得

$$q = \frac{2M_u}{(\sqrt{2}-1)^2 l^2} = 11.66 M_u / l^2$$

在此分布荷载下，BC 段达到极限状态。比较令 AB 段和 BC 段达到极限状态的均布荷载，应取较小值作为整个梁的极限荷载，即 $q_u = 11.66 M_u / l^2$。

18.4 非弹性弯曲中的残余应力

荷载超过屈服荷载后，构件的局部应力超过屈服极限，出现塑性变形，但其他部分还有承载能力，保持弹性状态，此时若将荷载卸除，已经发生的塑性变形是永久变形不能恢复，并且会阻止弹性部分的变形恢复，从而在构件内部产生相互作用的应力，这种应力称为残余应力。

下面以矩形截面梁为例说明残余应力的计算，如图所示，纯弯矩形截面梁为理想弹塑性材料，设在荷载作用下，梁内某一截面已经部分屈服（图 18.11a），卸载的过程可以想象为增加一个逐渐增加且与原弯矩方向相反的弯矩，当两个弯矩数值上相等时，认为载荷已经完卸除，由于卸载过程较慢，可以认为应力应变关系是线性的（图 18.11b），卸载时加的弯矩对应的应力在截面内也是按线性分布的（图 18.11c），整个截面上的残余应力就是初始弯矩与卸载弯矩产生应力的叠加，如图 18.11（d）所示。

对于此类具有残余应力的梁，如果在卸载后再加载与第一次加载方向相同的弯矩，则应力应变关系将沿图 18.11（b）所示的直线 $d'd$ 变化，且新增的应力同样沿截面高度线性变化。对于截面最外边缘，残余应力的方向与原加载弯矩

产生应力方向相反,因此若第二次加载想在最外边缘产生塑性变形,需先平衡残余应力,可见,残余应力的出现可以提高第二次加载的弹性范围,但前提是两次加载弯矩方向相同,如果两次加载方向相反则适得其反。

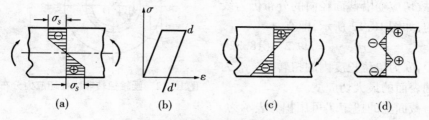

(a)　　　　　(b)　　　　　(c)　　　　　(d)

图 18.11　矩形截面梁残余应力分布

【例 18.6】　某矩形截面梁形成塑性区后,其截面应力分布如图 18.9(b)所示,现将荷载卸除,求截面上的残余应力。设材料为理想弹塑性材料。

解: 当截面出现塑性区后,根据式(18.30),截面上的弯矩可以表示为

$$M = b\sigma_s\left(\frac{h^2}{4} - \frac{\eta^2}{3}\right)$$

此时梁内的最大应力为屈服应力 σ_s。

卸载过程相当于施加一大小相等,方向相反的弯矩,且其产生的应力按线弹性公式计算,最大应力为

$$\sigma = \frac{M}{W} = \frac{6}{bh^2} \cdot b\sigma_s\left(\frac{h^2}{4} - \frac{\eta^2}{3}\right) = \frac{\sigma_s}{2}\left(3 - \frac{4\eta^2}{h^2}\right)$$

卸载的最大应力与初始最大应力,得截面外边缘处的残余应力为

$$\sigma - \sigma_s = \frac{\sigma_s}{2}\left(1 - \frac{4\eta^2}{h^2}\right)$$

产生的残余应力在上边缘处为拉应力,在下边缘处为压应力。

18.4　**非线性扭转问题**

18.4.1　圆轴非线性扭转

在弹塑性情况下或材料不符合虎克定律时,在第 3 章中涉及的圆轴扭转切应力计算公式将不适应应力的计算。这时可使用纳达依公式计算试样外表面的真实切应力。

当剪切胡克定律不成立时,虽然切应力沿圆轴截面径向的分布是非线性的,但此时仍可认为横截面为刚性转动,故切应变沿截面径向的分布仍为线性的,如图 18.12 所示,即有

$$\gamma = r\theta, \ \gamma_0 = D\theta/2 \quad (18.32)$$

其中,θ 为单位长度内的扭转角,γ_0 为圆轴表面的最大切应变。

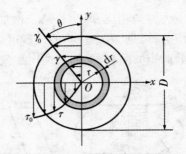

图 18.12　圆轴扭转非线性切应力分布

截面上的扭矩 T 可用积分表示为

$$T = \int_0^{D/2} r(2\pi r \mathrm{d}r)\tau = 2\pi \int_0^{D/2} \tau\ r^2 \mathrm{d}r = \frac{2\pi}{\theta^3} \int_0^{\gamma_0} \tau\ \gamma^2 \mathrm{d}\gamma$$

其中,γ_0 为圆轴表面的最大切应变。将其变形为

$$\int_0^{\gamma_0} \tau\ \gamma^2 \mathrm{d}\gamma = \frac{1}{2\pi} T\theta^3 \quad (18.33)$$

式(18.33)两边对 γ_0 微分,得

$$\tau_0\ \gamma_0^2 = \frac{1}{2\pi}\Big(3T\theta^2 + \theta^3 \frac{\mathrm{d}T}{\mathrm{d}\theta}\Big)\frac{\mathrm{d}\theta}{\mathrm{d}\gamma_0}$$

因 $\mathrm{d}\theta/\mathrm{d}\gamma_0 = 2/D$,故位于圆轴表面处的最大切应力为

$$\tau_0 = \frac{4}{\pi D^3}\Big(3T + \theta \frac{\mathrm{d}T}{\mathrm{d}\theta}\Big) \quad (18.34)$$

此式称为纳达依公式,可适用于一切材料圆截面试样的弹塑性扭转问题。

对于等截面圆轴,设 φ 为圆轴两端之间的相对扭转角,由关系 $\theta(\mathrm{d}T/\mathrm{d}\theta) = \varphi(\mathrm{d}T/\mathrm{d}\varphi)$,上式可表为另一形式

$$\tau_0 = \frac{4}{\pi D^3}\Big(3T + \varphi \frac{\mathrm{d}T}{\mathrm{d}\varphi}\Big) = \frac{4}{\pi D^3}(4T - T_1) \quad (18.35)$$

其中,$T_1 = T - \varphi(\mathrm{d}T/\mathrm{d}\varphi)$,它表示 T-φ 曲线上任一点 A 处的切线与 T 轴的交点纵坐标,如图 18.13 所示。在已知 T-φ 曲线方程的情况下,利用式(18.35)即可计算圆轴表面的最大切应力。如果 T-φ 曲线方程未知,式(18.35)也提供了通过试验作图确定最大切应力的途径。该公式实际上已应用于任何材料扭转真实应力的测定。

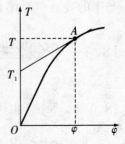

图 18.13　T-φ 曲线

如果圆轴为理想弹塑性材料制成,T-φ 曲线如图 18.14(a)所示。开始扭转时,材料为线弹性的,横截面上的切应力沿半径按线性规律分布,如图 18.14(b)所示,计算公式如下

$$\tau_r = \frac{Tr}{I_p} \tag{18.36}$$

最大切应力出现在截面边缘处。因此随着扭矩的增加,边缘处最先达到材料剪切屈服极限,设剪切屈服极限为 τ_s,此时相应的扭矩为屈服扭矩,记为 T_s,由上式可知

$$T_s = \frac{\tau_s I_p}{D/2} = \frac{1}{16}\pi D^3 \tau_s \tag{18.37}$$

当扭矩继续增加时,截面上的屈服区域逐渐增加,且切应力保持为 τ_s,弹性区域逐渐缩小(图 18.14c),最后只剩下圆心周围一个很小的弹性区域时,圆轴已不能再继续增大承载能力,可以近似认为此时整个截面上的应力是均匀分布的,且切应力均为 τ_s,如图 18.14(d)所示,相应的扭矩保持不变,即达到极限扭矩 T_u。在式(18.34)中,令 $dT/d\theta = 0$,$\tau_0 = \tau_s$,$T = T_u$,或在式(18.35)中令 $\tau_0 = \tau_s$,$T = T_1 = T_u$,可得

$$T_u = \frac{1}{12}\pi D^3 \tau_s \tag{18.38}$$

比较初始屈服扭矩 T_s 和极限扭矩 T_u 的值,$T_u/T_s = 4/3$。可见,从开始屈服到极限状态,扭矩增加了 1/3。

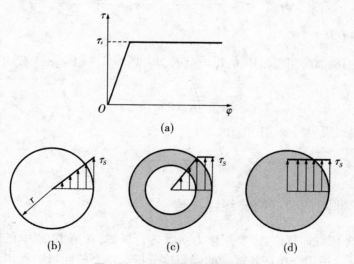

图 18.14　理想弹塑性圆轴扭转

极限扭矩可以认为是屈服扭矩在一个方向上单调增加的结果,在相反方向上却不成立,而机械设备中轴类构件的破坏主要是疲劳破坏,因此极限扭矩的

实际意义有限，它适用于某些承受静载构件的计算。

【例 18.7】 一空心圆截面轴如图所示，材料为低碳钢，可视为理想弹塑性材料，试求其极限扭矩 T_u 和屈服扭矩 T_s 之比。

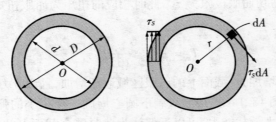

例 18.7 图

解： 当扭矩达到极限扭矩 T_u 时，轴横截面上每一点的切应力都达到材料的剪切屈服极限 τ_s，此时 T_u 为

$$T_u = \int_A r\tau_s \, dA$$

将式中的 dA 用环状面元 $2\pi r dr$ 表示，则有

$$T_u = 2\pi\tau_s \int_{d/2}^{D/2} r^2 \, dr = \frac{\pi(D^3 - d^3)}{12}\tau_s = \frac{\pi D^3(1 - \alpha^3)}{12}\tau_s$$

其中，$\alpha = d/D$。

空心圆截面的屈服扭矩为 $T_s = W_p\tau_s$，将 $W_p = \frac{\pi D^3}{16}(1 - \alpha^4)$ 代入，则

$$T_s = \frac{\pi D^3}{16}(1 - \alpha^4)\tau_s$$

所以，极限扭矩与屈服扭矩的比值为

$$\frac{T_u}{T_s} = \frac{4}{3} \cdot \frac{1 - \alpha^3}{1 - \alpha^4}$$

18.4.2 非圆截面杆的非线性扭转

对于非圆截面杆件，需要用应力函数进行求解，在第 12 章中已作过说明，方程（12.11）适用于扭杆各截面的弹塑性分析。在全塑性扭矩作用下，截面上各点的总切应力为 $\tau = \tau_s$，因此，从方程（12.11）和（12.27）可得出

$$\tau^2 = \tau_{zx}^2 + \tau_{yz}^2 = \left(\frac{\partial \Phi}{\partial x}\right)^2 + \left(\frac{\partial \Phi}{\partial y}\right)^2 \tau_s^2 \tag{18.39}$$

方程（18.38）唯一地确定扭杆在全塑性条件下的应力函数 $\Phi(x, y)$，该方程

第 18 章 非线性变形问题

中并未出现单位长度扭转角,所以扭杆的变形在全塑性扭矩下无法确定。对于扭转应力函数,在边界上 $\Phi(x,y)=0$;而方程(18.38)表明截面上各点 Φ 的斜度绝对值为常数 τ_s;因此,某点 Φ 值等于 τ_s 乘以离它最近边界的垂直距离。常数 Φ 的等值线垂直于最大斜度方向,因而,平行于距离最近的边界。Nadai 提出的砂堆比拟法可以用于分析全塑性扭转分析。砂堆外表面即代表应力函数 Φ 曲面。对于边长为 $2a$ 的方截面,其比拟砂堆为角锥体。方截面的应力函数 Φ 是高为 $\tau_s a$ 的角锥体。方截面的极限扭矩 T_u 可用角锥体体积两倍比拟,而角锥体体积等于底面积乘以高的 $1/3$,所以

$$T_u = 2\left[\frac{1}{3}(2a)^2 \tau_s a\right] = \frac{8}{3}\tau_s a^3 \tag{18.40}$$

表 18.3 中列出了几种常见截面的极限扭矩表达式,并给出了与同一截面下最大弹性解进行了比较。从表中可看出,若能使屈服扩展到整个截面,则所以考虑截面的承载能力将得到明显提高。

表 18.3 五种常见截面的 θ_s、T_s、T_u 和 T_u/T_s

截面形状	屈服扭矩 T_s 和单位扭转角 θ_y	极限扭矩 T_u	比值 T_u/T_s
方形(边长 $2a$)	$T_s = 1.664\tau_s a^3$ $\theta_y = 1.475\tau_s/(2Ga)$	$8\tau_s a^3/3$	1.605
矩形(高 $2h$,宽 $2b$) $h/b=2$ $h/b=\infty$	$T_s = 3.936\tau_s b^3$ $\theta_y = 1.074\tau_s/(2Ga)$ $T_s = 8\tau_s hb^2/3$ $\theta_y = \tau_s/(2Ga)$	$20\tau_s b^3/3$ $4\tau_s hb^3$	1.69 1.50
等边三角形(高 h)	$T_s = 2\tau_s h^3/(15\sqrt{3})$ $\theta_y = 2\tau_s/(Ga)$	$2\sqrt{3}\tau_s h^3/27$	1.67
圆形(半径 r)	$T_s = \pi\tau_s r^3/2$ $\theta_y = \tau_s/(Ga)$	$2\pi\tau_s r^3/3$	1.33

对于空心扭杆,其极限扭矩计算方法类似于计算空心扭杆的弹性扭矩时所用的分析方法,这是因为在扭杆的空心区,应力函数 Φ 仍为常数,是斜度为零的平顶面。砂堆比拟法也可用于空心扭杆的极限扭矩分析。对于等壁厚空心扭杆,极限扭矩 T_u 可以用具有外截面边界实心扭杆的极限扭矩 $T_{u实}$ 减去与空心区

同截面的实心扭杆的极限扭矩 $T_{u空}$ 而获得,即 $T_u = T_{u实} - T_{u空}$。

其他开口和闭口薄壁截面扭杆全塑性扭矩计算公式可参考相关书籍或设计手册。

思考题

思考题18.1　适用于线弹性小挠度梁的曲率与挠度关系式 $\dfrac{1}{\rho} = \dfrac{\mathrm{d}^2 y}{\mathrm{d}x^2}$ 是否仍适用于非弹性或非线性弹性的小挠度梁?

思考题18.2　早在胡克定律发表之前约1500年,我国汉代古籍中就有一段有缺的记载。东汉经学家郑玄(公元127～公元200年)对《考工记·弓人》中"量其力,有三均"作注释时写道:"假令弓力胜三石,引之中三尺,弛其弦,以绳缓擐之,每加物一石,则张一尺。"这句话的大意是:假定弓能承受三石的力,相应地它中央的挠度为三尺,若弦卸下,用绳套着弓的两端,则每加一石的重物,它就张开一尺。请问:当研究力与变形的关系时,在张弓射箭测量弓力的过程中,是否始终都符合上述线性规律? 在材料力学的学习中,除了线弹性问题之外,你是否还遇到过受弯构件的非线性弹性问题? 试举例说明。

思考题18.3　设有一矩形梁,截面宽度为 $b = 600$ mm,高度为 $h = 1\,200$ mm,承受的弯矩为 $M = 128$ kN·m,梁的受拉弹性模量 $E_t = 1$ GPa,受压弹性模量 $E_c = 4$ GPa,试确定梁中性轴的位置。

思考题18.4　试比较弹性变形与塑性变形的主要特征。

思考题18.5　在考虑材料塑性的极限分析中,作了哪些假设?

思考题18.6　为什么在拉压静定结构中,考虑塑性极限分析不能提高结构的承载能力,而在等直杆的扭转和梁的对称弯曲中,考虑塑性极限分析却能提高结构的承载能力?

思考题18.7　塑性铰和真实的铰之间的区别是什么? 在静定梁和一次超静定梁中,各出现几个塑性铰,整个梁才达到极限状态? 为什么?

思考题18.8　设材料拉伸的应力应变关系为 $\sigma = C\varepsilon^n$,其中 C 及 n 均为常量,且 $0 \leqslant n \leqslant 1$。压缩时的应力应变关系与拉伸相同。梁截面为矩形,高为 h,宽为 b。试推导纯弯曲时弯曲正应力的计算公式。

习题

习题18.1　有一矩形截面梁(宽度为 b,高度为 h),其材料的应力应变满足方程:

$$\sigma = B_1 \varepsilon - B_2 \varepsilon^2$$

其中 B_1 和 B_2 均为常数,受压图与受拉图相同,假设最大应变为 ε_1 ,试推导梁的最大抵抗弯矩 M 的公式。

习题 18.2　一组合圆筒,承受荷载 F,如图所示,内筒材料为低碳钢,横截面积为 A_1,弹性模量为 E_1,屈服极限为 σ_{s1};外筒材料为铝合金,横截面积为 A_2,弹性模量为 E_2,屈服极限为 σ_{s2}。假设两种材料均为理想化弹塑性材料,其应力应变关系如图所示,试求组合筒的屈服荷载 F_s 和极限荷载 F_u。

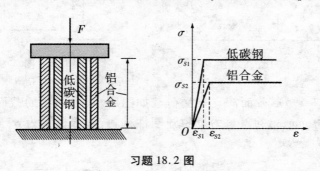

习题 18.2 图

习题 18.3　图示结构的水平杆为刚杆,1,2 杆由同一材料制成,且均为理想弹塑性材料,横截面面积均为 A,试求结构的屈服荷载 F_s 和极限荷载 F_u。

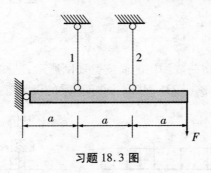

习题 18.3 图

习题 18.4　例题 18-1 中的超静定结构,若在荷载达到极限荷载 $F_u = \sigma_s A(1 + 2\cos\alpha)$ 后,卸除荷载,试求中间杆 3 的残余应力。

习题 18.5　在图示梁的横截面 C 和 D 上,作用集中力 F 和 βF,这里 β 是一个正系数,且 $0 < \beta < 1$。试求极限荷载 F_u。并问 β 为何值时,梁上的总荷载的极限值最大。

习题 18.6　图示 T 形截面梁的材料可视为理想弹塑性材料，其屈服极限为 $\sigma_s = 235$ MPa。试求该梁的极限弯矩。

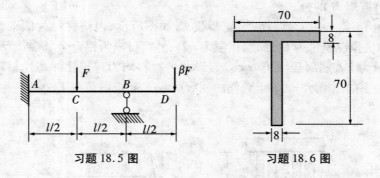

习题 18.5 图　　　　　　习题 18.6 图

习题 18.7　矩形截面简支梁受荷载如图所示，已知梁的截面尺寸为 $b = 60$ mm，$h = 120$ mm，梁的材料为理想弹塑性材料，屈服极限为 $\sigma_s = 235$ MPa。试求该梁的极限弯矩。

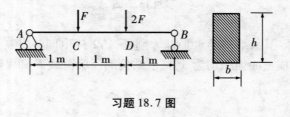

习题 18.7 图

习题 18.8　受均布荷载作用的简支梁如图所示，已知该梁的材料为理想弹塑性材料，屈服极限为 $\sigma_s = 235$ MPa。试求该梁的极限弯矩。

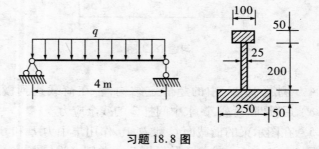

习题 18.8 图

习题 18.9　圆轴扭转达到极限状态后卸载，试求卸载后的残余应力。

习题 18.10　等直圆轴的截面形状如图所示,实心圆轴的直径 $d = 60$ mm,空心圆轴的内外径分别为 $d_0 = 40, D_0 = 80$ mm。材料可视为理想弹塑性材料,其剪切屈服极限为 $\tau_s = 160$ MPa。试求两轴的极限扭矩。

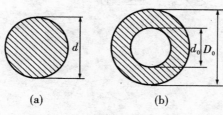

(a)　　　　　　(b)

习题 18.10 图

习题参考答案

答案 18.1　$M = \dfrac{bh_2}{6}(B_1\varepsilon_1)\left(1 - \dfrac{3}{4}\dfrac{B_2\varepsilon_1}{B_1}\right)$

答案 18.2　$F_s = \sigma_{s1}A_1 + E_2\varepsilon_{s1}A_2$；$F_u = \sigma_{s1}A_1 + \sigma_{s2}A_2$

答案 18.3　$F_s = \dfrac{5}{6}\sigma_s A$；$F_u = \sigma_s A$

答案 18.4　杆 3 的残余应力为：$\sigma_{03} = -2\cos\alpha\,\dfrac{1 - \cos^2\alpha}{1 + 2\cos^3\alpha}\cdot\sigma_s$

答案 18.5　$\beta \geqslant \dfrac{1}{4}$ 时,$F_u = \dfrac{2M_u}{\beta l}$；$\beta \leqslant \dfrac{1}{4}$ 时,$F_u = \dfrac{6M_u}{(1-\beta)l}$；$\beta = \dfrac{1}{4}$ 时,梁上总荷载的极限值最大。

答案 18.6　$M_u = 3.66$ kN·m

答案 18.7　$F_u = 304.6$ kN

答案 18.8　$q_u = 226.9$ kN/m

答案 18.9　卸载后的残余应力,圆轴中心处为 τ_s,边缘处为 $\dfrac{1}{3}\tau_s$

答案 18.10　实心轴 $T_u = 9.04$ kN·m,空心轴 $T_u = 18.7$ kN·m

第 19 章　蠕变力学基础

19.1　概述

19.1.1　蠕变的概念

观察许多材料在拉伸载荷下的变形规律可以发现,在温度不变、载荷不变的条件下,试样的变形会随时间的增长而缓慢增加,这一与时间相关的变形过程称为蠕变。蠕变的英文单词为 creep,原意为蔓延、爬行,在描述材料变形时意译为蠕变(或徐变),表明具有时间效应的含义。

在常温环境下,大多数金属材料的蠕变变形通常很小,可以忽略不计,但对某些金属材料(如铅、铝等)和高分子聚合物(如有机玻璃、橡胶等)就不能忽视。然而,在高温情况下,材料的蠕变变形是必须要考虑的。同时,材料的机械性能是与温度相关的,例如钢铁在温度超过 300 ℃时,其弹性模量、屈服极限、强度极限明显随温度升高而减低,并在一定温度下受加载速率(或应变速率)的影响。材料在高温下受载会发生显著的塑性流动,以致经过一定时间过渡会导致金属部件破坏。许多工程事故都与蠕变有关,如 1974 年美国 Tennessee 州一台蒸汽涡轮机在运行 106 000 h 后发生的爆炸事故,经分析就断定为蠕变与低周疲劳交互作用所致;国内一些旧锅炉的爆炸事故也时常发生,这种事故实际上与锅炉长期在高温下工作的蠕变密切相关。也许读者有过家里的吊灯经过一定期限的使用后而突然坠落的经历,这多数是固定吊灯的承力塑料件(如膨胀栓、托盘等)因蠕变松动或断裂惹的祸。

蠕变现象早在 18 世纪就已引起人们的注意,1883 年法国的维卡特(Vicat)曾对钢索进行了试验,并作了定量分析;1910 年英国物理学家 Andrade 发表了他的基本理论研究成果,并首次使用"creep"这个力学术语。之后对蠕变问题的研究基本沿着两个方向:一是从微观角度出发,研究蠕变机制及冶金因素对蠕变特性的影响,以提高金属的蠕变抗力,致力于耐高温合金的制造;二是以实验为基础,从观察宏观蠕变现象着手,建立描述蠕变规律的理论,着力于研究构件在蠕变情况下应力应变的计算与寿命估算。前者属于金属物理学研究范畴,而后者则属于连续介质力学的研究范畴。由于工程实际应用的需要,蠕变力学已发展成为固体力学的一个重要分支。

19.1.2　蠕变与松弛曲线

(1)蠕变曲线　在一定温度下对单向应力试样加载并保持应力不变的试验,可得到典型的应变-时间曲线如图 19.1 所示,称为蠕变曲线。图中 ε_0 为瞬时应变,ε_c 为蠕变应变。Andrade 指出,典型蠕变变形可分为三个变形阶段:

第 I 阶段——图中 AB 曲线段,蠕变速率不断降低,材料发生硬化的阶段,称为不稳定蠕变(或过渡蠕变)阶段。

第 II 阶段——BC 直线段,蠕变速率达到最小值,通常这个阶段比较长,称为稳定蠕变(或稳态蠕变)阶段。

第 III 阶段——CD 曲线段,蠕变速率快速上升(材料在 C 点开始发生局部收缩变形),蠕变变形迅速发展,直到材料破坏,故称为破坏阶段。

蠕变曲线随应力水平不同而剧烈变化(图19.2)。在高应力下,蠕变的第 II 阶段几乎消失,而许多材料又显出低应力下不出现第 III 阶段。

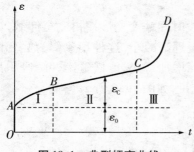

图 19.1　典型蠕变曲线

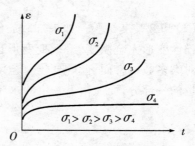

图 19.2　不同应力下的蠕变曲线

(2)应力松弛　当试样的变形在恒温下保持不变时(即变形固定),可以发现试样的应力随时间呈减小趋势,这种现象称为应力松弛,简称松弛。产生应力松弛的原因,是由于材料的总应变量是固定的,蠕变应变 ε_c 的不断增加,势必引起弹性应变 ε_e 的不断减小,弹性变形转化成为蠕变变形,按照胡克定律,$\varepsilon_e = \sigma/E$,因此,应力 σ 也应相应地减小。在松弛过程中,随时间增加的蠕变变形与前述蠕变现象性质相同,因此可以说松弛是蠕变的另一表现形式。

对试样进行定伸长拉伸试验,可以观察到应力松弛过程如图 19.3 所示,这种曲线称为松弛曲线。松弛曲线在一开始下降比较快,以后逐渐缓慢,最终趋

于某极限值 σ_r。

19.1.3　变应力下的蠕变

为了进一步了解变应力情况下的蠕变规律,有学者曾进行过阶梯加载试验、卸载试验与多次加卸载试验。

（1）阶梯加载蠕变试验　如果对试样进行阶梯形加载,得到的典型蠕变曲线如图 19.4 所示;阶梯加载的蠕变后续段在开始变载处有硬化现象,以后逐渐与高一级应力水平下的蠕变曲线吻合。

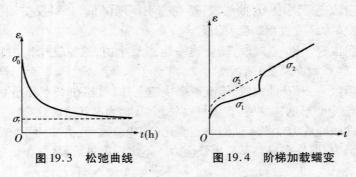

图 19.3　松弛曲线　　　　图 19.4　阶梯加载蠕变

（2）卸载蠕变试验　如果加载后经过一段时间蠕变变形期再完全卸载,试样除弹性变形完全恢复外,蠕变变形也在缓慢逐渐减小,这种现象称为蠕变恢复。对大多数材料而言,蠕变恢复量随时间而增加,但只能恢复第一阶段积累蠕变量的一部分,而遗留下一定的永久性应变量,如图 19.5 所示。

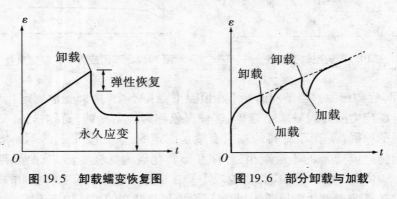

图 19.5　卸载蠕变恢复图　　　图 19.6　部分卸载与加载

如果在预蠕变后进行部分卸载,会发现蠕变暂停现象,经过短期恢复后继续蠕变;如果再重新加载到原值,开始时蠕变速率比卸载时蠕变速率高,但很快会恢复到正常蠕变速率值,如图 19.6 所示。观察结果表明,部分卸载引起的蠕变恢复量是很小的,在应力缓慢变化时,反蠕变因素可以忽略,但在周期应力作用下,蠕变恢复则是一个需要考虑的重要因素。

19.1.4　蠕变机制

工程中对蠕变应力的分析主要依据唯象学方法,基于宏观试验资料来建立表征材料特性的数学模型。然而,目前有三种理论有助于人们从微观上理解蠕变现象,这就是位错蠕变理论、扩散蠕变理论和晶界滑移理论。

位错蠕变理论认为,在高温下原子热运动加剧,可以使材料中的的缺陷(称为位错)从障碍中解放出来,引起蠕变。位错运动除产生滑移外,位错攀移也能产生宏观上的形变。在一定温度下,热运动的晶体中存在一定数量空位和间隙原子;位错线处一列原子由于热运动移去成为间隙原子或吸收空位而移去;位错线移上一个滑移面。或其他处的间隙原子移入而增添一列原子,使错位线向下移一个滑移面。位错在垂直滑移面方向的运动称为位错的攀移运动,见图19.7。

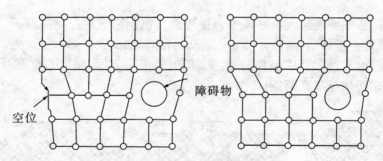

图 19.7　位错攀移图

滑移和攀移的区别是滑移与外力有关,而攀移与晶体中的空位和间隙原子的浓度及扩散系数等有关。

扩散蠕变理论是把蠕变过程看成是外力作用下沿应力作用方向扩散的一种形式。受拉晶界与受压晶界应力造成空位浓度差,质点由高浓度向低浓度扩散,即原子迁移到平行于压应力的晶界,导致晶粒沿受拉方向伸长,引起形变。见图 19.8。

晶界蠕变理论则认为,多晶类物质中存在着大量晶界,当晶界位相差大时,可以把晶界看成是非晶体,因此在温度较高时,晶界黏度迅速下降。外力导致晶界黏滞流动,发生蠕变。

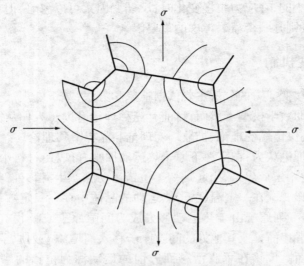

图 19.8　晶粒中原子扩散示意图

实际上,蠕变现象也不好孤立地使用单一机制来解释。在高温下,晶界表现为黏滞性扩散蠕变,与晶界蠕变是互动的,如果蠕变由扩散过程产生,为了保持晶粒聚在一起,就要求晶界滑动,见图 19.9;另一方面,如果蠕变起因于晶界滑动,要求扩散过程来调整。

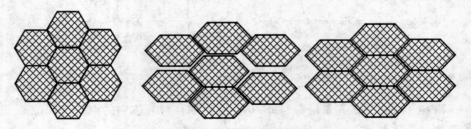

图 19.9　扩散蠕变与晶界滑动

对于材料蠕变机制的判断,须根据具体材料进行具体分析。例如,对于氧化镁多晶的研究表明,与晶界相角的位错难以穿入相邻晶粒。因此在细晶粒材料中控制速率的机制不是永恒的位错运动。由热压或烧结制备的材料在晶界处可能有气孔或第二相,当晶界滑动引起裂纹并在明显呈现塑性之前就破坏。由于参加溶质会提高扩散速率并阻止滑动,所以含有 Fe^{3+} 的 MgO 的蠕变在低应力下完全是扩散蠕变。对于气氛的影响,由于氧分压降低,镁离子的空位浓度下降,因此降低了镁的扩散和蠕变速率,在较高的应力下,更符合位错的攀移机制。对于氧化铝,只有当非基面滑移系统受激活时,才具有可塑性。因此温度低于 2 000 ℃,应力与弹性模量之比小于 10^{-3} 时,必是位错运动以外的其他机制影响并控制着蠕变行为。对于晶粒尺寸为 5 ~ 70 μm 的材料,在 1 400 ~ 2 000 ℃ 范围内铝离子穿过晶格的扩散控制着应变速率。较低温度(<1 400 ℃)和较细的晶粒尺寸(1 ~ 10 μm)下,铝离子沿晶界扩散限制着应变速率。但是对于大晶粒(60 μm)可能由位错机制引起重大作用而变形。

　　应力与温度是对蠕变产生严重影响的两个因素,在 J. T. Boyle 与 J. Spence 的著作中,曾给出一个材料形变机制的概括图(图 19.10),直观地表示不同条件下的形变机制特点。对于特殊材料,它也表示瞬时塑性流变发生的区域及简单弹性变形区域。由图 19.10 可以看到,在 $0.3\,T_{\mathrm{m}}$(T_{m} 为材料熔点)以上的温度下,才需考虑蠕变。

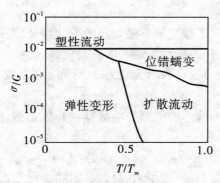

图 19.10　形变机制图

G—剪切模量,T_{m}—熔点

19.2　单向应力蠕变理论

19.2.1　基本蠕变理论

　　根据蠕变试验曲线的形状,寻找一个方程来表达这些曲线并不困难。早在 1910 年,Andrade 就曾提出恒温恒载条件下的蠕变可用下述方程表达

$$\varepsilon_C = (1 + \beta t^g)\,\mathrm{e}^{kt} - 1 \tag{a}$$

式(a)称为蠕变方程。当 $kt<1$ 时,将 e^{kt} 按级数展开,此方程可近似表达为

$$\varepsilon_C = \beta t^g + kt \qquad\qquad (b)$$

式(b)右端的第一项、第二项分别表示第Ⅰ阶段与第Ⅱ阶段的蠕变特征,如图 19.11 所示。常数 β、g、k 与材料、应力和温度有关,其中 g 衡小于 1。

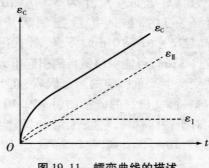

图 19.11　蠕变曲线的描述

上述方程仅仅反映了蠕变变形随时间的变化特征,只能针对材料、温度、应力等特定条件来确定,还不能代表蠕变的一般规律。

一般情况下,蠕变应变可表示为应力 σ、时间 t 和温度 T 的函数,即

$$\varepsilon_C = f(\sigma, t, T)$$

由于在恒应力下不同温度的蠕变曲线存在几何相似性,一般近似地将上式写成因式形式,即

$$\varepsilon_C = f_1(\sigma) f_2(t) f_3(T)$$

由于蠕变现象是复杂的,对于不同材料、不同温度与应力,要用一个通用方程来表达蠕变也是非常困难的,为此人们曾提出不同的假设,以最少的变量来反映蠕变的主要因素,并建议某些函数形式来建立相应的蠕变理论。目前最具代表性的蠕变理论有老化理论、时间硬化理论、应变硬化理论、恒速理论、塑性滞后以及激活能理论等,在常温情况下应用较多的是时间硬化理论与应变硬化理论。激活能理论主要用于变温蠕变情况。

(1)老化理论　Soderberg 提出,当温度 T 一定时,蠕变变形与应力 σ 和时间 t 存在一定关系

$$\varepsilon_C = f(\sigma, t) \qquad\qquad (19\text{-}1)$$

这种观点认为蠕变过程中有时效、扩散、恢复等因素在起作用,但最主要的是金属在高温负荷下所保持的时间。对于金属而言,蠕变的第Ⅰ、第Ⅱ阶段往往具有几何相似性,故式(19.1)又可写成

$$\varepsilon_C = f_1(\sigma)f_2(t) \tag{19.2}$$

工程实际中的许多材料的 $f_1(\sigma) = \sigma^n$，幂指数 n 在 $2 \sim 10$ 之间，即蠕变应变与应力间存在很强的非线性关系。在保持应力不变的情况下，即 $f_1(\sigma) = $ 常数，函数 $f_2(t)$ 就描写了蠕变曲线的形状，当蠕变时间不太长时，它也可以用一个幂函数来表达，即 $f_2(t) = At^m$（$0 < m < 1$），于是得到老化蠕变理论公式为

$$\varepsilon_C = A\sigma^n t^m \tag{19.3}$$

其中，A、n、m 均为材料常数，可由蠕变实验资料确定。

对于松弛情况，因 $\varepsilon_e + \varepsilon_C = \varepsilon(0)$（常量），则有

$$\frac{\sigma}{E} + A\sigma^n t^m = \frac{\sigma(0)}{E}$$

于是，得松弛应力

$$\sigma = \sigma(0) - EA\sigma^n t^m \tag{19.4}$$

按照该理论，当载荷发生突变时，蠕变也应发生突变，这与实际不符。但对于缓慢变化的载荷，理论与实验能够很好地相符，而且计算较为方便，因而该理论在工程设计中得到应用。

【例 19.1】　一超静定桁架有三根等界面直杆组成，如图所示。该桁架在 500 ℃环境下承受集中载荷 P，试按老化理论分析蠕变应力。已知其材料常数 $E = 200$ GPa，$A = 5 \times 10^{-13}$，$n = 2$，$m = 0.7$，及 $P = 20$ kN，截面积 $F = 100$ mm²，$l_1 = 100$ mm。

解：蠕变问题的分析与弹塑性问题的分析类似，须满足平衡、变形协调以及本构关系。

分析节点 C 的受力情况可建立平衡方程

$$\sigma_1 + 2\sigma_2 \cos 45° = \frac{P}{F} \tag{a}$$

变形协调条件为 $\Delta l_1 = \Delta l_2 / \cos 45°$，两边同除 l_1，并注意 $l_1 = l_2 \cos 45°$，得

$$\varepsilon_1 = 2\varepsilon_2 \tag{b}$$

蠕变状态下的本构方程可由 $\varepsilon = \varepsilon_e + \varepsilon_C$ 获得，即

$$\varepsilon_1 = \frac{\sigma_1}{E} + A\sigma_1^n t^m, \quad \varepsilon_2 = \frac{\sigma_2}{E} + A\sigma_2^n t^m \tag{c}$$

利用（a）、（b）、（c）式，及已知常数可解得

$$\sigma_2 = \frac{\dfrac{P}{EF}t^{-m} + A\left(\dfrac{P}{F}\right)^2}{\dfrac{1}{E}(2 + \sqrt{2})\,t^{-m} + 2\sqrt{2}\,\dfrac{A}{F}P}, \quad \sigma_1 = \frac{P}{F} - \sqrt{2}\,\sigma_2$$

当 $t = 0$，可得到弹性初始解

$$\sigma_2(0) = \frac{P}{(2 + \sqrt{2})F} = 58.6 \text{ MPa}, \quad \sigma_1(0) = \frac{P}{F} - \sqrt{2}\sigma_2(0) = 117 \text{ MPa}$$

当 $t \to \infty$ 时，可得稳定解

$$\sigma_2(\infty) = \frac{P}{2\sqrt{2}F} = 70.7 \text{ MPa}, \quad \sigma_1(\infty) = \frac{P}{F} - \sqrt{2}\sigma_2(\infty) = 100 \text{ MPa}$$

由计算结果看出，在蠕变过程中，即使外载不变，应力也会随时间变化而重新分配，但逐渐趋于稳定解。

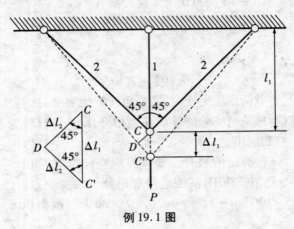

例 19.1 图

【例 19.2】 在上例中略去弹性变形，分析其蠕变应力及 10 000 h 后 C 点的位移 Δ。

解：这时只需将本构关系略去弹性变形部分而变成

$$\varepsilon_1 = A\sigma_1^n t^m, \quad \varepsilon_2 = A\sigma_2^n t^m \tag{d}$$

于是，可由（a）、（b）、（d）解得

$$\sigma_2 = \frac{P}{2\sqrt{2}F}, \quad \sigma_1 = \frac{P}{F} - \sqrt{2}\sigma_2$$

与前例的稳定解相同，蠕变应力也是

$$\sigma_2(\infty) = 70.7 \text{ MPa}, \quad \sigma_1(\infty) = 100 \text{ MPa}$$

这说明忽略弹性变形部分可以直接求得蠕变稳定解。

C 点位移可以粗略看做初始弹性位移与稳定蠕变位移的叠加，即

$$\Delta = \Delta(0) + \Delta_c = \frac{\sigma_1(0)}{E}l_1 + A\sigma_1^n t^m l_1$$

$$= 5.85 \times 10^{-2} + 3.25 \times 10^{-2} = 9.05 \times 10^{-2} \text{ mm}$$

这时两部分变形为同量级的,若略去弹性变形 $\Delta(0)$ 会带来很大误差。

(2)时间硬化理论 该理论的基本思想是,在蠕变过程中蠕变速率的降低反映出材料硬化的主要因素是时间,而与蠕变变形无关。因此该理论可描述为:当温度一定时,应力、蠕变速率与时间之间存在一定关系,用隐函数表示为

$$\Phi(\dot{\varepsilon}_C, \sigma, t) = 0$$

利用式(19.3)对时间求导,可得上述关系的具体表达式

$$\dot{\varepsilon}_C = Am\sigma^n t^{m-1} \tag{19.5}$$

式(19.5)可以描述蠕变的第 I、第 II 阶段。

对于松弛情况,$\varepsilon = $ 常数,$\dot{\varepsilon} = \dot{\varepsilon}_e + \dot{\varepsilon}_C = \dfrac{\dot{\sigma}}{E} + Am\sigma^n t^{m-1} = 0$,于是

$$\dot{\sigma} = -AEm\sigma^n t^{m-1}$$

对上式积分,并利用初始条件 $t = 0, \sigma = \sigma(0)$,可得

$$\sigma = \sigma(0)\left[1 + (n-1)AE\sigma^{n-1}(0)t^m\right]^{-1/(n-1)} \tag{19.6}$$

该理论同样适用于应力变化是单调或缓慢的情况。

【例19.3】 设例19.1中杆1与杆2间的夹角为 θ,试按时间硬化理论分析其蠕变应力。

解: 这时所需的基本方程为

平衡方程

$$\sigma_1 + 2\sigma_2\cos\theta = \frac{P}{F}$$

几何关系

$$\varepsilon_1 \cos^2\theta = \varepsilon_2 \text{,即 } \dot{\varepsilon}_1 \cos^2\theta = \dot{\varepsilon}_2$$

蠕变本构方程:因 $\dot{\varepsilon} = \dot{\varepsilon}_e + \dot{\varepsilon}_C$,故有

$$\dot{\varepsilon}_1 = \frac{\dot{\sigma}_1}{E} + Am\sigma_1^n t^{m-1}, \quad \dot{\varepsilon}_2 = \frac{\dot{\sigma}_2}{E} + Am\sigma_2^n t^{m-1}$$

由上述方程求解并整理可得

$$\dot{\sigma}_1 = \frac{EAm\left[2\cos\theta\left(\dfrac{P/F - \sigma_1}{2\cos\theta}\right)^n - 2\sigma_1^n \cos^3\theta\right]t^{m-1}}{1 + 2\cos^3\theta}$$

$$\sigma_2 = \frac{P/F - \sigma_1}{2\cos\theta}$$

该结果需用数值方法进一步具体求解(略)。

(3)应变硬化理论 这种理论的原始设想是,蠕变过程类似于金属常温加工硬化(反映在材料在塑性变形中屈服应力有所提高)的现象,也存在蠕变硬化

现象（反映在蠕变过程中蠕变速率的逐渐降低），这种硬化现象与变形有关，而与时间无关。后来 Nadai、Davis 等对金属高温硬化的实验研究表明，蠕变与瞬时塑性变形不同，瞬时塑性变形并不引起蠕变硬化，引起蠕变硬化的是蠕变变形量。这在物理上可以解释为，因瞬时变形的剪切集中在某些滑移平面束，而蠕变则或多或少均布于颗粒的全体积。因此该理论可描述为，当温度不变时，σ、ε、$\dot{\varepsilon}$ 之间存在一定关系，即

$$\Phi(\sigma, \varepsilon, \dot{\varepsilon}) = 0$$

其基本思想是：蠕变过程中起强化作用的主要因素是蠕变变形，而与时间无关。

应变硬化的常用公式是 Davis 于 1943 年提出的公式

$$\dot{\varepsilon}_C \varepsilon_C^{\alpha} = \beta \sigma^m \tag{19.7}$$

和 Чуриков 等人于 1949 年提出的公式

$$\dot{\varepsilon}_C \varepsilon_C^d = a e^{\sigma/b} \left(\text{或 } \sigma = b \ln \frac{\dot{\varepsilon}_C \varepsilon_C^d}{a} \right) \tag{19.8}$$

式中，α、β、m、a、b、d 都是可由实验确定的常数。因蠕变曲线满足几何相似性，实验分析表明，各常数间符合关系：$m \geq 1 + \alpha$ 和 $a/b \geq \ln(1 + d)$。

在蠕变情况下，$\sigma = $ 常数，且 $t = 0$ 时，$\varepsilon_C = 0$，由式（19.7）、式（19.8）积分分别得到蠕变方程为

$$\varepsilon_C = \left[\beta(1 + \alpha) \right]^{1/(1+\alpha)} \sigma^{m/(1+\alpha)} t^{1/(1+\alpha)} \tag{19.9}$$

和

$$\varepsilon_C = \left[a(d + 1) \right]^{1/(d+1)} \sigma^{\sigma/(d+1)} t^{1/(d+1)} \tag{19.10}$$

显然，式（19.9）和（19.10）实际上与式（19.3）等价。

在松弛情况下，$\varepsilon = \varepsilon_e + \varepsilon_C = \varepsilon(0)$（常数），即 $\varepsilon_C = \sigma(0)/E - \sigma/E$，代入式（19.7）、（19.8），并利用初始条件，$t = 0$，$\sigma = \sigma(0)$，积分可得

$$t = \frac{1}{\beta E^{1+\alpha}} \int_{\sigma}^{\sigma(0)} \frac{\left[\sigma(0) - \sigma \right]^{\alpha}}{\sigma^m} d\sigma \tag{19.11}$$

及

$$t = \frac{1}{a E^{d+1}} \int_{\sigma}^{\sigma(0)} \frac{\left[\sigma(0) - \sigma \right]^d}{e^{\sigma/b}} d\sigma \tag{19.12}$$

这两个式子中的积分都是难以求解的。

在蠕变情况下 σ 为常数，从应变硬化理论公式看出，$\dot{\varepsilon}_C \varepsilon_C^{\alpha}$ 应为常数，即随着 ε_C^{α} 逐渐增大，$\dot{\varepsilon}_C$ 应逐渐减小，因而该理论能够描述材料的蠕变强化过程。由于 ε_C^{α} 要不断增长，$\dot{\varepsilon}_C$ 不可能趋于常数，就是说在第Ⅱ蠕变阶段的最小蠕变速率 $\dot{\varepsilon}_{\min}$ 不会出现，因此该理论主要描述蠕变第Ⅰ阶段的硬化过程，用于短时间蠕变

分析比较合适。

（4）恒速理论　为了方便工程应用，一些学者提出下列近似公式

$$\dot{\varepsilon} = Q(\sigma) \tag{19.13}$$

即当应力为常数时，$\dot{\varepsilon}$ = 常数 = $\dot{\varepsilon}_{\min}$，很明显它可以描述蠕变的第 II 阶段，因此称为恒速理论。该理论忽略了第 I 阶段蠕变，故不能描述松弛情况。

很多零部件（如蒸汽机管道等）长期在高温下工作，第 II 阶段蠕变变形为其主要变形。在顺时弹性变形与第 I 阶段变形可以忽略的条件下，恒速理论常被使用。很多学者曾根据经验对恒速理论的函数 $Q(\sigma)$ 提出过各种不同形式，但用得最多的是幂函数 $B\sigma^n$（由 Norton 建议），因而在工程实际中式（19.13）可具体表示为

$$\dot{\varepsilon} = B\sigma^n \tag{19.14}$$

实验表明，$\lg\dot{\varepsilon}_{\min}$ 与 $\lg\sigma$ 在很大范围内具有良好的线性关系。因此，对于一定材料和温度，通过适当应力范围内的分级实验，再通过最小二乘法拟合便可以确定式（19.14）中的常数 B 和 n。

此外，Norton 考虑瞬时变形，提出下面公式

$$\dot{\varepsilon} = \frac{\sigma}{E} + B\sigma^n \tag{19.15}$$

这是最简单的一维蠕变本构关系，可以用于求解松弛问题。人们把符合式（19.15）的材料称为 Hooke-Norton 材料，而符合式（19.14）的材料称为 Norton 材料。

在蠕变情况下，均有

$$\varepsilon_c = B\sigma^n t \tag{19.16}$$

而在松弛情况下，ε = 常数，因此 $\dot{\sigma} + EB\sigma^n = 0$，利用初始条件 $t = 0$，$\sigma = \sigma(0)$，对式（19.15）积分可得

$$\sigma^{1-n} = \sigma(0)^{1-n} - (1-n)EBt \tag{19.17}$$

【例 19.4】　一蒸汽机管道的凸缘接头螺栓如图所示，一只螺栓的初拉力为 $P = 30$ kN，截面积 $F = 300$ mm^2，为避免高温长期作用下的应力松弛而造成凸缘漏气，当螺栓应力松弛 40% 时需将螺栓拧紧一次。试按恒速理论进行分析，确定需要多长时间拧紧一次。螺栓材料为碳素钢，温度为 425 ℃时 $E = 177$ GPa，$B = 2.26 \times 10^{-25}$ cm^{2n}/(10N)^{n}h，$n = 6$。

解：因凸缘刚度比螺栓大得多，可假定凸缘

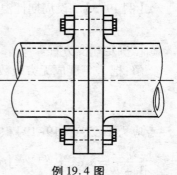

例 19.4 图

为刚性的,在螺栓力的作用下其厚度不变,由此分析螺栓应力。

螺栓的初始变形:

$$\varepsilon(0) = \frac{\sigma(0)}{E} = \frac{P}{EF}$$

松弛情况: $\dot{\sigma} + EB\sigma^n = 0$, 于是

$$\frac{\mathrm{d}\sigma}{\sigma^n} = -EB\mathrm{d}t$$

积分并利用初值条件 $t=0, \sigma=\sigma(0)$, 整理后得松弛应力

$$\sigma = \frac{\sigma(0)}{\left[1 + (n-1)EB\sigma(0)^{n-1}t\right]^{\frac{1}{n-1}}}$$

而

$$t = \frac{\left(\dfrac{1}{\sigma/\sigma(0)}\right)^{n-1} - 1}{(n-1)EB\sigma(0)^{n-1}}$$

因 $\sigma(0) = P/F = 100$ MPa, 应力下降40%, 即 $\sigma/\sigma(0) = 0.6$, 代入已知数据, 计算得 $t = 5\,930$ h, 即约8个月就要紧一次螺栓。

(5)激活能理论 换热器、蒸汽管道等往往在周期性变化的条件下工作。在变温情况下, J. E. Dorn 认为蠕变是一种"热激活过程"。他通过实验分析发现当温度高于 $0.5T_m$ 时, 蠕变激活能与原子扩散激活能近似相等, 考虑蠕变过程是扩散过程, 受原子自扩散机制所支配, 因而提出

$$f_3(T) = Ce^{-Q/(RT)} \tag{19.18}$$

这里, C 为材料常数, Q 为蠕变过程激活能, R 为摩尔气体常数, T 为绝对温度。与前述理论相结合就构成激活能理论, 如与应变硬化理论结合, 有

$$\dot{\varepsilon}_C\varepsilon_C^d = a_0 e^{\sigma/b} e^{-Q/(RT)} \tag{19.19}$$

显然, 当 $T = $ 常量, 上式与(19.8)相同。

【例 19.5】 设周期性温度变化规律为

$$T = T_0 + T_1\sin\omega t$$

试确定蠕变方程。

解:把 $1/T$ 展成无穷级数, 并取前两项进行近似

$$\frac{1}{T} \approx \frac{1}{T_0} - \frac{T_1}{T_0^2}\sin\omega t$$

注意应力不变, 对(19-19)积分, 可得

$$\frac{\varepsilon_C^{1+d}}{1+d} = a_0 e^{\sigma/b} e^{-Q/(RT_0)} \int_0^t e^{\frac{Q}{R}\left(\frac{T_1}{T_0^2}\sin\omega t\right)} \, \mathrm{d}t$$

$$= a_0 e^{\sigma/b} e^{-Q/(RT_0)} \sum_{n=0}^{\infty} \frac{1}{n!} \left(\frac{T_1 Q}{T_0^2 R} \right)^n \int_0^t \sin^n \omega t \mathrm{d}t$$

上述五种理论都没有考虑以前的变形历史,因此共同缺点是不能描述蠕变恢复现象,而由 Раьотнов 于 1948 年提出的塑性滞后理论可以描述此现象,该理论是基于弹性后效理论发展起来的,由于其过于复杂,限于本教材的编写目的,这里不再介绍。

19.2.2　不同理论的验证与比较

很多学者做过相关蠕变试验,将不同材料的试验曲线与不同理论曲线比较得到的结论也不尽相同。如 Davis 采用铜棒在 165 ℃ 及 230 ℃ 下进行的蠕变试验,与 Чуриков 的应变硬化理论(19.8)能较好符合,而在 165℃ 下进行的应力 $\sigma(0) = 949$ MPa 的松弛试验,却与时间硬化理论较接近。Johnson 用铬钼钢在 525℃ 下的松弛试验曲线,在开始一段时间里与老化理论较接近,而后又与应变硬化理论接近。Даниговская 对 30XM 钢在 500 ℃ 下进行的松弛试验,在应力不太高时与应变硬化理论符合较好。中国力学所柯受全等对 45 号钢在 500 ℃ 下进行的蠕变试验,认为老化理论、应变硬化、塑性滞后理论等都近似于实验符合,能够满足实用精度。Жуков 等用赤铜在 200 ℃ 下分别做了应力为 75 MPa、105 MPa 的蠕变试验和从 75 MPa 变到 105 MPa 的变载蠕变试验,通过比较看出,应变硬化理论与塑性滞后理论都与实验有较好的符合,尤其是应变硬化理论更佳。Даниговская 还对 30XM 钢在 500 ℃ 下进行了预先蠕变后松弛和预先拉伸后松弛试验的两组复杂试验:一组先在 200 MPa 常载下进行 25 h 蠕变,再以 $\sigma(0) = 200$ MPa 进行 50 h 松弛试验,另一组先进行达到塑性变形的瞬时预拉伸,然后将应力降到 $\sigma(0) = 200$ MPa 进行松弛试验。结果发现预先蠕变的材料强化作用使松弛曲线降低较慢,而预拉后松弛曲线降低较快并与简单蠕变(未预先蠕变)松弛曲线基本吻合,这说明瞬时塑性变形对蠕变没有强化作用,从而进一步验证了应变硬化理论。

总的说来,实验与理论的符合情况与材料有关,许多材料的蠕变规律与应变硬化理论、塑性滞后理论符合较好,但这两种理论却难以求解。时间硬化理论与老化理论较简单,能够适应于应力缓慢变化的情况,因此在工程中得到较多的应用。在变温情况下,激活能理论是蠕变分析的唯一选择,但一般求解也是困难的。

19.3 蠕变强度与寿命

19.3.1 蠕变强度

蠕变极限与持久强度是衡量材料蠕变强度的两个指标,也是设计与校核金属零部件在高温下或高分子材料在常温下工作时的强度指标。

持久强度又称蠕变破坏强度,代表材料抵抗因长期受载而发生断裂破坏的能力。从加载至破坏所经过的时间称为破坏时间 t_R,持久强度是恒载拉伸试样在某一规定时间期限发生蠕变破坏的应力,用 σ_0 表示。而规定的时间期限则视零件的工作环境与服务期限而定,如汽轮机零件约 10 万小时,飞机发动机的主要零件仅按数百小时考虑。要确定持久强度,必须在持久试验机上进行材料在工作温度下的蠕变破坏试验获得持久强度曲线(图 19.12)。对应于给定的破坏时间 t_R 可直接由图 19.12 所示的曲线确定 σ_0。

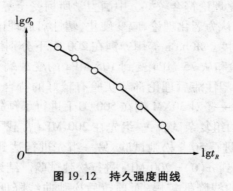

图 19.12 持久强度曲线

显然,持久强度是从破坏或寿命角度提出的指标,实际上大量长期工作的零部件所受的应力并不大,断裂并不是其主要破坏形式。为了保证零件正常工作,在设计中还需考虑刚度问题,如汽轮机叶片蠕变变形需考虑在使用期限内是否会超出一定的间隙。从刚度出发给出的强度指标即蠕变极限,用 σ_c 表示。蠕变极限的定义有两种:其一是定义为在给定使用期限 τ 产生允许应变值 $[\varepsilon]$ 的应力;其二是定义为产生所规定的蠕变速率的应力。σ_c 可由试验得到的第Ⅰ、第Ⅱ阶段蠕变试验资料作出的 $\lg\sigma - \lg\dot{\varepsilon}_{max}$ 曲线(图 19.13)或等应变蠕变曲线(图 19.14)来确定。对于第一种定义,若给定的时间比较长,顺时变形及第Ⅰ阶段蠕变都可略去不计,则根据最小蠕变速率长期保持稳定的假设,有

$$[\varepsilon] = \dot{\varepsilon}\tau \approx \dot{\varepsilon}_{\min}\tau$$

由此可求最小蠕变速率。再由恒速理论

$$\dot{\varepsilon}_{\min} = Q(\sigma) \qquad (19.18)$$

即可求 σ_{C}。

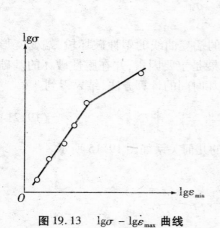

图 19.13　$\lg\sigma - \lg\dot{\varepsilon}_{\max}$ 曲线

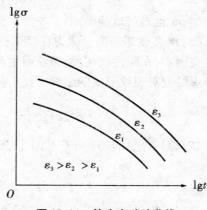

图 19.14　等应变试验曲线

19.3.2　破坏寿命

实验观察表明,单向拉伸试样在蠕变过程中要在材料内部形成微观裂纹,这些裂纹不断扩展、相互贯通而导致破坏。蠕变破坏可分为塑性破坏和脆性破坏两种形式。前者类似于塑性材料静态拉伸试验破坏现象,有缩颈现象并具有杯状断口,主要发生在高应力、短蠕变破坏时间情况下。后者类似于脆性材料破坏断口,无明显缩颈现象,主要发生在低应力、长蠕变破坏时间的情况下。有时的破坏现象却处于两者之间。

一些学者根据破坏现象提出了不同的蠕变破坏理论,如塑性破坏理论、脆性破坏理论及混合破坏理论等基本理论。

(1)塑性破坏理论　认为因蠕变导致截面无限缩小而发生断裂,在分析中考虑蠕变的主要阶段,而忽略顺时变形与蠕变第 I 阶段,采用恒速蠕变理论导出恒载蠕变情况下的理论蠕变破坏时间 T 与恒应力 σ_0 间的关系为

$$T_1 = \frac{1}{nB\sigma_0{}^n} \qquad (19.19)$$

其中,常数 B,n 均与材料、应力和温度有关,由试验确定。

(2)脆性破坏理论　用一个表征材料完好程度的连续性因子 ψ 来表示材料

能胜任工作的能力 $\sigma = \sigma_0/\psi$，认为表示裂纹扩展速度的连续性因子的变化率与有效应力 σ 有关，并用幂律表示为 $\mathrm{d}\psi/\mathrm{d}t = -A(\sigma_0/\psi)^m$，利用边值条件得出蠕变破坏时间 T 与恒应力 σ_0 间的关系为

$$T_2 = \frac{1}{A(1+m)\sigma_0{}^m} \tag{19.20}$$

其中，A,m 也通过试验确定。

（3）混合破坏理论　认为在持久强度的蠕变曲线的塑性破坏段，蠕变变形是主要因素，在脆性破坏段，裂纹萌生与发展是主要因素，并在脆性破坏的基础上考虑蠕变对裂纹形成的影响而提出的破坏时间的计算方法，结果得到

$$T_3 = \left[1 - \left(1 - \frac{n-m}{n}\frac{T_2}{T_1}\right)^{\frac{n}{n-m}}\right]T_1 \tag{19.21}$$

在双对数坐标 $\lg\sigma_0$-$\lg T$ 下，上述三式的几何关系如图 19.15 所示。

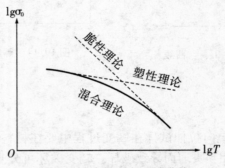

图 19.15　蠕变破坏理论曲线

在这些理论中都略去了瞬时应变与第Ⅰ蠕变阶段应变，因而会带来一些误差，因而有学者在蠕变时间计算公式中又考虑了第一阶段应变，即将蠕变应变表示为

$$\varepsilon = \varepsilon_{\mathrm{I}} + \varepsilon_{\mathrm{II}} \tag{19.22}$$

其中，ε_{I}、$\varepsilon_{\mathrm{II}}$ 分别表示第Ⅰ、第Ⅱ阶段应变，由此得到的寿命公式更加复杂。

蠕变破坏规律也可以从连续损伤力学角度来解释。如把蠕变过程中的微裂纹（或空穴）生成及其生长看做材料的损伤，那么在恒载蠕变过程中，损伤的增长将使有效承载面减小，从而使实际应力增大。设原面积为 F_0，实际面积为 F，载荷为 P，若定义 ω 为损伤因子（$\omega = 0$，$F = F_0$；$\omega = 1$，$F = 0$），则在损伤增长过程中的实际应力应为

$$\sigma = \frac{P}{F} = \frac{P}{F_0(1-\omega)} = \frac{\sigma_0}{1-\omega}$$

σ 称为净应力。假定损伤生长速率取决于纯应力的当前值

$$\dot{\omega} = C\sigma^k$$

则

$$(1-\omega)^k d\omega = C\sigma_0^{\ k}dt$$

积分,并利用初值条件 $t=0,\omega=0;t=T,\omega=1$,可得破坏时间

$$T = \frac{1}{(k+1)C\sigma_0^{\ k}}$$

该式在双对数坐标系中为直线。

19.4　简单构件的蠕变分析

19.4.1　基本概念

由例 19.1 可见,对于超静定结构,即使载荷不变,随着蠕变增长应力也会重新分配,且随时间增长逐渐趋于稳定值。在例 19.2 中的分析中还发现,即使忽略瞬时弹性变形也得到相同的蠕变应力。这说明在初始阶段,弹性变形部分起着主导作用,蠕变变形在初始阶段变化迅速而使应力剧烈变化,当结构中蠕变率逐渐过渡到稳定阶段,应力变化也逐渐缓慢下来,过渡到蠕变起主导作用,应力趋于与时间无关的稳定值。在工程应用中,把这种应力不随时间变化的解称为稳定蠕变解(或定常蠕变解),而把随时间变化的解称为瞬态蠕变解(或非定常蠕变解)。瞬态蠕变解随时间增长而趋于稳定蠕变解。而趋于稳定蠕变解所需的时间则视材料特性、温度、结构形式和载荷而异,可能短至几小时,也可能长至几千小时。

对于长期在蠕变条件下工作的零件,可按稳态蠕变理论求解,而要考虑构件的应力变化过程,则必须进行瞬态蠕变分析。对于瞬态蠕变分析,在数学上存在较大难度,即使是恒载荷情况,也只有少数结构能够得到解析解,而多数情况需要用数值解法来解决。

下面通过几个简单结构蠕变问题说明蠕变分析的方法。

19.4.2　纯弯梁的稳定蠕变解

考虑承受力偶矩 M 的直梁,设梁截面具有两个对称轴,取坐标系如图19.16

所示。在分析中可认为平面假设在蠕变中仍然成立。这时只有纵向正应力 σ 和纵向应变 ε。梁在蠕变中的应变与曲率 k 的关系仍为

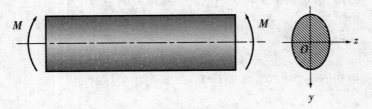

图 19.16　纯弯梁的稳定蠕变

$$\varepsilon = ky \tag{19.23}$$

按照恒速蠕变理论公式(19.14),蠕变应力

$$\sigma = \left(\frac{\dot{\varepsilon}}{B}\right)^{1/n} \tag{19.24}$$

由平衡条件,有

$$M = \int_A \sigma y \mathrm{d}A = \int_A \left(\frac{\dot{\varepsilon}}{B}\right)^{1/n} y \mathrm{d}A \tag{19.25}$$

利用式(19.23),有 $\dot{\varepsilon} = \dot{k}y$,代入上式,并解出 $\dot{k}$,得

$$\dot{k} = B \left(\frac{M}{I_n}\right)^n \tag{19.26}$$

其中,$I_n = \int_A y^{1+1/n} \mathrm{d}A$。再利用式(19.24)、(19.26),可得稳定蠕变应力

$$\sigma = \frac{M}{I_n} y^{1/n} \tag{19.27}$$

该式与第 3 章的线弹性公式形式相当,但其中的 I_n 有所不同,它不仅与截面形状有关,也与蠕变常数 n 有关,故称为广义二次矩。显然,最大应力也发生在 y_{max} 处,若定义 $W_n = I_n / y_{max}^{1/n}$,最大应力 $\sigma_{max} = M/W_n$,W_n 称为广义抗弯截面系数。对于常见截面,广义二次矩及广义抗弯截面系数如表 19.1 所示。

对于矩形截面梁,稳定蠕变应力与弹性应力的比值为

$$\frac{\sigma}{\sigma_e} = \frac{2n+1}{3n} \left(\frac{2y}{h}\right)^{1/n} \tag{19.28}$$

令 $y = h/2$,得最大应力比

$$\frac{\sigma_{max}}{\sigma_{emax}} = \frac{2}{3} + \frac{1}{3} \cdot \frac{1}{n} \tag{19.29}$$

蠕变应力沿截面高度的分布随材料常数 n 的变化如图 19.17 所示。由此

可看出,蠕变应力随 n 值的提高而减小, n 值越大则应力变化越平稳,当 n 趋于无穷大时,应力分布相当于理想塑性的情况。

表 19.1　常见截面的广义二次矩与广义截面系数

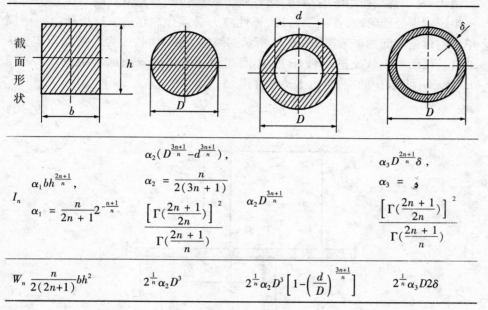

截面形状			
I_n	$\alpha_1 bh^{\frac{2n+1}{n}}$, $\alpha_1 = \dfrac{n}{2n+1}2^{-\frac{n+1}{n}}$	$\alpha_2\left(D^{\frac{3n+1}{n}}-d^{\frac{3n+1}{n}}\right)$, $\alpha_2 = \dfrac{n}{2(3n+1)}\dfrac{\left[\Gamma\left(\frac{2n+1}{2n}\right)\right]^2}{\Gamma\left(\frac{2n+1}{n}\right)}$ $\alpha_2 D^{\frac{3n+1}{n}}$	$\alpha_3 D^{\frac{2n+1}{n}}\delta$, $\alpha_3 = \dfrac{\left[\Gamma\left(\frac{2n+1}{2n}\right)\right]^2}{\Gamma\left(\frac{2n+1}{n}\right)}$
W_n	$\dfrac{n}{2(2n+1)}bh^2$	$2^{\frac{1}{n}}\alpha_2 D^3$　　$2^{\frac{1}{n}}\alpha_2 D^3\left[1-\left(\dfrac{d}{D}\right)^{\frac{3n+1}{n}}\right]$	$2^{\frac{1}{n}}\alpha_3 D2\delta$

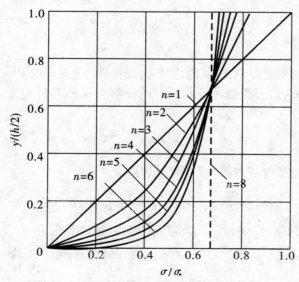

图 19.17　稳定蠕变应力随 n 的变化关系

19.4.3 铰接杆结构的瞬态蠕变解

在稳定蠕变中，应力与蠕变速率都保持为常量，弹性应变可以被忽略。一般说来，对于常载作用下的结构，随着应力的从初始弹性值到蠕变稳定值将有一个应力再分配阶段，在这一阶段，弹性应力必须计算在内。这里通过一个简单结构讨论该问题。考虑图 19.18 所示的结构，有两根长度为 l、截面面积为 F 的杆铰接于一端铰支的刚性杆上，如图在两杆中间位置施加集中力 Q。若用 σ_1、σ_2 表示两杆中的应力，由平衡条件得

$$\sigma_1 + 2\sigma_2 = \frac{3Q}{2F} \tag{19.30}$$

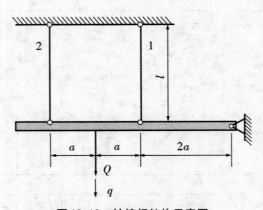

图 19.18 铰接杆结构示意图

设两根杆的变形分别为 δ_1、δ_2，变形协调条件为 $\delta_2 = 2\delta_1$，相应的应变分别为 $\varepsilon_1 = \delta_1/l$，$\varepsilon_2 = \delta_2/l$。设载荷 Q 作用点的位移为 q，则两杆应变 ε_1、ε_2 与位移 q 间的关系为

$$\varepsilon_1 = \frac{2q}{3l}, \quad \varepsilon_2 = \frac{4q}{3l} \tag{19.31}$$

假定在恒温条件下本构关系具有形式

$$\dot{\varepsilon}_1 = \frac{\dot{\sigma}_1}{E} + g(t)\sigma_1^{\,n}, \quad \dot{\varepsilon}_2 = \frac{\dot{\sigma}_2}{E} + g(t)\sigma_2^{\,n} \tag{19.32}$$

在 $t=0$ 时，蠕变应变为 0，施加载荷 Q 后的弹性响应为

$$q(0) = \frac{3}{10}\frac{l}{E}\frac{3Q}{2F}, \quad \sigma_1(0) = \frac{1}{5}\frac{3Q}{2F}, \quad \sigma_2(0) = \frac{2}{5}\frac{3Q}{2F} \tag{19.33}$$

为了研究随后的应力再分配现象，需要选择合适的条件。将基本关系

（19.30）、（19.31）写成速率形式

$$\dot{\sigma}_1 + 2\dot{\sigma}_2 = 0 \ ; \ \dot{\varepsilon}_1 = \frac{2\dot{q}}{3l} \ , \ \dot{\varepsilon}_2 = \frac{4\dot{q}}{3l}$$

并与式（19.32）联立可得到一个微分方程组

$$\left.\begin{aligned}
\frac{\mathrm{d}\sigma_1}{\mathrm{d}t} &= Eg(t)\left(\frac{2}{5}\sigma_2{}^n - \frac{4}{5}\sigma_1{}^n\right) \\[2mm]
\frac{\mathrm{d}\sigma_2}{\mathrm{d}t} &= Eg(t)\left(\frac{2}{5}\sigma_1{}^n - \frac{1}{5}\sigma_2{}^n\right) \\[2mm]
\frac{\mathrm{d}q}{\mathrm{d}t} &= \frac{3}{10}g(t)\left(\sigma_1{}^n + 2\sigma_2{}^n\right) \ l
\end{aligned}\right\} \tag{19.34}$$

方程组（19.34）与初值条件（19.33）组成真对未知量 σ_1、σ_2、q 的初值问题。为了简化，可作一些变换。引入一个时间尺度

$$\tau = E\sigma_0{}^{n-1}\int g(t)\,\mathrm{d}t$$

和变量、运算符替换

$$S_1 = \frac{\sigma_1}{\sigma_0}, S_2 = \frac{\sigma_2}{\sigma_0}, \Delta = \frac{Eq}{l\sigma_0}$$

这里，$\sigma_0 = 3Q/(2F)$。如此可将方程组（19.34）变为简单形式

$$\left.\begin{aligned}
\dot{S}_1 &= \left(\frac{2}{5}S_2{}^n - \frac{4}{5}S_1{}^n\right) \\[2mm]
\dot{S}_2 &= \left(\frac{2}{5}S_1{}^n - \frac{1}{5}S_2{}^n\right) \\[2mm]
\dot{\Delta} &= \frac{3}{10}(S_1{}^n + 2S_2{}^n)
\end{aligned}\right\} \tag{19.35}$$

相应的初值条件变成

$$S_1(0) = \frac{1}{5}, \ S_2(0) = \frac{2}{5}, \Delta(0) = \frac{3}{10} \tag{19.36}$$

这个方程组的求解无法使用封闭解法，而需要使用数值求解技术，最好选择求解边值问题的标准程序进行求解。最简单的求解方法是欧拉法：利用一定数量的离散时间 $\tau_0, \tau_1, \cdots, \tau_k, \tau_{k+1}$，规定一个步长 $\Delta\tau$，则 $\tau_0 = 0$，$\tau_{k+1} = \tau_k + \Delta\tau$（$k=1,2,\cdots$）；计算从初始条件着手，第 $k+1$ 步的解可由第 k 步的解获得

$$\left.\begin{aligned}
S_1(\tau_{k+1}) &= S_1(\tau_k) + \Delta\tau\dot{S}_1(\tau_k) \\[2mm]
S_2(\tau_{k+1}) &= S_2(\tau_k) + \Delta\tau\dot{S}_2(\tau_k) \\[2mm]
\Delta(\tau_{k+1}) &= \Delta(\tau_k) + \Delta\tau\dot{\Delta}(\tau_k)
\end{aligned}\right\} \tag{19.37}$$

对于给定的材料参数 n，利用这种方法，设定某步长 $\Delta\tau$，就可以求得一组解答。逐步减小步长 $\Delta\tau$，就可趋于问题的精确解。由已经计算的结果绘图，S_1、S_2 关于时间的分布曲线示于图 19.19，位移 Δ 关于时间的分布曲线示于图 19.20。

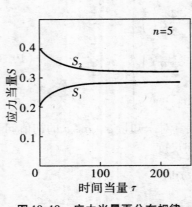

图 19.19　应力当量再分布规律

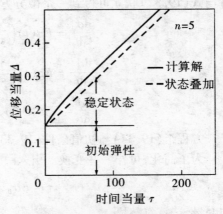

图 19.20　位移当量演变规律

图 19.19、图 19.20 所示的响应是常载下的结构件传递蠕变的一个范例，应力的变化归诸于构件间的应力再分配。在 $\tau = 0$ 时，为纯弹性应力分布，但随着时间过渡，要逐步变化到稳定状态。由于蠕变，较高的弹性应力趋于降低，而较低的弹性应力则趋于增高。这个过程为应力再分配的一种情况，称为瞬态蠕变。当应力趋于稳定时，应变与位移速率也是稳定的。对这一结构，可计算稳定状态应力为

$$\sigma_1^{ss} = \frac{3Q}{2F} \cdot \frac{1}{1 + 2^{1+\frac{1}{n}}}, \quad \sigma_2^{ss} = \frac{3Q}{2F} \cdot \frac{2^{\frac{1}{n}}}{1 + 2^{1+\frac{1}{n}}} \tag{19.38}$$

这里，"ss"表示稳定状态。从这一结构的应力变化曲线看到，应力再分配是一个相对较短暂的过程，再分配过程所积累的变形量是比较小的。因此，可将初始弹性位移简单叠加到稳定蠕变期间积累的位移上作为一个很好的近似解，即

$$\Delta(\tau) \approx \Delta(0) + \tau \frac{d\Delta^{ss}}{d\tau} \tag{19.39}$$

把这一近似称为状态叠加解，如图 19.20 中虚线所示。

19.4.4　铰接杆结构的循环蠕变

假定上面的铰接杆结构受循环载荷作用，如图 19.21 所示，载荷在 Q_1 与 Q_2

之间变化。在这种情况下,应力再分配方程可写成

$$\left.\begin{aligned}\dot{\sigma}_1 &= Eg(t)\left(\frac{2}{5}\sigma_2^n - \frac{4}{5}\sigma_1^n\right) + \dot{\sigma}_1^o \\ \dot{\sigma}_2 &= Eg(t)\left(\frac{2}{5}\sigma_1^n - \frac{1}{5}\sigma_2^n\right) + \dot{\sigma}_2^o\end{aligned}\right\}$$

(19.40)

这里,$\sigma_1^o = \frac{1}{5}\frac{3Q(t)}{2F}$,$\sigma_2^o = \frac{2}{5}\frac{3Q(t)}{2F}$,为等效弹性应力。当然,这些应力是循环的。

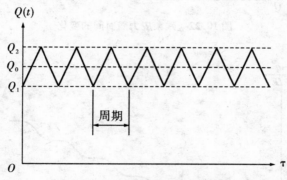

图 19.21 铰链杆结构上的循环载荷

为了方便在载荷有方向变化时定义应力速率 $\dot{\sigma}_1^o$ 和 $\dot{\sigma}_2^o$,这里定义残余应力

$$\left.\begin{aligned}\rho_1(t) &= \sigma_1(t) - \sigma_1^o(t) \\ \rho_2(t) &= \sigma_2(t) - \sigma_2^o(t)\end{aligned}\right\}$$

若将微分方程改写成用残余应力符号表示,方程的形式就与式(19.35)相同,可用相同的数值方法求解。在图 19.22 中,示出了残余应力 $\rho_1(t)$ 随时间尺度

$$\tau = E\sigma_0^{n-1}\int g(t)\mathrm{d}t, \quad \sigma_0 = \frac{3Q_0}{2F}$$

的变化。可以看出,残余应力变化具有与载荷相同的周期。这一现象对于承受循环载荷的结构通常都是正确的,即便是使用更好的材料本构模型也是如此。这种渐近应力状态称为稳定循环状态。稳定循环状态的残余应力随载荷周期减小会渐趋于常数。

在图 19.23 中,示出了残余铅垂位移 $q(t) - q^o(t)$ 的变化,这里 $q^o(t)$ 为当量弹性解。这里需要注意的是,残余铅垂位移并不能达到一个稳定循环状态,而是随时间增长而不断地波动增大。

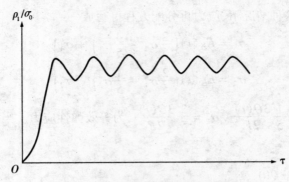

图 19.22　残余应力随时间的变化

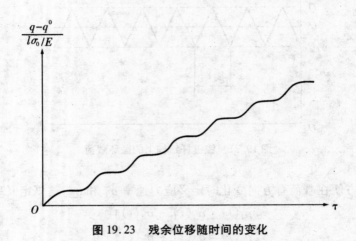

图 19.23　残余位移随时间的变化

19.4.5　弯曲梁的松弛

前面在考虑蠕变问题时,考虑载荷固定或规定载荷的变化情况,变形是随时间变化的。而当位移被固定时,蠕变就造成产生该位移所需载荷的减小,这就是松弛。在这种情况下,由于载荷松弛,就引起应力的再分配现象发生。现在来考察前面讨论过的稳定蠕变弯曲梁问题(图 19.16)。假定梁在弯矩 M_0 的作用下被弯到曲率为 k_0 后再将变形固定。如材料随后按下面关系蠕变

$$\dot{\varepsilon} = \frac{\dot{\sigma}}{E} + g(t)\sigma^n$$

这里的问题就是要确定随之而来的由于蠕变引起的弯矩的松弛。

注意梁的曲率已固定不变,即总的纵向应变保持不变。纵向应力类似于单

轴应力条件。假定材料服从上述蠕变的时间硬化规律,由于总应变不变,$\dot{\varepsilon}=0$,于是有

$$\sigma^{-n}\mathrm{d}\sigma = -Eg(t)\mathrm{d}t$$

对上式积分,并利用边界条件 $t=0$,$\sigma=\sigma(0)$,整理可得

$$\frac{\sigma(t)}{\sigma(0)} = \left[1 + (n-1)E\sigma(0)^{n-1}\int_0^t g(t)\mathrm{d}t\right]^{-1/(n-1)} \tag{19.41}$$

这里的初应力为纯弯梁的初始弹性解

$$\sigma(0) = \frac{M_0 y}{I}$$

然后根据平衡条件 $M(t) = \int_A \sigma(t)y\mathrm{d}A$,在任时间 t 的弯矩可由下式求出

$$\frac{M(t)}{M_0} = \frac{1}{I}\int_A y^2\left[1 + (n-1)E\left(\frac{M_0 y}{I}\right)^{n-1}\int_0^t g(t)\mathrm{d}t\right]^{-1/(n-1)}\mathrm{d}A \tag{19.42}$$

积分(19.42)为精确解,显然仍需通过数值计算求取,如使用辛卜逊积分法则对于矩形截面梁求得的曲线如图 19.24 所示。

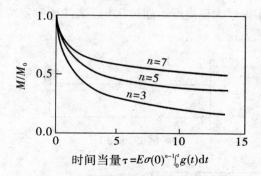

图 19.24　矩形截面纯弯梁的松弛

*19.5　蠕变设计的工程方法

对于蠕变构件的设计,首先要通过试验确定不同应力水平下的蠕变曲线族,如图 19.25(a)所示。其次由蠕变曲线族得到同一时间的应力-应变关系曲线如图 19.25(b)所示,称为等时线,以及同一应变下的应力-时间关系,如图 19.25(c)所示,称为等应变线。由给定的时间与给定的应变按曲线确定相应的应力、或根据载荷确定构件尺寸。

近些年来更容易为大多数设计者接受的是伪弹性设计方法。即用与时间

有关的弹性常数（如弹性模量、泊松比）代替经典方程中的弹性常数。这时的弹性模量称为伪弹性模量，泊松比称为伪泊松比，分别用 $E(t)$、$\nu(t)$ 表示。设计中必须慎重确定伪弹性常数的数值与构件在服役期内的极限应变，按经典方法进行设计。

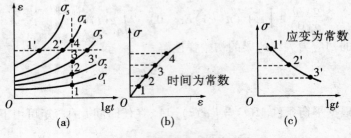

图 19.25　等时线与等应变线

【例 19.6】　用二乙醇塑料制成的实心圆截面悬臂梁，受力如本例图 1 所示。已知 $l=0.15$ m，$F=25$ N，材料在 20 ℃时的蠕变曲线族如本例图 2(a) 所示。为保证在 1 年内最大正应变不超过 0.02，试：(1) 确定梁的直径 d；(2) 求在这一直径下梁的最大挠度 $\omega_{\max}$。

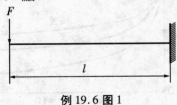

例 19.6 图 1

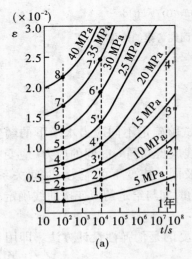

(a)

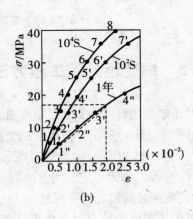

(b)

　　　　例 19.6 图 2

解:由蠕变曲线族可绘制等时线如本例图 2(b)所示。根据其中时间为 1 年的等时线在应变为 0.02 时对应的应力为 17.1MPa。依题意,要求悬臂梁的最大应力不超过该应力值,即

$$\sigma_{max} = \frac{M_{max}}{W} = \frac{32FL}{\pi d^3} \leqslant 17.1\,(MPa)$$

于是,得

$$d \geqslant \sqrt[3]{\frac{32FL}{\pi \times 17.1}} = \sqrt[3]{\frac{32 \times 25 \times 150}{\pi \times 17.1}} = 13.07\ mm$$

根据弹性体悬臂梁的最大挠度公式,使用伪弹性模量,有

$$\omega_{max} = \frac{Fl^3}{3E(t)I} = \frac{64Fl^3}{3E(t)\pi d^4}$$

由 1 年等时线上 $\varepsilon = 0.02$,$\sigma = 17.1$ MPa 的点计算伪弹性模量 $E(t) = 855$ MPa,于是

$$\omega_{max} = \frac{64 \times 25 \times 150^3}{3 \times 855 \times \pi \times 13.07^4} = 22.96\ mm\ 。$$

思考题

思考题 19.1　什么叫蠕变,蠕变曲线分几个阶段,各有什么特点?

思考题 19.2　解释下列现象:蠕变,松弛,蠕变恢复。

思考题 19.3　蠕变机制有哪些? 分别是如何解释蠕变的?

思考题 19.4　一维蠕变理论有哪些? 与试验比较符合较好且比较简单的是什么理论?

思考题 19.5　蠕变破坏有哪些破坏形式? 破坏理论有哪些?

思考题 19.6　稳定蠕变分析主要指那个蠕变阶段,适合用那种理论进行求解?

思考题 19.7　在工程实际中,都有哪些结构需要考虑蠕变问题?

思考题 19.8　结构蠕变的应力再分布现象有都在哪些情况下发生?

思考题 19.9　分析为什么在稳定循环状态的残余应力随载荷周期减小会渐趋于常数。

思考题 19.10　蠕变设计方法有哪些?

习题

习题 19.1　两种材料的应力-变形-时间关系试验曲线分别如图(a)、(b)

所示,试求:

（1）图（a）材料在 $\sigma = 105$ MPa 时的最小蠕变率；

（2）图（b）材料在 $\sigma = 59$ MPa 时的最小蠕变率。

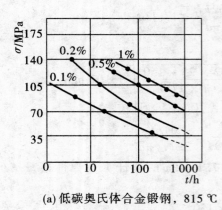

(a) 低碳奥氏体合金锻钢，815 ℃　　　(b) 铝合金，176 ℃

习题 19.1 图

习题 19.2　已知三根等长杆所组成的桁架如图（a）所示,在 500 ℃ 时,承受载荷 $P = 20$ kN,杆件截面面积 $F = 100$ mm²,在该温度下材料的弹性模量 $E = 180$ GPa,$n = 2$,Ω–t 曲线（$\Omega = At^m$）如图（b）所示,试求:

（1）略去弹性应变,按老化理论公式求蠕变应力；

（2）按时间硬化理论求 C 点位移不变时的松弛应力；

（3）用恒速理论求六个月（每月按 30 天计算）时杆的应变。

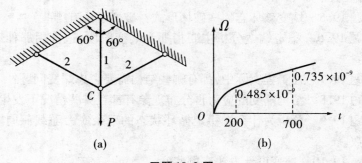

(a)　　　　　　　　(b)

习题 19.2 图

习题 19.3　试证明对于矩形截面纯弯梁采用 Hooke–Norton 材料同样可以导出稳定弯曲应力表达式（19.8）。

第 19 章　蠕变力学基础

习题 19.4　某种材料在 $\sigma = 100$ MPa 下的蠕变率可表示为 $\dot{\varepsilon} = Ae^{-B/T}$，其中 A、B 均为材料常数，T 为热力学温度（单位为 K）。由实验测得材料在 900 K 和 750 K 时的最小蠕变率分别为 $\dot{\varepsilon}_{\min} = 1.0 \times 10^{-4}$/h 和 $\dot{\varepsilon}_{\min} = 7.5 \times 10^{-9}$/h。若要求最小蠕变率 $\dot{\varepsilon}_{\min} = 1.0 \times 10^{-7}$/h，试求材料的最高工作温度。

习题 19.5　聚合物的应力松弛可由方程 $\sigma = A + B\lg t$ 描述，其中 A、B 均为材料常数，t 为时间（单位为 s）。属于聚合物的牙科压痕材料——硫化橡胶，要求其在 $\sigma = 14$ MPa 作用下，15 s 内产生的应变 $\varepsilon = 0.02$。假定上述方程中 $B = -2$ MPa，若 5 h 后仍能保持同样的应变，试求所需施加的应力值。

习题 19.6　长度为 $l = 500$ m 的直杆，上端固定，垂直悬挂。杆材料在确定温度下的蠕变试验数据如下表所示：

σ/MPa	70	63	56	49	42	35
$\dot{\varepsilon}$h^{-1}($\times 10^{-5}$)	5.20	2.48	1.09	0.43	0.15	0.04

材料的密度 $\rho = 8.6 \times 10^3$ kg/m^3，试求 5 年内杆由于自重引起的蠕变总伸长。

习题 19.7　两端封闭的二乙醇塑料圆柱形薄壁容器的平均直径 $D = 300$ mm，壁厚 $\delta = 10$ mm，容器承受内压力作用。二乙醇塑料的蠕变曲线族如例 19.9 图 2(a) 所示，伪泊松比 $\nu(t)$ 可取常量，即 $\nu(t) = 0.4$。若规定容器的环向应变 ε_t 在一年内不得超过 1%，试求容器所能承受的最大压力 p。

习题 19.8　塑料插座与插头结构如图所示。当施加在插座一侧臂上的横向力降到 33 N 时，插头将从插座内滑出。若材料弹性模量 $E = 3.35$ MPa，材料在 20 ℃ 时的蠕变曲线如例 19.6 图 2(a) 所示，试求：

（1）插头第一次插入插座后，插座一侧臂上所受的横向力 F；

（2）插头插入后需经多长时间才会从插座内滑出。

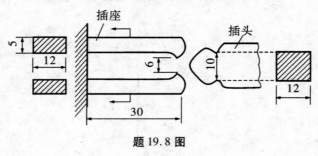

题 19.8 图

习题参考答案

答案 19.1 (1) $\dot{\varepsilon}_{min} = 34.78 \times 10^{-4}/h$；(2) $\dot{\varepsilon}_{min} = 44.4 \times 10^{-4}/h$.

答案 19.2 (1) $\sigma_1 = 117.2$ MPa，$\sigma_2 = 82.8$ MPa；

(2) $\sigma_1 = 133.3[1 + 2.025 \times 10^{-3} t^{0.33}]^{-1}$ MPa，

$\sigma_2 = 66.7[1 + 1.013 \times 10^{-3} t^{0.33}]^{-1}$ MPa；

(3) $\varepsilon_{1C} = 2.97 \times 10^{-5}$，$\varepsilon_{2C} = 1.49 \times 10^{-5}$.

答案 19.4 $T = 785.5$ K.

答案 19.5 $\sigma = 7.84$ MPa.

答案 19.6 $\Delta l = 0.1684$ m.

答案 19.7 $p = 0.83$ MPa.

答案 19.8 (1) $F = 93.04$ kN；(2) $t = 5.012 \times 10^5$ s.

附录V　材料纳米力学简介

V.1　概述

V.1.1　纳米材料简介

根据空间尺度大小和时间长短,天然物质世界与人造物质可划分为宏观、细观、微观和纳观。天然物质从蚂蚁到DNA(deoxyribonucleic acid),人造物质从大头针帽到碳纳米管,不同物质的尺度也从肉眼可辨到不借助精密仪器而无法分辨的量级,如图V.1所示。天然纳观物质的自然现象奥妙神秘,而这些奥秘正逐步被现代科技慢慢揭开。如人们已认识到小小的DNA,又称脱氧核糖核酸,包含了生物的基因密码,控制着细胞的分裂、复制与基因转录。人们利用DNA比对可确定血缘关系,也使许多大案、悬案得以告破。

现代科技进步不断催生新的人造纳米材料,如碳纳米管在现代制造中的应用等。纳米材料是指在三维空间中至少有一维处于纳米尺度范围(0.1～100 nm)或由它们作为基本单元构成的材料。当材料在空间三维方向上尺寸均处于纳米数量级时称为零维材料;在二维方向上尺寸为纳米级则称为一维材料,又称量子线;任一方向为纳米级的材料称为二维材料;而晶粒尺寸为纳米级的称为三维材料。如纳米尺度的颗粒、原子团簇、纳米丝、纳米棒、纳米管以及超薄膜、超晶体等。纳米材料与常规材料相比,具有许多微尺度效应,其主要表现如下:

(1)表面与界面效应　这是指纳米晶体粒表面原子数与总原子数之比随粒径变小而急剧增大后所引起的性质上的变化。例如粒子直径为10 nm时,微粒包含4000个原子,表面原子占40%;粒子直径为1 nm时,微粒包含有30个原子,表面原子占99%。主要原因就在于直径减少,表面原子数量增多。

(2)小尺寸效应　当纳米微粒尺寸与光波波长,传导电子的德布罗意波长及超导态的相干长度、透射深度等物理特征尺寸相当或更小时,它的周期性边界被破坏,从而使其声、光、电、磁,热力学等性能呈现出"新奇"的现象。例如,铜颗粒达到纳米尺寸时就变得不能导电;绝缘的二氧化硅颗粒在 20 nm 时却开始导电。再譬如,高分子材料加纳米材料制成的刀具比金刚石制品还要坚硬。利用这些特性,可以高效率地将太阳能转变为热能、电能。另外,还有可能应用纳米制造技术开发红外敏感元件、红外隐身产品等。

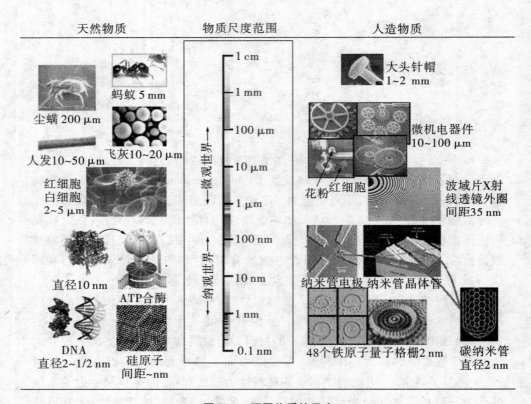

图 V.1　不同物质的尺度

（3）量子效应　当粒子尺寸达到纳米量级时,费米能级附近的电子能级由连续态分裂成分立能级。当能级间距大于热能、磁能、静电能、静磁能、光子能或超导态的凝聚能时,会出现纳米材料的量子效应,从而使其磁、光、声、热、电、超导电性能变化。例如,有种金属纳米粒子吸收光线能力非常强,在 1.1365 kg 水里只要放入 1/1000 这种粒子,水就会变得完全不透明。

（4）宏观量子隧道效应　微观粒子具有贯穿势垒的能力称为隧道效应。纳米粒子的磁化强度等也有隧道效应,它们可以穿过宏观系统的势垒而产生变化,这种被称为纳米粒子的宏观量子隧道效应。

(5)独特的力学性能 由于纳米材料的尺寸达到纳米级,常常会表现出原来大尺寸材料所不具有的性能。纳米尺度的材料形态和结构也各不相同。以碳为例,就有富勒烯、纳米管以及纳米片。碳纳米管是对富勒烯深入研究的产物。碳纳米管的刚度达到钢的 6 倍,抗拉强度是钢的 100 倍,而密度仅是钢的 1/6。可称为名副其实的轻质高强度材料。

纳米金属材料的力学性能明显异于宏观金属。研究人员通过拉伸试验、纳米压痕硬度计测量应力应变曲线、测量声速等多种方法测定了纳米金属的弹性模量。弹性模量大小反映了材料内原子键合强度的强弱能力。通过试验测试发现纳米材料的弹性模量比普通多晶材料略有降低,且随晶粒尺寸减小而降低。

大量实验研究表明,纳米材料的强度不仅与晶粒大小有关,而且还与制备方法、致密度、合金材料相的组成、成分分布、界面组态和样品表面状态密切相关。研究结果表明:纳米金属材料的屈服强度和断裂强度均远高于同成分粗晶材料。例如纳米铜屈服强度高达 350 MPa,而退火态粗晶铜的屈服强度只有 70 MPa,但纳米铜的延伸率只有 2% 左右。另外纳米金属的压缩性能也与粗晶材料大异,压缩时的屈服强度高达 GPa 量级,断裂时的应变可达 20%。说明纳米金属材料的压缩塑性很大。

目前有关纳米材料力学性能的描述是非常基本的,可以说是十分肤浅的,有些结论也可能是错误的。对纳米材料本征力学性能的深入理解需要解决理想纳米材料样品制备和纳米晶体材料变形理论模型的建立两大难题,以及多学科交叉集成。

V.1.2 纳米力学的研究内容

现代物理学和化学知识告诉我们,材料和结构在微观下的特征和描述方法与宏观尺度情况有很大不同。对应纳米尺度和飞秒时间的物理研究方法需要采用量子力学理论,随尺度增加依次为分子动力学、蒙特卡洛直接模拟、位错动力学方法、统计力学和连续系统力学,如图 V.2 所示。

经典力学采用连续介质材料模型对固体在静力和时变力作用下的力学性能给出了详尽的理论和试验描述,但其中并未涉及量子力学。对于材料的原子本性,也只是将其作为物质构成加以说明,并不涉及材料结构的原子构成核心内容。而凝聚态物理学则是对固体中的声波特性、动力学特性和热性能,以及固体中原子与电子间的相互作用进行了详细描述,却未曾涉及物体的变形。纳米力学则是同时考虑材料微观物理特性和变形状态。"纳米力学"是指纳米尺度物体的力学行为,即物体至少在一个维度上的尺寸远小于 1 μm。纳米力学重点讨论固体在无外力和有外力作用时的静变形和动变形。在微观结构中,运动需要应用量子力学理论进行阐述研究。

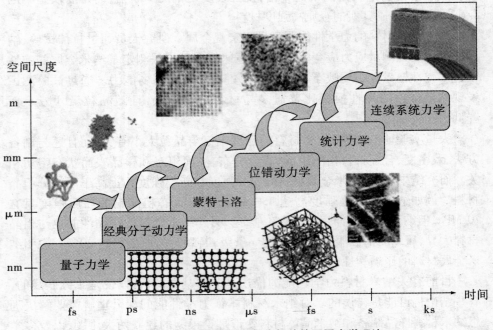

图 V.2　与物质尺度和时间长度相关的不同力学理论

V.2　经典分子动力学与固体原子理论

V.2.1　一维原子链——双原子

　　双原子一维原子链由两个原子构成。受链约束的两个原子只能在其连线上运动,即一个原子只能靠近或者远离另一原子。假设两个原子间的作用力只与两个原子间的距离 r 有关,即该力可表达为 $f(r)$,$f(r)$ 可以是静电引力、化学键力或范德华力。若该力只是引力,则原子就会加速运动并融合为一体,根据物理学理论我们知道这是不可能发生的。当两个原子间的距离非常近时,两个

原子间的力则从吸引力变为排斥力。引入原子间相互作用势能函数 $\varphi(r)$，则有

$$f(r) \equiv -\frac{\mathrm{d}\varphi}{\mathrm{d}r}$$

势能 $\varphi(r)$ 还可以被等价地描述为相互作用力从势能为零的地方开始发生位移 $r-r_0$ 时所作的负功。即

$$\varphi(r) = -W = -\int_{r_0}^{r} f(r)\,\mathrm{d}r$$

对于受范德华作用力控制的原子常采用 Lenard-Jones 6-12（L-J）势模型，即

$$\varphi(r) = -\frac{A}{r^6} + \frac{B}{r^{12}} \tag{V.1}$$

相应的力表达式为

$$f(r) = 6\frac{A}{r^7} - 12\frac{B}{r^{13}} \tag{V.2}$$

系数 A 决定引力强度，而 B 决定斥力强度。当原子相互靠近，以至于到 r 很小的时候，由于斥力项的快速增加使得原子间的作用力为排斥力所控制。当 r 值较大时，引力占主导。零势能位于两个原子间的距离为无限远处。排斥力与吸引力相等处为平衡位置，此时势能有最小值，平衡距离 r_0 的大小为

$$r_0 = \left(\frac{2B}{A}\right)^{1/6}$$

图 V.3 为典型的 L-J 势和相应的力关系曲线。

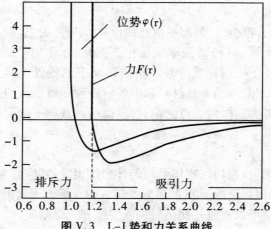

图 V.3　L-J 势和力关系曲线

固体中的结合能主要是离子键、金属键和共价键类型。描述这些结合能也可以使用类似 L-J 的模型。势能最小值附近的势能形式则决定了固体中的主要力学性能。

外力与小位移下的线性响应：两个原子受等值、反向外力 f_e 作用时，原子将会相互分开直到一个新的平衡点 r_0'，此时引力与外力平衡，有 $-f(r_0') = f_e$。如果外力大大超过 $f(r)$ 的最大值，则平衡点不存在，两个原子将会彻底分开。定义外力势 $\varphi_e(r) = -f_e r$。外力势的零点位于 $r=0$ 处。

对于非常小的外力 f_e，可以用 Taylor 级数对平衡点附近小位移展开相互作用势。

$$\varphi(r) = \varphi(r_0) + \frac{d\varphi}{dr}\Big|_{r_0}(r - r_0) + \frac{1}{2!}\frac{d^2\varphi}{dr^2}\Big|_{r_0}(r - r_0)^2 + \cdots$$

$$\approx \varphi(r_0) + \frac{1}{2!}\frac{d^2\varphi}{dr^2}\Big|_{r_0}(r - r_0)^2$$

由于 $d\varphi/dr(r_0) = 0$，略去高阶项后得到二阶近似等式。易见相互作用势具有与简谐势能相似的表达式，其大小仅取决于偏离平衡点位移的 $u = r - r_0$ 二次项。

当施加一个小外力 f_e 时，总势能为 $U_{tot} = \varphi(r) + \varphi_e(r)$，平衡点偏移到 $dU_{tot}/dr = 0$。利用上述展开式有

$$-f_e + \frac{d^2\varphi}{dr^2}\Big|_{r_0}(r - r_0) = 0$$

$$u = r - r_0 = \frac{f_e}{\dfrac{d^2\varphi}{dr^2}} = \frac{f_e}{k}$$

易见，当外力 f_e 较小时，偏离平衡点的位移 u 与外力之间呈线性关系，与原子间相互作用势曲线 $\varphi(r)$ 的曲率成反比。因此，互作用势曲线与弹簧常数为 k、恢复力与位移成正比的弹簧等效。小位移 u 下的线性响应几乎是所有固体的普遍性质，适用于复杂的单晶材料和由蛋白质和塑料组成的非晶固体材料。

固体应变定义为固体内一点的相对位移，所以双原子链的应变为

$$\varepsilon = \frac{u}{r_0} = \frac{f_e}{k r_0}$$

应变是无量纲量，当均匀物体受均匀外力作用时，其应变为常数。

类似地，可以得到三原子和 N 多原子构成的一维原子链的位移和应变。根据一维原子链模型可以通过几何拓展进入二维和三维系统。

微纳观尺度下固体材料的应力和应变关系，包括弹性关系，以及连续固体

结构的静变形都可以基于经典连续介质力学理论考虑微尺度影响给出描述。详细分析涉及较高知识内容，这些内容已经超出一般材料力学研究内容。所以，这里不再进行深入讨论，有兴趣者可参考相关书籍。

V.2.2　应力和应变

当物体变形时，物体上一点会移到另一点，假定物体没有刚体位移，并假定由物体的加速度和转动产生的惯性力效应足够小或者足够慢，以至于可以忽略。如图 V.4 所示为相对位移 $\boldsymbol{u}$ 下，由矢量 $\boldsymbol{r}$ 定义的点 P 移动到由矢量 $\boldsymbol{r}'$ 给出的点 P'。$\boldsymbol{r}$ 为初始点 P 相对于物体质心的矢径，$\boldsymbol{r}'$ 为终点 P' 相对于物体质心的矢径。由形变产生的 P' 相对于 P 的位移是矢量 $\boldsymbol{u} = \boldsymbol{r}' - \boldsymbol{r}$，物体内原子的位移也使用这一方式表达。对于静态问题，不考虑时间效应，则物体内位移矢量随位置 $\boldsymbol{r}$ 而变化，可以写作 $\boldsymbol{u}(\boldsymbol{r})$，假定坐标系原点选在质心，且有 $\boldsymbol{u}(0) = 0$。

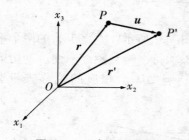

图 V.4　一点空间位移

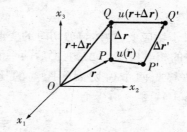

图 V.5　两点间空间位移

研究相距 $\Delta\boldsymbol{r}$ 的两点 $P(\boldsymbol{r})$ 和 $Q(\boldsymbol{r}+\Delta\boldsymbol{r})$，变形后点 P 移到 P'（$\boldsymbol{r}+\boldsymbol{u}(\boldsymbol{r})$），而 Q 点移到 Q'（$\boldsymbol{r}+\Delta\boldsymbol{r}+\boldsymbol{u}(\boldsymbol{r}+\Delta\boldsymbol{r})$），如图 V.5 所示。$P$ 点到 Q 点的矢量增量为 $\Delta\boldsymbol{r}$，P' 点相对 Q' 点的矢量增量为 $\Delta\boldsymbol{r}' = \Delta\boldsymbol{r}+\boldsymbol{u}(\boldsymbol{r}+\Delta\boldsymbol{r})-\boldsymbol{u}(\boldsymbol{r})$。由形变产生的 Q 点相对 P 的相对位移矢量为 $\Delta\boldsymbol{u} = \boldsymbol{u}(\boldsymbol{r}+\Delta\boldsymbol{r})-\boldsymbol{u}(\boldsymbol{r})$，则 Q' 点相对 P' 点的位置为 $\Delta\boldsymbol{r}' = \Delta\boldsymbol{r}+\Delta\boldsymbol{u}$ 当 Q 点和 P 点间的距离无穷小时，$\Delta\boldsymbol{r}$ 是一个微分矢量，因此可以将位移矢量 $\boldsymbol{u}(\boldsymbol{r}+\Delta\boldsymbol{r})$ 的各个分量 u_i 在 $\boldsymbol{r}$ 点展开为泰勒级数

$$u_i(\boldsymbol{r}+\Delta\boldsymbol{r}) = u_i(\boldsymbol{r}) + \sum_{j=1}^{3} \frac{\partial u_i}{\partial x_j}\Delta r_j + \cdots$$

略去高阶项后则 Q 点相对 P 的相对位移 $\Delta\boldsymbol{u}$ 可写成

$$\Delta u_i = \sum_{j=1}^{3} \frac{\partial u_i}{\partial x_j}\Delta r_j$$

式中的一组偏导数是物体内位置 $\boldsymbol{r}$ 的函数，其实质就是应变的线性部分，通过积分可以计算任意两点间由应变引起的相对位移。

两端受拉力作用初始长度为 l 的杆的相对伸长就是最简单的应变。忽略垂直于拉力方向的横向应变,则变成一维问题,其在轴向外力作用下的应变 ε 等于伸长后的长度 $l+\Delta l$ 与原长 l 的差 Δl 与初始长度 l 的比值。由于整个杆受到相同的拉力,所以任何初始长度为 $\mathrm{d}x$ 的微元都以相同的倍数伸长为 $(1+\varepsilon)\,\mathrm{d}x$,即 $\varepsilon = \mathrm{d}\boldsymbol{u}/\mathrm{d}x$,$\boldsymbol{u}(\boldsymbol{r}) = \varepsilon x\boldsymbol{i}$,式中 x 为杆某截面的初始位置,$\boldsymbol{i}$ 为沿杆轴向的单位矢量。如图 V.6 所示。

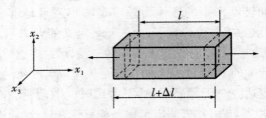

图 V.6　两端受拉杆应变

对于切应变,物体纯剪切时的变形如图 V.7 所示。垂直于 x_1 的两个平面沿 x_2 方向的相对位移为 Δl,变形后两平面仍然保持平行且距离不变。则切应变为剪切位移与两个剪切面间距离的比,即 $\gamma = \Delta l/l$。相应的位移矢量为 $\boldsymbol{u} = (0,\ \varepsilon x,0)$。

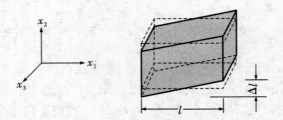

图 V.7　物体的纯剪切变形

对于纯弯曲,研究长度为 $2L$,宽和高均为 w 的细长梁,梁两端受一对作用在 xy 平面内的弯矩。坐标原点取梁的中点,轴线位于 x 轴上,梁两端的中心向上移动 Δy,假设 Δy 远小于 L,如图 V.8 所示。梁弯曲的位移矢量为

$$\boldsymbol{u}(x,y,z) = \left(-\frac{2xy}{L^2}\Delta y,\frac{y^2}{L^2}\Delta y,0\right)$$

当梁受关于 z 轴的弯矩作用时,轴线上位于 x 处截面的 y 方向的位移为 δy,$\delta y = \dfrac{\Delta y}{L^2}x^2$,当 δy 很小时,是半径为 $R = L^2/2\Delta y$ 的圆弧方程。按上式产生的位移

将使这些平面仍然垂直于变形后的梁轴线,这正好符合纯弯曲梁的特点。梁弯曲时的轴向应变与梁高度位置有关,且处于单向应变状态。梁纯弯曲变形如图 V.8 所示。

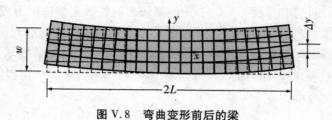

图 V.8   弯曲变形前后的梁

另外需要说明的是,小变形情况下线性系统的应变叠加原理仍然可以应用。也就是说只要位移场表达式中的二阶项和高阶项可以忽略,则位移就可以线性叠加。

V.2.3   弹性关系

胡克定律给出了描述绝大多数材料中应力应变关系的公式,它适用于小变形条件。当材料中出现位错以及包含塑性应变的大变形时,胡克定律可能因出现较大偏差而不适用。根据应力应变响应关系可将材料分成弹性和非弹性两类。弹性材料变形时的应变和应力一一对应;而非弹性材料则是一个应力对应多个应变值,且伴随有迟滞现象。弹性材料还可进一步根据应力应变之间是否成比例而划分成线弹性材料和非线弹性材料。大多数金属材料都属于韧性材料,在小应变时多是线弹性的。当应变较大时则进入典型的非线性,且具有迟滞响应的塑性变形。物体的应变状态不仅取决于当前应变值,而且还与加载历史有关。脆性材料在达到断裂点发生断裂之前,材料的应力应变响应基本上是线性的。超过断裂点,材料发生破坏。脆性断裂的有关力学特性还取决于材料的抗裂纹扩展能力大小。

许多有机材料,尤其是橡胶和生物制品,常呈现出重复的非弹性行为。当循环载荷卸载到初始加载点时,存在着明显的非线性和迟滞现象。

根据材料的均匀性假设,物体的弹性模量与位置无关,与物体形状无关,仅与材料组成成分有关。最一般情形下描述应力与应变最一般的线性关系中存在着 81 个弹性模量常数值。由于应力和应变是对称张量(有关张量的知识可参考相关资料),则要求弹性模量也具有对称性,独立变量的数目就减少到 36 个。当材料特性具有某些对称性时还可以进一步简化,最简单的情况下只有 2

个,如有旋转对称和反对称的各向同性材料。许多宏观材料,如多晶金属材料、无序的有机物和一些玻璃。当其尺寸足够大,以至于可以忽略微观变化时,均可将其看做各向同性材料。对于具有嵌入对称的材料,如木材、单晶体和有机材料,则不能简化到最简的形式,必须保留较多的常数来描述应力应变关系。

众所周知,应变和能量有关,而能量又与原子互作用势的形式密切相关,基于该能量可将空间一点的 9 个应力和应变分量定义为六矢量形式。根据应力和应变属于对称张量,因此,它们各自只有 6 个独立的值。所以可以采用六矢量形式描述一点的应力和应变大小。即

$$
\left\{\begin{array}{c} \tau_1 \\ \tau_2 \\ \tau_3 \\ \tau_4 \\ \tau_5 \\ \tau_6 \end{array}\right\} = \left\{\begin{array}{c} \sigma_x \\ \sigma_y \\ \sigma_z \\ \tau_{xy} \\ \tau_{yz} \\ \tau_{zx} \end{array}\right\}, \left\{\begin{array}{c} e_1 \\ e_2 \\ e_3 \\ e_4 \\ e_5 \\ e_6 \end{array}\right\} = \left\{\begin{array}{c} \varepsilon_x \\ \varepsilon_y \\ \varepsilon_z \\ \gamma_{xy} \\ \gamma_{yz} \\ \gamma_{zx} \end{array}\right\}, \left\{\begin{array}{c} \tau_1 \\ \tau_2 \\ \tau_3 \\ \tau_4 \\ \tau_5 \\ \tau_6 \end{array}\right\} = \left[\begin{array}{cccccc} c_{11} & c_{12} & c_{13} & c_{14} & c_{15} & c_{16} \\ c_{21} & c_{22} & c_{23} & c_{24} & c_{25} & c_{26} \\ c_{31} & c_{32} & c_{33} & c_{34} & c_{35} & c_{36} \\ c_{41} & c_{42} & c_{43} & c_{44} & c_{45} & c_{46} \\ c_{51} & c_{52} & c_{53} & c_{54} & c_{55} & c_{56} \\ c_{61} & c_{62} & c_{63} & c_{64} & c_{65} & c_{66} \end{array}\right] \left\{\begin{array}{c} e_1 \\ e_2 \\ e_3 \\ e_4 \\ e_5 \\ e_6 \end{array}\right\}
$$

(V.3)

或采用形式如下的公式表达

$$
\tau_i = \sum_{j=1}^{6} c_{ij} e_j \quad (i = 1, 6)
$$

(V.4)

常数 c_{ij} 称为弹性刚度系数,它构成 6×6 的弹性模量矩阵,也称为杨氏模量矩阵。

当材料关于 $x-y$ 平面对称时,则弹性模量矩阵可简化为

$$
c = \left[\begin{array}{cccccc} c_{11} & c_{12} & c_{13} & 0 & 0 & c_{16} \\ c_{21} & c_{22} & c_{23} & 0 & 0 & c_{26} \\ c_{31} & c_{32} & c_{33} & 0 & 0 & c_{36} \\ 0 & 0 & 0 & c_{44} & c_{45} & 0 \\ 0 & 0 & 0 & c_{54} & c_{55} & 0 \\ c_{61} & c_{62} & c_{63} & 0 & 0 & c_{66} \end{array}\right]
$$

若材料关于 $y-z$ 平面和 $z-x$ 平面对称时,则弹性模量矩阵可简化为

$$c = \begin{bmatrix} c_{11} & c_{12} & c_{13} & 0 & 0 & 0 \\ c_{21} & c_{22} & c_{23} & 0 & 0 & 0 \\ c_{31} & c_{32} & c_{33} & 0 & 0 & 0 \\ 0 & 0 & 0 & c_{44} & 0 & 0 \\ 0 & 0 & 0 & 0 & c_{55} & 0 \\ 0 & 0 & 0 & 0 & 0 & c_{66} \end{bmatrix}$$

关于 x-y、y-z 和 z-x 平面都呈镜像对称的材料,称为正交各向异性材料,弹性矩阵亦如上式所示。所有单原子立方晶体以及金刚石结构的材料都是正交各向异性的。

对于均质各向同性材料,不管材料坐标轴如何旋转,其力学特性都是等效的,无论从哪个方向观察都是一样的。此时独立的弹性常数只有 2 个,该类材料的弹性模量形式为

$$c = \begin{bmatrix} c_{11} & c_{12} & c_{12} & 0 & 0 & 0 \\ c_{12} & c_{11} & c_{12} & 0 & 0 & 0 \\ c_{12} & c_{12} & c_{11} & 0 & 0 & 0 \\ 0 & 0 & 0 & c_{44} & 0 & 0 \\ 0 & 0 & 0 & 0 & c_{44} & 0 \\ 0 & 0 & 0 & 0 & 0 & c_{44} \end{bmatrix} \tag{V.5}$$

其中 $c_{44} = (c_{11} - c_{12})/2$。力学界习惯上常用拉梅(G. Lame)常数 λ 和 μ 来描述弹性模量矩阵

$$c = \begin{bmatrix} \lambda + 2\mu & \lambda & \lambda & 0 & 0 & 0 \\ \lambda & \lambda + 2\mu & \lambda & 0 & 0 & 0 \\ \lambda & \lambda & \lambda + 2\mu & 0 & 0 & 0 \\ 0 & 0 & 0 & \mu & 0 & 0 \\ 0 & 0 & 0 & 0 & \mu & 0 \\ 0 & 0 & 0 & 0 & 0 & \mu \end{bmatrix} \tag{V.6}$$

工程中经常采用杨氏模量 E 和泊松比 ν 表达刚度矩阵,E、ν 以及切变模量 G 与拉梅常数 λ 和 μ 间的关系为

$$E = \frac{\mu(3\lambda + 2\mu)}{\lambda + \mu}, \quad \nu = \frac{\lambda}{2(\lambda + 2\mu)}, \quad G = \frac{1}{\mu}$$

$$\lambda = \frac{E\nu}{(1 + \nu)(1 - 2\nu)}, \quad \mu = \frac{E}{2(1 + \nu)} \tag{V.7}$$

　　真正满足各向同性条件的材料其实是非常少的。尺寸远大于晶粒尺寸的多晶体材料通常可看做是各向同性的。因此，多数尺度等于或大于 $100~\mu m$ 的金属以及无序塑料均可视为各向同性材料。材料制造工艺会产生各向异性，如轧制金属板或管，由于其挤出过程产生的非对称性导致材料具有一定的各向异性。许多晶体薄膜，由于平面应力作用，也表现出各向异性性质。然而，由于各向同性假定能够给分析带来极大的方便，因此应用极其广泛。即使材料表现出相当明显的各向异性特性，也经常假定其为各向同性材料。

　　晶体材料因其许多不同的对称种类、较多的对称限制条件，形成了相应的多种弹性模量形式。关于坐标平面都呈镜像对称的晶体材料属于正交各向异性材料。有关晶体材料的本构关系可参考有关资料。因其超出本书内容，此处不再赘述。

　　【例Ⅴ.1】　拉伸杆中的应力。参见图 Ⅴ.6，假定杆由拉梅系数为 λ 和 μ 的各向同性材料制成，在外力作用下，沿 x 方向长度从 l 增加到 $l+\Delta l$，在此伸长量下的应力是多少？

　　根据前面杆拉伸行为分析知，此时杆中的六应变矢量中只有一个非零项，$\varepsilon_x = \Delta l/l$。根据各向同性材料弹性常数矩阵，易知其六应力分量为

$$\begin{bmatrix} \tau_1 & \tau_2 & \tau_3 & \tau_4 & \tau_5 & \tau_6 \end{bmatrix} = \begin{bmatrix} \lambda+2\mu & \lambda & \lambda & 0 & 0 & 0 \end{bmatrix}\frac{\Delta l}{l}$$

　　易见，沿长度方向的拉应力与应变成正比，正如胡克定律所述。

　　单向拉伸杆的应变。如图 Ⅴ.9 所示处于轴向拉伸下长 $l = 1~\mu m$ 的杆，两端作用的力 $F = 10~nN$（$F = 10^{-8}~N$），杆的横截面积为 $A = 100~nm \times 100~nm$。材料是各向同性的，其弹性模量 $E = 100~GPa$，泊松比 $\nu=1/3$。则其六应力矢量为 $\tau = \{F/A,0,0,0,0,0\}^T = \{1~MPa,0,0,0,0,0\}^T$。利用胡克定律可以得到六应变矢量 $\varepsilon = \{1, -\nu, -\nu, 0,0,0\}(F/EA)^T = 10^{-3}\{1, -1/3, -1/3,0,0,0\}^T$。易见当杆沿长度方向伸长 1 nm，则每一横向尺寸都收缩了 1/3 nm。

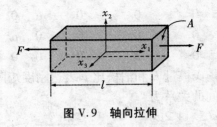

图 Ⅴ.9　轴向拉伸

　　【例Ⅴ.2】　受剪切杆的应力。各向同性杆受纯剪切作用，杆沿 x 轴在 y 方

向受剪切,长度为 l 杆段的总剪切变形量为 Δl,参见图 V.7。此时杆中的六应变矢量中也只有一个非零项,$\gamma_{xy} = \Delta l/l$,即 $\boldsymbol{\varepsilon} == \begin{bmatrix} 0 & 0 & 0 & \dfrac{\Delta l}{l} & 0 & 0 \end{bmatrix}$。

根据各向同性材料弹性常数矩阵,易知其六应力分量为

$$\begin{bmatrix} \tau_1 & \tau_2 & \tau_3 & \tau_4 & \tau_5 & \tau_6 \end{bmatrix} = \begin{bmatrix} 0 & 0 & 0 & \mu\dfrac{\Delta l}{l} & 0 & 0 \end{bmatrix}$$

易见,沿垂直于 x 轴平面内施加沿 y 方向的切应力所引起的剪切变形的大小与总切应变成正比,该结果与剪切胡克定律相一致。

【例 V.3】 梁的纯弯曲。长度为 L 的梁在 x–y 平面内弯曲,参见图 V.8,根据平面假设和几何分析后可得其应变六矢量为

$$\boldsymbol{\varepsilon} = \begin{bmatrix} -2y\dfrac{\Delta y}{L^2} & 0 & 0 & 0 & 0 & 0 \end{bmatrix}$$

对于各向同性材料,相应的应力为

$$\begin{bmatrix} \tau_1 & \tau_2 & \tau_3 & \tau_4 & \tau_5 & \tau_6 \end{bmatrix} = -2y\dfrac{\Delta y}{L^2}\begin{bmatrix} \lambda + 2\mu & \lambda & \lambda & 0 & 0 & 0 \end{bmatrix}$$

梁的上表面为压应力,下表面为拉应力,如图 V.10 所示。为了得到沿 x 轴方向的纯应变,沿 y 方向和 z 方向一定有附加的压应力和拉应力 τ_2 和 τ_3。

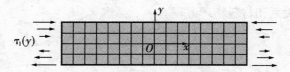

图 V.10　纯弯曲梁截面的应力分布

V.2.4　固体的静变形

本节讨论只需要两个独立材料常数(杨氏模量 E、泊松比 ν 或拉梅常数 λ 和 μ)就可以完整描述材料本构性能的线弹性、各向同性固体材料的静变形问题。对于一般线弹性材料的处理,可采用刚度矩阵或柔度矩阵。但对包含复数域微分方程的复杂问题通常都是采用数值解法进行分析。

为方便数学处理,描述材料物理性能的材料坐标轴采用直角坐标系,坐标轴采用 x_1、x_2 和 x_3 描述。相应各坐标轴方向上的位移采用 u_1、u_2 和 u_3 描述,材料内空间一点应力分量表达为 σ_{11}、σ_{22}、σ_{33}、τ_{12}、τ_{23} 和 τ_{31} 描述,对应的应变表示为 ε_{11}、ε_{22}、ε_{33}、γ_{12}、γ_{23} 和 γ_{31}。

由于应力应变之间满足线性关系,即符合胡克定律,因此有广义胡克定律表达式

$$\varepsilon_{11} = \frac{1}{E}\left[\sigma_{11} - \nu(\sigma_{22} + \sigma_{33})\right]$$

$$\varepsilon_{22} = \frac{1}{E}\left[\sigma_{22} - \nu(\sigma_{33} + \sigma_{11})\right]$$

$$\varepsilon_{33} = \frac{1}{E}\left[\sigma_{33} - \nu(\sigma_{11} + \sigma_{22})\right]$$

$$\gamma_{12} = \frac{2(1+\nu)}{E}\tau_{12} \qquad (V.8)$$

$$\gamma_{23} = \frac{2(1+\nu)}{E}\tau_{23}$$

$$\gamma_{31} = \frac{2(1+\nu)}{E}\tau_{31}$$

根据弹性理论知固体结构变形时一点应变和位移的几何关系式为

$$\varepsilon_{11} = \frac{\partial u_1}{\partial x_1}, \quad \varepsilon_{22} = \frac{\partial u_2}{\partial x_2}, \quad \varepsilon_{33} = \frac{\partial u_3}{\partial x_3}$$

$$\gamma_{12} = \frac{\partial u_1}{\partial x_2} + \frac{\partial u_2}{\partial x_1}, \quad \gamma_{23} = \frac{\partial u_2}{\partial x_3} + \frac{\partial u_3}{\partial x_2}, \quad \gamma_{31} = \frac{\partial u_3}{\partial x_1} + \frac{\partial u_1}{\partial x_3} \qquad (V.9)$$

联立几何关系和材料物理方程有

$$\frac{\partial u_1}{\partial x_1} = \frac{1}{E}\left[\sigma_{11} - \nu(\sigma_{22} + \sigma_{33})\right]$$

$$\frac{\partial u_2}{\partial x_2} = \frac{1}{E}\left[\sigma_{22} - \nu(\sigma_{33} + \sigma_{11})\right]$$

$$\frac{\partial u_3}{\partial x_3} = \frac{1}{E}\left[\sigma_{33} - \nu(\sigma_{11} + \sigma_{22})\right]$$

$$\frac{\partial u_1}{\partial x_2} + \frac{\partial u_2}{\partial x_1} = \frac{2(1+\nu)}{E}\tau_{12} \qquad (V.10)$$

$$\frac{\partial u_2}{\partial x_3} + \frac{\partial u_3}{\partial x_2} = \frac{2(1+\nu)}{E}\tau_{23}$$

$$\frac{\partial u_3}{\partial x_1} + \frac{\partial u_1}{\partial x_3} = \frac{2(1+\nu)}{E}\tau_{31}$$

处于平衡状态的固体结构,内部任意点需满足微分单元体的平衡条件,当不计体积力时,可以导出应力分量应当满足的平衡微分方程

$$\frac{\partial \sigma_{11}}{\partial x_1} + \frac{\partial \tau_{12}}{\partial x_2} + \frac{\partial \tau_{13}}{\partial x_3} = 0$$

$$\frac{\partial \tau_{21}}{\partial x_1} + \frac{\partial \sigma_{22}}{\partial x_2} + \frac{\partial \tau_{23}}{\partial x_3} = 0 \qquad\qquad \text{（Ⅴ.11）}$$

$$\frac{\partial \tau_{31}}{\partial x_1} + \frac{\partial \tau_{32}}{\partial x_2} + \frac{\partial \sigma_{33}}{\partial x_3} = 0$$

$$\tau_{12} = \tau_{21}, \tau_{23} = \tau_{32}, \tau_{31} = \tau_{13}$$

联立上述方程可得到只包含位移的方程,求解后即可得到位移分量。

上述微分方程组构成了对各向同性线弹性体静力学问题的完整描述,根据几何边界条件求解后可得到固体内任意点的位移、应力和应变。

固体结构边界条件一般分为给定面力的应力边界条件、给定位移或位移导数值的位移边界条件和部分应力已知–部分位移给定的混合边界条件。只有给出相应数目的边界值才存在有意义的解。若给出的边界条件太多,问题是超静定且可能无解。边界条件太少则可能无法完全确定对微分方程进行积分时所出现的积分常数。

获得一个问题的完整解需要将物体的边界条件和线性方程联合起来进行数学求解。对于一个一般的问题,通常很难找到一个完备的解析解,甚至计算近似解也是一个相当大的挑战。一般只能就极少数的简单问题获得解析解,除了那些最简单的问题,一般只能采用数值方法求解。

固体力学中最常遇到的弹性体问题是细长杆件或称之为梁的物体变形。梁的典型几何特征是纵向长度方向尺寸远大于横向的尺寸,最简单的横截面几何形式是圆形和矩形。取 x_1 轴沿变形前的梁长度方向,x_1-x_3 平面原点选择横截面的形心位置,即横截面对 x_1、x_3 积分的一次矩为零,即静矩为零。

首先研究轴向力作用下梁的变形计算问题。长度为 l 横截面积为 A 的各向同性梁,两端受均匀分布的力 F 作用,F 的作用为产生均匀变形的轴向力,参见图 Ⅴ.10,选取梁中心作为坐标原点。

根据对称性知,原点处相对位移为 0,即 $u(0) = 0$。只要求得应力分量,即可通过上述关系式并利用边界条件求出位移 $u(r)$。

求解本问题采用所谓的"逆解法",即假定应力分布,然后按给定边界条件进行验证。根据边界上面力边界条件和梁的几何形状可知,梁两端的力 F 被认为是均匀地施加到横截面 A 上,法向面力集度显然就是沿 x_1 轴的正应力 σ_{11},因此一定有 $\sigma_{11} = F/A$。由于无其他面力作用,所以其他应力分量一定为零。不计体力时,由平衡方程知梁内部的应力为常量。故可设梁的应力为

$$\sigma_{11} = F/A, \sigma_{22} = \sigma_{33} = \tau_{12} = \tau_{23} = \tau_{31} = 0$$

易见上述应力分量表达式满足边界条件，至此求解该问题已成功一半。接下来推导位移计算公式。由应力-应变关系和几何方程可写出相应位移的方程

$$\frac{\partial u_1}{\partial x_1} = \frac{F}{EA}, \quad \frac{\partial u_2}{\partial x_2} = -\nu \frac{F}{EA}, \quad \frac{\partial u_3}{\partial x_3} = -\nu \frac{F}{EA}$$

$$\frac{\partial u_1}{\partial x_2} + \frac{\partial u_2}{\partial x_1} = 0, \quad \frac{\partial u_2}{\partial x_3} + \frac{\partial u_3}{\partial x_2} = 0, \quad \frac{\partial u_3}{\partial x_1} + \frac{\partial u_1}{\partial x_3} = 0$$

$$(\text{V}.12)$$

积分上述方程（V.12）中的前三个可得

$$u_1(x_1, x_2, x_3) = \frac{Fx_1}{EA} + f_1(x_2, x_3)$$

$$u_2(x_1, x_2, x_3) = -\nu \frac{Fx_2}{EA} + f_2(x_1, x_3)$$

$$u_3(x_1, x_2, x_3) = -\nu \frac{Fx_3}{EA} + f_3(x_1, x_2)$$

其中 f_1、f_2 和 f_3 为待定函数，方程组中的后三个方程为梁其他变形的约束条件。

首先利用对称性对问题进行简化。绕 x_1 轴旋转 $180°$，使 x_3 变为 $-x_3$，x_2 变为 $-x_2$ 结果应当是相同的，即位移 u_1 只和 x_1 有关，而与 x_2, x_3 无关。上述方程中第一式可写成

$$u_1(x_1) = \frac{Fx_1}{EA} + C_1$$

式中 C_1 为常数。由原点处位移 $u(0) = 0$，可得到常数 $C_1 = 0$。将该式代入（V.12）中的第 4 和第 6 个方程式中有

$$\frac{\partial u_2}{\partial x_1} = 0, \frac{\partial u_3}{\partial x_1} = 0$$

因此知，u_2 和 u_3 与 x_1 无关，故可将 u_2 和 u_3 表达式写成

$$u_2(x_2, x_3) = -\nu \frac{Fx_2}{EA} + f_2(x_3)$$

$$u_3(x_2, x_3) = -\nu \frac{Fx_3}{EA} + f_3(x_2)$$

将上述表达式代入（V.12）中的第 5 个方程式中有

$$\frac{\mathrm{d}f_2(x_3)}{\mathrm{d}x_3} + \frac{\mathrm{d}f_3(x_2)}{\mathrm{d}x_2} = 0$$

分离变量处理后有

$$\frac{\mathrm{d}f_2(x_3)}{\mathrm{d}x_3} = -\frac{\mathrm{d}f_3(x_2)}{\mathrm{d}x_2}$$

若令上式等于常数 λ，即

$$\frac{\mathrm{d}f_2(x_3)}{\mathrm{d}x_3} = -\frac{\mathrm{d}f_3(x_2)}{\mathrm{d}x_2} = \lambda$$

则有

$$f_2(x_3) = \lambda x_3 + C_2, \quad f_3(x_2) = -\lambda x_2 + C_3$$

同样，由原点处位移 $u(0) = 0$，可得到常数 $C_2 = 0$、$C_3 = 0$。上式变为

$$f_2(x_3) = \lambda x_3, \quad f_3(x_2) = -\lambda x_2$$

上述表达式给出的是梁的转动刚体位移，为了消除刚体位移，必然有 $\lambda = 0$。因此，受拉伸作用的梁任一点位移的最终计算公式为

$$u_1(x_1, x_2, x_3) = \frac{Fx_1}{EA}$$

$$u_2(x_1, x_2, x_3) = -\nu \frac{Fx_2}{EA} \tag{V.13}$$

$$u_3(x_1, x_2, x_3) = -\nu \frac{Fx_3}{EA}$$

梁在体积力作用下的伸长量计算。当梁仅受均匀体积力作用时，设体积力集度为只有 x_1 方向的分量 f，其单位为 $\mathrm{N/m^3}$，体积力可由静电、磁场、重力或引力作用引起。对于密度为 ρ 的物体所受重力加速度 g 作用时所产生的体积力为 $f = \rho g$。电荷密度为 ρ_0 的带电物体受恒定电场 E 作用时所产生的体积力为 $f = \rho_0 E$。所研究的梁一端中点固定，该点不能移动，且端面也不能弯曲。坐标原点就选择该固定点，如图 V.11 所示。问题的边界条件可描述为

$$u(0) = 0$$

$$\frac{\partial u_1}{\partial x_2}(0) = \frac{\partial u_1}{\partial x_3}(0) = \frac{\partial u_2}{\partial x_1}(0) = \frac{\partial u_2}{\partial x_3}(0) = \frac{\partial u_3}{\partial x_1}(0) = \frac{\partial u_3}{\partial x_2}(0) = 0$$

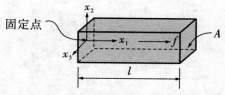

图 V.11　梁在体积力作用下的伸长量

杆件总体力为 $F = lAf$，该力也是保持梁平衡固定端施加到梁端上的约束反

力合力。由前面例子知，梁左端 $x_1 = 0$ 处的应力分量分别为 $\sigma_{11} = fl$，$\sigma_{22} = \sigma_{33} = \tau_{12} = \tau_{23} = \tau_{31} = 0$。为简单计，假定仅限制了端面中点处的位移和弯曲，应力是均匀施加到梁的整个端面上。梁的其他部分的应力可表达为 $\sigma_{11} = fl\left(1 - \dfrac{x_1}{l}\right)$，$\sigma_{22} = \sigma_{33} = \tau_{12} = \tau_{23} = \tau_{31} = 0$。接下来利用前面公式可以计算位移

$$\frac{\partial u_1}{\partial x_1} = \frac{f(l - x_1)}{E}, \quad \frac{\partial u_2}{\partial x_2} = \frac{\partial u_3}{\partial x_3} = -\nu\frac{f(l - x_1)}{E}$$

$$\frac{\partial u_1}{\partial x_2} + \frac{\partial u_2}{\partial x_1} = 0, \quad \frac{\partial u_2}{\partial x_3} + \frac{\partial u_3}{\partial x_2} = 0, \quad \frac{\partial u_3}{\partial x_1} + \frac{\partial u_1}{\partial x_3} = 0 \tag{V.14}$$

对第一式积分可得

$$u_1(x_1, x_2, x_3) = \frac{f}{E}\left(lx_1 - \frac{x_1^2}{2}\right) + f_1(x_2, x_3)$$

将其代入到式（V.14）的第 3 和第 5 式，可得

$$u_2(x_1, x_2, x_3) = -x_1\frac{\partial f_1}{\partial x_2} + f_2(x_2, x_3)$$

$$u_3(x_1, x_2, x_3) = -x_1\frac{\partial f_1}{\partial x_3} + f_3(x_2, x_3) \tag{a}$$

将式（a）代入到（V.14）第 4 式中有

$$-x_1\frac{\partial^2 f_1}{\partial x_2\partial x_3} + \frac{\partial f_2}{\partial x_3} - x_1\frac{\partial^2 f_1}{\partial x_2\partial x_3} + \frac{\partial f_3}{\partial x_2} = 0$$

将（a）代入到（V.14）第 2 式中有

$$-x_1\frac{\partial^2 f_1}{\partial x_2^2} + \frac{\partial f_2}{\partial x_2} = -\nu\frac{f(l - x_1)}{E}$$

$$-x_1\frac{\partial^2 f_1}{\partial x_3^2} + \frac{\partial f_3}{\partial x_3} = -\nu\frac{f(l - x_1)}{E}$$

由于 f_1、f_2、f_3 只是变量 x_2、x_3 的函数，所以通过比较等式两端的对应项，有

$$\frac{\partial^2 f_1}{\partial x_2^2} = -\nu\frac{f}{E}, \quad \frac{\partial f_2}{\partial x_2} = -\nu\frac{fl}{E}$$

$$\frac{\partial^2 f_1}{\partial x_3^2} = -\nu\frac{f}{E}, \quad \frac{\partial f_3}{\partial x_3} = -\nu\frac{fl}{E}$$

积分可以得到

$$f_1 = -\nu \frac{f}{2E}x_2^2 + f_1^*(x_3)x_2 + f_{10}$$

$$f_2 = -\nu \frac{fl}{E}x_2 + f_2^*(x_3)$$

$$f_1 = -\nu \frac{f}{2E}x_3^2 + f_1^{**}(x_2)x_3 + f_{100}$$

$$f_3 = -\nu \frac{fl}{E}x_3 + f_3^*(x_2)$$

所以将两种 f_1 表达式叠加有

$$f_1 = -\nu \frac{f}{2E}(x_2^2 + x_3^2) + f_1^*(x_3)x_2 + f_1^{**}(x_2)x_3 + f_0$$

由于 $\dfrac{\partial^2 f_1}{\partial x_2^2} = -\nu \dfrac{f}{E}$，　$\dfrac{\partial^2 f_1}{\partial x_3^2} = -\nu \dfrac{f}{E}$，将上面 f_1 表达式代入可得

$$f_1^{**\,\prime\prime}(x_2) = 0$$
$$f_1^{*\,\prime\prime}(x_3) = 0$$

从而有

$$f_1^{**}(x_2) = C_0 x_2 + C_1$$
$$f_1^*(x_3) = C_2 x_3 + C_3$$

故

$$f_1 = -\nu \frac{f}{2E}(x_2^2 + x_3^2) + C_1 x_2 x_3 + f_0$$

$$u_1(x_1, x_2, x_3) = \frac{f}{E}(lx_1 - x_1^2/2) - \nu \frac{f}{2E}(x_2^2 + x_3^2) + C_1 x_2 x_3 + f_0$$

将

$$u_2(x_1, x_2, x_3) = -x_1 \frac{\partial f_1}{\partial x_2} + f_2(x_2, x_3)$$

$$= -x_1\left(-\nu \frac{f}{E}x_2 + C_1 x_3\right) - \nu \frac{fl}{E}x_2 + f_2^*(x_3)$$

$$u_3(x_1, x_2, x_3) = -x_1 \frac{\partial f_1}{\partial x_3} + f_3(x_2, x_3)$$

$$= -x_1\left(-\nu \frac{f}{E}x_3 + C_1 x_2\right) - \nu \frac{fl}{E}x_3 + f_3^*(x_2)$$

代入到（Ⅴ.14）中的 $\dfrac{\partial u_2}{\partial x_3} + \dfrac{\partial u_3}{\partial x_2} = 0$ 方程有

$$- C_1 x_1 + f_2^{*\prime}(x_3) = C_1 x_1 - f_3^{*\prime}(x_2) \rightarrow C_1 = 0,$$

$$f_2^{*\prime}(x_3) = - f_3^{*\prime}(x_2) = C \rightarrow f_2^{*}(x_3) = C x_3 + A_1,$$

$$f_3^{*}(x_2) = - C x_2 + A_2$$

从而有

$$u_1(x_1, x_2, x_3) = \frac{f}{E}(l x_1 - x_1^2/2) - \nu \frac{f}{2E}(x_2^2 + x_3^2) + f_0$$

$$u_2(x_1, x_2, x_3) = x_1 \nu \frac{f}{E} x_2 - \nu \frac{fl}{E} x_2 + C x_3 + A_1 \qquad \text{(b)}$$

$$u_3(x_1, x_2, x_3) = x_1 \nu \frac{f}{E} x_3 - \nu \frac{fl}{E} x_3 - C x_2 + A_2$$

将位移表达式代入到边界条件有

$$f_0 = 0, A_1 = 0, A_2 = 0, C = 0$$

最后得到位移公式为

$$u_1(x_1, x_2, x_3) = \frac{f}{E}(l x_1 - x_1^2/2) - \nu \frac{f}{2E}(x_2^2 + x_3^2)$$

$$u_2(x_1, x_2, x_3) = - \nu \frac{f}{E}(l - x_1) x_2 \qquad \text{(V.15)}$$

$$u_3(x_1, x_2, x_3) = - \nu \frac{f}{E}(l - x_1) x_3$$

由此可见，体力使杆件沿轴线方向伸长，最右端伸长量为 $fl^2/(2E)$。沿横向 x_2、x_3 方向的尺寸由于泊松效应而变细。在无面力作用的夹支端面 $x_1 = 0$，不同的 x_2、x_3 将对应一定数值的 u_1。这是由于作用在梁上的应力使其沿 x_1 方向发生了翘曲。如果夹支边界条件不是中点而是整个梁的左端端面，那么就不会发生翘曲，但是问题的求解将更加困难。

梁的纯弯曲变形计算。如图 V.12 所示矩形截面梁，其长度为 l，宽度为 b，高度为 h，左端固支。因此，该端面中点不能移动、转动或扭转。右端受弯矩 M_0 作用。梁处于静止平衡状态时左端约束反力为大小等于 M_0 的力偶。弯矩使梁绕 x_3 轴发生弯曲，上表面沿长度方向受拉伸长，下表面受压缩短。应变沿截面高度连续分布，且截面上任意一点的轴向应变与该点的 x_2 坐标（即该点到轴线的距离）成正比。梁轴线上则不发生轴向应变。垂直于轴线的横截面在弯曲后仍可近似地认为垂直于轴线。

根据梁弯曲理论，令截面对 x_2 轴的惯性矩为 I_2，则横截面上一点的应力可表达为 $\sigma_{11} = \dfrac{M_0 x_2}{I_2}$，$I_2 = \dfrac{bh^3}{12}$，$\sigma_{22} = \sigma_{33} = \tau_{12} = \tau_{23} = \tau_{31} = 0$。对于纯弯曲来

说,梁内应力沿长度方向是均匀的。得到梁内各点的应力后,应用胡克定律和几何方程,并按照前面的过程进行分析可得到

$$u_1(x_1,x_2,x_3) = \frac{M_0}{EI_2}x_1x_2 + a_1x_2 + b_1x_3 + c_1$$

$$u_2(x_1,x_2,x_3) = -\frac{M_0}{EI_2}(x_1^2 + \nu x_2^2 - \nu x_3^2) + a_2x_1 + b_2x_3 + c_2 \qquad (\text{a})$$

$$u_3(x_1,x_2,x_3) = -\nu\frac{M_0}{EI_2}x_2x_3 + a_3x_1 + b_3x_2 + c_3$$

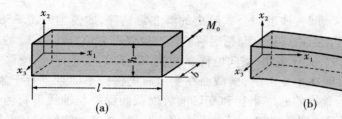

图 V.12　梁的纯弯曲变形

梁左端为固支,其边界条件为位移和弯曲转角均为零,即 $u(0)=0$,$\frac{\partial u_2}{\partial x_1}(0) = \frac{\partial u_3}{\partial x_1}(0) = 0$;转动约束条件为 $\frac{\partial u_2}{\partial x_3}(0) = \frac{\partial u_3}{\partial x_2}(0) = 0$。从而可导出 $a_1 = b_1 = c_1 = a_2 = b_2 = c_2 = a_3 = b_3 = c_3 = 0$,最后可得到位移表达式为

$$u_1(x_1,x_2,x_3) = \frac{M_0}{EI_2}x_1x_2$$

$$u_2(x_1,x_2,x_3) = -\frac{M_0}{EI_2}(x_1^2 + \nu x_2^2 - \nu x_3^2) \qquad (\text{V}.16)$$

$$u_3(x_1,x_2,x_3) = -\nu\frac{M_0}{EI_2}x_2x_3$$

由上述公式易见,初始梁轴线 $x_2 = x_3 = 0$ 未发生任何伸长或缩短,其实 $x_2 = 0$ 的所谓中性层上(x_3 任意)均有 $u_1 = 0$。梁轴线在 x_2 方向上则发生了挠曲变形 $u_2(x_1) = -\frac{M_0}{EI_2}x_1^2$,在自由端挠度达到最大值 $u_2(l) = -\frac{M_0}{EI_2}l^2$。易见,梁轴线弯曲后的挠曲线方程为抛物线,如图 V.13 所示。小位移条件下的梁轴线抛物线形状非常接近圆形,近似的圆半径或弯曲后的曲率半径为 $\rho = \frac{EI_2}{M_0}$,如图 V.14 所示。这些与材料力学 I 中弯曲曲率半径计算公式相同。

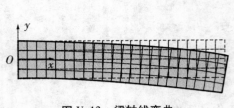

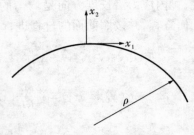

图 V.13　梁轴线弯曲　　　　　　图 V.14　抛物线形状

当梁的长度 $l \ll \rho$ 时，该近似公式给出的解非常精确，即便当 $l = 0.35\rho$ 时，由该近似公式计算给出的梁挠度与精确解的误差也仅有 1%，$l = 1.1\rho$ 时的误差为 10%。上述位移公式还表明，横向位移 u_1 与横向距离 x_2 成正比，而位移 u_2 与 u_3 均等于零。这说明在小变形下，横截面在变形后仍保持平面且垂直于轴线。圆半径近似弯曲后轴线的曲率半径和变形前后横截面保持与轴线垂直两个假设是欧拉-伯努利梁的理论基础。对于小位移细长梁，该理论能够准确预测出任意力作用下梁的弯曲。对于横力弯曲，横向力主要影响是产生与力和轴线垂直的弯矩，该弯矩所产生的弯曲变形和弯曲应力仍采用纯弯曲模型给出的计算公式计算。对于剪力引起的应力和变形多数情况下都可以忽略不计。如果需要研究既有弯曲又有剪切的位移，可以采用叠加法处理。横力弯曲带来沿梁长度方向变化的载荷，此种情况下的弯曲计算可以假定该变化载荷主要是弯矩，且只引起局部的弯曲。该方法得到的结果与弹性理论精确解相比具有相当的精确度。但是对于深梁和大挠度问题，该理论的结果误差较大。对于变截面横力弯曲，计算截面处弯曲曲率半径时只需要采用计算截面位置处的弯矩和截面惯性矩即可，即 $\rho = \dfrac{EI_2(x_1)}{M(x_1)}$。而且无论是宏观还是微观尺度，等截面直梁弯曲后的挠度与弯矩之间仍然存在《材料力学 I》中的梁弯曲挠度近似微分方程式，即有 $\dfrac{d^2 u_2}{dx_1^2} = \dfrac{M(x_1)}{EI_2}$，梁弯曲后截面发生的转角 $\theta = du_2/dx_1$。根据平衡条件，梁弯曲内力与载荷之间存在微分和积分关系，结合梁弯曲挠曲线近似微分方程，有

$$\frac{\mathrm{d}M(x_1)}{\mathrm{d}x_1} = F_s(x_1)$$

$$\frac{\mathrm{d}F_s(x_1)}{\mathrm{d}x_1} = q(x_1)$$

$$\frac{\mathrm{d}^2 M(x_1)}{\mathrm{d}x_1^2} = q(x_1)$$

$$\frac{\mathrm{d}^3 u_2}{\mathrm{d}x_1^3} = \frac{F_s(x_1)}{EI_2}$$

$$\frac{\mathrm{d}^4 u_2}{\mathrm{d}x_1^4} = \frac{q(x_1)}{EI_2}$$

（V.17）

规定梁弯曲时轴线不发生任何轴向应变,这是当梁中不存在轴向力时的结论。如果研究对象梁中存在轴向力作用或包含剪切,则势必存在轴向应变。此时,轴向力的影响可以单独分析,然后将轴向力引起的拉压与横向力或弯曲载荷产生的弯曲两部分结果进行叠加。

剪切位移计算。欧拉-伯努利梁理论适用于纵横比较大的细长梁,当纵横比不大时,横力弯曲时的剪切就变得重要了。通过与弯矩产生的位移相叠加可将剪切的影响考虑进去。

当存在横向剪力 F_2 时,相应的剪切挠度为

$$\frac{\mathrm{d}u_2}{\mathrm{d}x_1} = \frac{F_2}{\mu A}$$

式中,μ 为拉梅常数,即剪切弹性模量,A 为梁截面面积。剪切变形是局部的且是附加的。如果剪力 F_2 沿梁长度方向变化,那么局部剪切挠度也随之变化。

将剪切引起的位移与弯矩引起的位移叠加,可得到包括弯矩 M 和剪力 F_2 共同作用所引起的挠曲线微分方程

$$\frac{\mathrm{d}^2 u_2}{\mathrm{d}x_1^2} = \frac{M(x_1)}{EI_2} + \frac{\mathrm{d}}{\mathrm{d}x_1}\left(\frac{F_2}{\mu A}\right)$$

（V.18）

弯矩、剪力、截面惯性矩和截面面积原则上都是位置坐标 x_1 的函数,将上述方程对 x_1 微分两次有

$$\frac{\mathrm{d}^4 u_2}{\mathrm{d}x_1^4} = \frac{\mathrm{d}^2}{\mathrm{d}x_1^2}\left[\frac{M(x_1)}{EI_2} + \frac{\mathrm{d}}{\mathrm{d}x_1}\left(\frac{F_2}{\mu A}\right)\right]$$

对于等截面梁,则可简化为

$$\frac{\mathrm{d}^4 u_2}{\mathrm{d}x_1^4} = \frac{q(x_1)}{EI_2} + \frac{\mathrm{d}^2 q(x_1)}{\mu A \mathrm{d}x_1^2}$$

（V.19）

式中第一项代表弯矩引起的部分,第二项代表剪力引起的部分。另外,需要说明的一点是应用上面公式时需要注意载荷分布集度的方向问题。

边界条件的一些说明。梁弯曲挠曲线为四阶线性微分方程,一般需要四个独立的边界条件才能得到唯一解。

两端夹支梁,梁两端挠度和转角均被约束,所以四个边界条件为

$$u_2(0) = u_2(l) = 0, \quad \frac{du_2}{dx_1}(0) = \frac{du_2}{dx_1}(l) = 0$$

两端简支梁,支承处不允许有挠度和弯矩,所以其相应的边界条件为

$$u_2(0) = u_2(l) = 0, \quad \frac{d^2 u_2}{dx_1^2}(0) = \frac{d^2 u_2}{dx_1^2}(l) = 0$$

对于一端夹支、一端自由的悬臂梁,夹支端挠度和转角等于零,自由端弯矩和剪力为零,所以位移边界条件为

$$u_2(0) = \frac{du_2}{dx_1}(0) = 0, \quad \frac{d^2 u_2}{dx_1^2}(l) = \frac{d^3 u_2}{dx_1^3}(l) = 0$$

另外关于集中力,可以通过采用 δ 函数将其处理成分布力,然后添加到分布载荷集度 $q(x_1)$ 中即可,具体方法和过程可参考相关文献。

受扭梁的扭转变形计算。这里主要讨论微尺度圆截面杆的扭转问题,仍采用圆轴扭转的平面假设,基本分析理论和方法与宏观材料力学圆轴扭转相同。考虑长度为 l 半径为 R 的各向同性圆柱体,两端施加均匀作用的一对扭矩 T。坐标原点选在圆柱体中心,假定圆柱体只发生扭转变形而无其他类型变形产生。如图 V.15 所示,其中虚点线和实线分别为圆柱体受扭转变形前、后的表面栅格线。

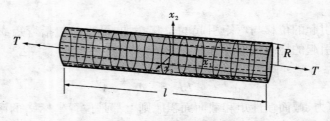

图 V.15　受扭梁的扭转变形

假设某横截面上的每一点绕圆柱轴线转过一个共同的角度 $\theta(x_1)$,在线弹性小变形条件下,扭转角沿轴线呈线性变化,故有 $\theta(x_1) = \alpha x_1$,系数 α 为单位长度扭转角。因此圆柱体上一点的相对位移 $\boldsymbol{u}(x_1, x_2, x_3)$ 为

$$\boldsymbol{u}(x_1, x_2, x_3) = \{0, x_2(\cos\theta - 1) - x_3\sin\theta, x_2\sin\theta + x_3(\cos\theta - 1)\}$$

在扭转小变形条件下，$\sin\theta \approx \theta$，$\cos\theta \approx 1$，所以，位移可近似地表达成

$$\boldsymbol{u}(x_1, x_2, x_3) = \{0, \alpha x_1 x_3, \alpha x_1 x_2\}$$

圆轴扭转时只发生切应变 γ_{23}，相应的切应力可通过类似与材料力学（I）中圆轴扭转应力推导过程得到相同的计算公式，按照直角坐标表达则各应力分量为

$$\tau_{12} = -\frac{Tx_3}{I_1}, \quad \tau_{13} = \frac{Tx_2}{I_1}, \quad \sigma_{11} = \sigma_{22} = \sigma_{33} = \tau_{23} = 0 \qquad (\text{V.20})$$

式中，$I_1 = \pi R^4/2$，为绕轴线的极惯性矩。总的切应力为 τ_{12} 和 τ_{23} 的矢量合成，方向沿该点切线方向，且与扭矩转向一致，如图 V.16 所示。上述扭转应力计算公式与材料力学（I）中圆轴扭转应力公式一致。

对于微纳米尺度下非圆截面杆件扭转，基本上也是按照宏观连续力学分析方法进行。由于平面假设对于非圆截面不再成立，所以，需要更复杂的一些力学模型和数学分析方法，具体内容可参考本书相关章节。

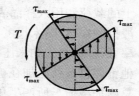

图 V.16 切应力合成

V.3 纳米压痕试验技术

材料力学性能是评价材料质量和结构安全的主要指标，是进行设计与计算的主要依据。在过去的 100 多年中，根据材料使用环境要求，人们发展并使用不同的标准试验测量其力学性能参数。一类是简单应力状态的试验，如单轴拉伸、压缩和扭转等，主要获得材料的应力应变等数据。这是最常用、最直接的测试方式。另一类是复杂应力状态的接触试验，如硬度试验，主要用来检验产品的质量和确定合理的加工工艺，用以表征材料抵抗局部变形的能力，是衡量材料软硬程度的一种性能指标。

近年来，随着新材料制备工艺技术的提高，其特征尺寸越来越小。对于尺度在 100 μm 量级以下的样品，采用常规拉伸和压缩设备仪器进行试验和测试都很困难。如试件制作、夹持、定位及提高载荷和位移测量分辨率等都是技术难题。因此，对于微尺度材料力学性能的测试需要改进、调整传统方法或完全采用全新的技术。原来主要用于工业质量检测的硬度试验，由于工作方式简单，仅在材料表面局部体积内产生很小的压痕，所以，在科学研究和工程中得到了广泛应用。目前，在微尺度上材料力学性能测试方面，接触试验仍是最方便和有效的，例如，压入测试能提供硬度和模量等，划入测试能提供诸如断裂起始

的失效机制和区分韧性和脆性断裂方式等的定量信息。目前,接触试验正逐渐成为微/纳米尺度力学测量的主要工作方式,该方法目前仍处于不断完善和发展过程之中。微/纳米尺度材料和结构的力学行为的测试是工程技术界关注的前沿问题,也是发展微/纳米尺度力学学科的基础。

微/纳尺度下力学性能测试方式主要有压入方式、划入方式和弯曲方式。压入方式主要测量材料的硬度、弹性模量、屈服强度、断裂韧度、应变硬化效应、蠕变和粘弹行为。划入方式主要针对块体和薄膜材料。弯曲方式主要采用微悬臂梁静载弯曲、微桥静载弯曲等方式。

纳米压痕是一种先进的微尺度力学测量技术。它是通过测量作用在压针上的载荷和压入样品表面的深度来获得材料的载荷-位移曲线。其压入深度一般控制在微/纳米尺度,因此要求测试仪器的位移传感器具有优于 1 nm 的分辨率,所以称之为纳米压痕仪。静态压入硬度测量是通过球体、金刚石锥体或其他锥体将载荷施加在被测材料表面,使材料产生压痕,即发生塑性变形;再根据总施加载荷与所产生压入面积或深度之间的关系,给出其硬度值。目前,有关压入测试已有相应的技术标准。根据施加载荷和压入深度的数值范围分成可分为宏观硬度(载荷不低于 2 N)、显微硬度(载荷低于 2 N,压入深度不低于 0.2 μm)和纳米硬度(压入深度低于 0.2 μm)。微尺度的压入测试逐渐成为研究表层材料力学性能的标准试验。

划入法是在小曲率半径的硬质划针上施加一定的法向力,并使划针沿样品表面刻划,通过样品表面的划痕来评价其硬度。它是测量块体材料或表面涂层材料抗划入、摩擦、变形和薄膜附着力的方法。

目前,基于压入深度测量技术仪器的名称较多。从测试原理上看,是通过测量作用在压针上的载荷和压入样品表面的深度获得硬度和模量的,所以称为深度测量压入仪。从工作方式上看,能连续记录加卸载过程中的载荷和深度的称为连续记录压入仪。从压入深度上看,一般控制在微/纳米尺度,要求测试仪器的位移传感器具有优于 1 nm 的分辨力,所以称为纳米压入仪。从载荷量程上看,一般在 100 mN,所以称为超低载荷压入仪。目前,该类仪器主要用于测量材料微小体积内或薄膜的硬度和弹性模量,并不断发展用于测量其他力学性能参量。

纳米压入和划入技术的特点主要有下面几点:

一是操作方便。纳米压入测量仪通过连续记录载荷和压入深度,从而获得材料的硬度和模量。这种技术能从载荷-位移曲线中直接获得接触面积,把人们从寻找压痕位置和测量残余面积的烦琐劳动中解放出来,并可以大大地减小误差,适合于微/纳米尺度压入深度的测量。

　　二是样品制备简单。压入或划入深度一般控制在微米甚至纳米尺度,对样品的几何尺寸和形状无特殊要求。例如,对薄膜、涂层、表面改性等样品,不需要将表层从基体上剥离,可以直接给出材料表层力学性质的空间分布;能无损检测出活体昆虫翅膀等部位的力学性质;即使材料大到可以用其他宏观方法检测,该方法仍然是一种可供选择的方法。

　　三是测量和定位分辨力高。目前,商用压入和划入仪的载荷和位移分辨力已分别达到优于 100 nN 和 1 nm 的水平。商用仪器均装有样品定位平台,可以自动测量样品近表面的力学性能的空间分布。目前,电动平移台的定位精度达到微米级,基本能满足微小结构的定位要求。压电陶瓷定位分辨力达到纳米级,可以实现压痕和划痕的原位图像扫描。

　　四是测试内容丰富。连续记录的载荷–深度数据中包含了丰富的力学响应信息。通过建立合适的力学模型,可测量多种力学参量。目前,纳米压入测量仪可以获得硬度、模量、断裂韧度、应力–应变曲线、高聚物的存储模量和损失模量、蠕变特性、疲劳特性、黏附等,纳米划入测量仪可以获得薄膜的临界附着力和摩擦系数等。

　　此外,该方法使用范围广泛。能应用于金属、陶瓷、高聚物、复合材料、表面工程系统、微系统器件、生物材料等众多材料的测试。

　　微/纳米尺度力学测试结果的可靠性主要依赖于力学分析模型和测试仪器等。影响纳米压入测试的因素主要有测试仪器的影响、压针缺陷、测试方法、接触零点的确定、载荷和位移的分辨力、样品的表面状态和性质、表面吸湿、表面粗糙度、残余应力、凹陷和凸起变形等。在实际压入测试中,已知力学性能的压针压入样品,基本测试量为作用在压针上的载荷和压入深度。为了获得样品材料的某些力学性能参数,需要选择合适的力学模型。当接触载荷足够小时,压入附近局部区域为弹性变形。随着载荷的增加,最大剪应力处达到屈服极限,塑性变形区在周围的弹性材料内扩展,为弹塑性转变阶段。当载荷进一步增加时,塑性区达到样品材料表面,压入变形进入完全塑性阶段。接触力学理论的结构局部弹性和塑性变形分析模型和方法,如何提高测试技术获得精确的载荷和位移,如何建立合适的力学模型从复杂应力状态中获得可靠的力学参量等都是纳米力学测试技术的关键所在。

　　如图 Ⅴ.17 所示为标准测试的载荷–位移(P–h)曲线,试验数据处理方法简述如下:

$$P = \alpha (h - h_f)^m \qquad (Ⅴ.21)$$

$$S = \left(\frac{dP}{dh}\right)_h = h_{max} \qquad (Ⅴ.22)$$

$$h_c = h_{\max} - \varepsilon \frac{P_{\max}}{S} \qquad (\text{V.23})$$

$$A = f_{(h_c)} \qquad (\text{V.24})$$

$$H = \frac{P_{\max}}{A} \qquad (\text{V.25})$$

$$E_r = \frac{\sqrt{\pi}}{2\beta} \frac{S}{\sqrt{A}} \qquad (\text{V.26})$$

$$\frac{1}{E_r} = \frac{1 - \nu^2}{E} + \frac{1 - \nu_i^2}{E_i} \qquad (\text{V.27})$$

用最小二乘法拟合卸载曲线靠近顶端的上部 25% ~ 30%，得到式（V.21），然后计算出接触刚度，即式（V.22）。用式（V.23）计算出接触深度，代入式（V.24）中求得接触面积，于是从式（V.25）中得到硬度。利用接触刚度和接触面积计算按照式（V.26）确定折合模量 E_r，然后应用式（V.27）以及压针的模量 E_i 和泊松比 ν_i 计算样品材料的弹性模量。

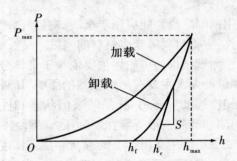

图 V.17　压入测试载荷–位移曲线

附录Ⅵ 复合材料力学简介

Ⅵ.1 复合材料概述

Ⅵ.1.1 复合材料及其分类

材料的应用是人类社会发展的重要标志。人们早就意识到,使用单一材料在某些方面往往存在不足,将几种单一材料混合可获得性能更好的材料。如古代人们筑房使用的稻草土坯与稻草泥浆,直到后来的夹层板、纤维轮胎、钢筋混凝土、球墨铸铁,以及近几十年来出现的纤维增强塑料等,都是由不同材料混合使用的材料。由不同性能、互不相熔(溶)的原材料复合而成的材料,称为复合材料;而组成复合材料的原材料称为相(或组分)。木材、竹子、动物骨骼都可看做是天然复合材料;稻草泥砖、夹板、钢筋混凝土、玻璃纤维增强塑料(俗称玻璃钢),以及近些年使用的碳纤维或硼纤维增强塑料(先进复合材料),则是人造复合材料。通常,将复合材料中一个比较连续的相称为基体,其他相则称为增强。玻璃钢是以玻璃纤维为增强、以某种树脂塑料为基体的复合材料(这里不排斥增强相实质上是起到减弱作用的情形,如空隙、填料)。各相材料的物理性质总称为相物理,各相材料的几何形状及其分布总称为相几何。改变相物理(如更换某一相材料)、相几何可获得不同物理(如力学、光学、电磁学、热学等)性能的复合材料,以满足实际应用的需要。

粗略地说,复合材料的性能是其各相材料的性能取长补短、共同作用的结果,即"混合效应"。但也未必如此,尤其是对有关破坏问题,还有"协同效应"。例如,有的复合材料可获得其组分单独使用时所没有的潜在性能。断裂能为 7 N/m 的玻璃纤维与断裂能为 220.5 N/m 的塑料组成的复合材料,断裂能大约为 175 000 N/m,是其组分的上千倍。

复合材料按其性能和用途来分类,可分为功能复合材料和结构复合材料,前者利用它的某些特有的物理性能(如耐烧蚀材料,无线电波可穿透材料,感温双金属片等),后者则是作为承力的结构材料使用的。本附件仅涉及后者。

　　复合材料亦可按基体或增强来分类。前者如环氧树脂基复合材料、金属基复合材料、陶瓷基复合材料等;后者又视增强材料的几何形状分为:长纤维、短纤维、晶须增强、片状增强和颗粒增强复合材料,或按纤维的方向性分为单向、双向、三向和随机方向增强复合材料等。结构复合材料多按基体分类。

　　以上说明和分类并非是绝对的。譬如,对于多晶体,通常视作传统材料,但也可视为复合材料。前者只是在宏观层次内进行研究,后者就需要考虑其细观结构,在细观和宏观两个层次内进行研究,且其宏观性能可通过细观理论分析得到。因此,后者比前者更深刻。再如,以橡胶颗粒去增韧聚苯乙烯,在弥散过程中,聚苯乙烯又将渗入橡胶颗粒内。这种材料可称为基体模糊的复合材料。此外,还有相互贯穿的网状复合材料,它的每一相都是连续的。目前还正在研制自增强分子复合材料和智能材料。这些复合材料都没有列入上述分类中。

　　复合材料中各相材料的性能一般应有明显的差别,每相材料也应有相当的扮量,不宜太少,以组成性能与相材料有显著差别的复合材料。

Ⅵ.1.2　复合材料的结构、制作及标记

　　纤维增强复合材料的叠层结构是目前结构复合材料的主要结构形式。常用的纤维有:玻璃纤维、硼纤维、碳纤维、芳伦(Kevlar)纤维、碳化硅纤维等。常用的非金属基体材料有:环氧树脂、酚醛树脂、聚酰亚胺树脂、聚醚醚酮,以及碳、陶瓷等。金属基体材料有:铝合金、镁合金、钛合金等。

　　单层复合材料沿纤维方向具有很好的性能,但在沿纤维横向一般性能比较弱,为了使复合材料具有更好的工程应用,需要将单层复合材料沿不同方向铺设并叠合起来,构成叠层复合材料,使材料在不同方向具有设计的力学性能。关于纤维增强叠层材料,为了后面进行力学分析的方便,了解其制作过程、标记方法及其分类是很有必要的。

　　用于复合材料增强的纤维有多种形式,如单丝、无捻粗纱、线纱,以及它们的织物、短切纤维毡、晶须等等。受力较明确和效率较高者是单丝或无捻粗纱按预定方式排列的增强形式。纤维增强树脂基复合材料的制作,有干法和湿法两种形式。

　　(1)干法　先将纤维排成$(1\sim3)\times10^{-2}$ m的平行纤维带,再通过黏性液态树脂,将此有树脂"浸渍"的平行纤维带稍加温,使树脂处于乙阶树脂半熔阶段,而制成所谓的预浸带(样子就像现今市场上包装重物箱、商品箱用的玻璃纤维增强蜡封带),见图Ⅵ.1。预浸带是制作叠层板材的中间半成品。当然,也可以制成更宽些的预浸带。将预浸带切成所需长度,沿一个方向铺成一单层;在此

单层上,又沿某一设计方向铺设第二单层;如此铺设下去,直到所需层数(可至上百层)为止。这样便形成了叠层板的初型。此操作称为铺层。

将初型置入热压罐里慢慢加热并抽出残留气泡和挥发物。随着温度的增加,树脂会重新软化、流动,直到形成聚合物分子的交联链而逐渐开始固化。对于环氧树脂,此阶段的温度约为 135 ℃,压力约为 590 kPa,历时约 1 h;然后再增加温度至 177 ℃并保持 1~2 h,以完成固化;最后降至室温,便完成了叠层板的制作。典型固化过程的温度、压力控制见图Ⅵ.2,因为大部分交联链是在最高温下形成的,故将最高温度定为固化温度。固化温度下的叠层板可视为处于无应力状态。

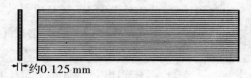

图Ⅵ.1　预浸带

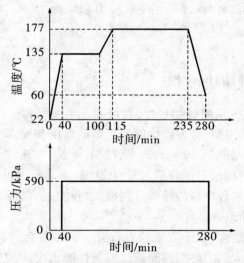

图Ⅵ.2　碳纤维/环氧树脂复合材料的典型固化期曲线

(2)湿法　在湿法制作中,不经过中间半成品预浸带阶段,而直接将有树脂浸渍的纤维一层层地绕成所需要的结构形状,然后整体固化。例如火箭的叠层胴体制作过程即采用湿法。

　　根据各层纤维取向的不同组合,叠层材料的类型也各不相同,但一般可分为对称叠层和非对称叠层两大类。表达叠层板的组成方式,通常采用表Ⅵ.1所示的标记方法。

表Ⅵ.1　叠层标记法示例

标记	叠层特点
T300/5208 $[0_2/45/90]_S$	对称,由 8 层组成,各层纤维方向: 0/0/45/90/90/45/0/0
T300/5208 $[0/45]_{2S}$	对称,由 8 层组成,各层纤维方向: 0/45/0/45/45/0/45/0
T300/5208 $[\mp 45/\pm 45/0/90_2]$	非对称,由 7 层组成,各层纤维方向: −45/45/45/−45/0/90/90
$[0_{2B}/45_{Gr}/90\frac{1}{2}Gl]_{x2}$	对称,由 14 层组成,各层纤维方向: $0_B/0_B/45_{Gr}/90_{Gl}/45_{Gr}/0_B/0_B/$ $0_B/0_B/45_{Gr}/90_{Gl}/45_{Gr}/0_B/0_B$

　　【说明】数字下标表示层数;字母下标:T—全部,S—对称,B—硼纤维,Gr—石墨,Gl—玻璃;方括弧也可用圆括弧。

Ⅵ.1.3　复合材料的优越性

　　复合材料具有一系列的优越性,它可满足单一材料无法达到的性能要求,给人们在选择和设计材料等方面提供了更多的自由和发挥空间。目前,复合材料在各个工程领域〔如宇航、航空、汽车、船舶、建筑、车辆、桥梁、机械、外科医疗(作韧带、骨骼、心脏瓣膜等的材料)、化工设备、运动器材等〕的应用愈来愈广、愈来愈重要。各种复合材料的性能差别很大,新的复合材料品种也将会不断出现,其性能也将不断改善。

　　复合材料的优越性,在于它能够被设计。由于复合材料是两层次材料,它的宏观性能可根据人们的使用需要通过细观性能来设计,因此可以充分发挥材料的潜力。现阶段使用的复合材料主要有下列优越特性:

　　(1)比强度、比刚度高　为了说明复合材料的优越性,常常采用比强度(单向纤维复合材料沿纤维方向的拉伸强度 X/重度 w)和比刚度(模量 E_1/重度 w)这两个指标来衡量。这两个数据愈大,似乎可以说明材料既轻,强度和刚度又高。其实这种说法还不全面,它只不过说明了沿纤维方向受拉的优越性而已,

如有偏离纤维方向的力存在,这两个数据就不能说明问题了。因为在偏离纤维方向,这种材料的性能是很差的。因此在多向受力的情况下,为了发挥复合材料的优越性,纤维不宜沿单一方向铺设。在纤维增强复合材料里,通常纤维是主要受力相,基体则是保护纤维并将分散的纤维黏合成一个整体,起到纤维间的传力作用。这并不是说基体不重要,例如,若没有基体,纤维就无法承受压力作用。

就上述两个数据而言,碳纤维 T300、环氧5208 的比强度是铝的 6.3 倍,比刚度是铝的 4.16 倍。目前在航空工业中使用的结构复合材料,主要还是利用它的高比刚度,例如用作飞机的尾翼和安定面等。至于比强度,由于现阶段的材料数据较为分散,兼之使用经验还不充足,因此用复合材料做飞机结构的主要受力件还有些顾虑。人们必须进一步改进材料工艺,提高材料水平,积累经验并提高强度分析的理论水平,以期更有效地发挥复合材料的优越性。

(2)疲劳性能好 复合材料的疲劳破坏机制与金属等均匀材料完全不同。金属材料往往出现单一的疲劳主裂纹,主裂纹控制着最终的疲劳破坏,破坏是无明显前兆的瞬间发生事件。而复合材料往往在高应力区出现大规模的损伤(如界面脱胶、基体开裂、脱层和纤维断裂等),并与材料种类、铺层方式、疲劳载荷类型有关,疲劳破坏机制较复杂。但个别损伤对材料的正常工作影响不大,只有在大面积损伤情况下才使材料失效,并且疲劳破坏是有明显前兆的。单向复合材料一般具有较好的拉-拉疲劳性能。至于其他结构形式的复合材料,亦可期望作出好的材料设计,以承受各种类型的疲劳载荷。

(3)减振性能好 由于复合材料的比刚度大,故其自振频率甚高,可避免早期共振。另一方面,复合材料是多相材料,其内阻(内部摩擦)很大,一旦激起振动,衰减也快。由实验得知,轻金属合金梁需经 9 s 才停止振动,而同样尺寸的碳纤维复合材料梁只需 2.5 s 就停止了振动。

(4)高、低温性能好和膨胀系数小 这里且不提耐高温、抗烧蚀这类复合材料(如碳/碳复合材料可在 3 000 ℃ 高温下使用),即使是碳纤维/环氧复合材料,也可使其热膨胀系数接近于零,而弹性模量却很高。用它制成的飞行器,在太空飞行时,向阳面与背阳面有着 260 ℃(5 000 F)的温差,仍可保持形状不变。碳纤维/环氧复合材料是制造太空飞行用的光学望远镜、空间站、太阳能集光板和各种航天兵器的良好材料。一般铝合金在 400 ℃ 时,弹性模量将大幅度下降并接近于零,强度也显著下降,而硼纤维/钛合金复合材料在此温度下强度与刚度基本上保持不变。此外,复合材料还具有较高的低温强度、低温韧性和较好的低温疲劳性能。

(5)破损安全性能好 复合材料就像静不定结构那样是多通道受载结构,

其中个别纤维断裂（只要不超过一定限度）仍能安全使用，或安全使用一定期限。这种安全地承受一定损伤的能力称为破损安全性。复合材料具有较好的破损安全性。

除以上所述，复合材料还有许多其他的优越性能，例如，可按最优方式设计材料、制造工艺简单、加工消耗量少等。某些特定的复合材料还有其他一些特殊的优越性，如抗腐蚀、耐磨、抗冲击，以及具有所要求的电绝缘性、电磁波穿透性、导热性、隔热性、耐高低温性等。

由于复合材料具有上述种种优越性，用传统材料无法解决的问题，现在有可能用复合材料来实现，因此复合材料愈来愈为人们所重视。

复合材料虽有种种优越性，但作为一种新型材料，仍存在许多问题和缺点。最主要的还是对这种新型材料的认识尚不深刻，其中包括新材料的研制、质量检验与控制、大规模生产、材料数据、加工性能、经济效益、理论水平以及长期累积起来的工程经验等。

Ⅵ.2　复合材料力学的研究方法及研究内容

Ⅵ.2.1　复合材料力学的研究方法

复合材料可定义为两层次材料，即从力学观点来看，它是需要在细观和宏观两个层面内进行理论分析的材料。这是复合材料与传统材料关键性的区别，传统材料通常只需在宏观层次内进行理论分析。

在前述提到的叠层中，每一层的纤维都是沿一个方向设置的，这样的一层称为一单层。此外，也还有沿两个方向（经、纬方向，如纤维布）或随机方向（如纤维毡）设置的单层。单层是复合材料的一种基本形式。力学分析时，细观地看，单层含有纤维和基体两种介质（相），必要时还须考虑界面或介相（mesophase）的存在。由于增强纤维极其细小而众多，并以某种方式密布于基体中，所以又提供了对单层进行宏观分析的可能性。所谓宏观分析，指的是从宏观（某种综合平均意义下）的角度来看，单层可看做是一种宏观均匀的介质（在纤维非均匀分布时将是宏观非均匀的），有其宏观应力与应变。而这种宏观均匀介质具有明显的各向异性，如拉、压强度不等，剪切性能很差，等等。

单层的宏观性能（如弹性模量，拉、压强度，膨胀系数等）可通过宏观实验测出。另一方面，单层的宏观性能还可以通过它的细观结构与性能从理论上推算出来。这一领域称为复合材料细观力学。所以，以单层作为复合材料，它包括了细观和宏观两个层次,并通过细观力学由细观量过渡到宏观量。在工程应用上通常用的是复合材料的宏观量。

上述仅对单层而言,实际上,有的纤维本身就可视作复合材料,例如硼纤维,也可以有细观和宏观两个层次。至于叠层,如不考虑垂直于叠层方向的非均匀性,可将它看做大宏观均匀介质;如将单层视为组分,考虑到垂直于叠层方向的非均匀性,叠层便是一种高一层次的复合材料。在论及复合材料的各物理量时,应严格区分隶属于哪一层次。

为了区别,凡是从纤维和基体的性能(相几何和相物理)推导出复合材料的宏观性能的力学理论,称为复合材料细观力学;凡是以宏观均匀的单层性能为基础的力学理论,称为复合材料宏观力学。单层的弹性模量、拉压强度、膨胀系数等可用细观力学的方法计算出来,而不像传统材料那样,通常要靠实验测出。还有,叠层的弹性性能亦可通过宏观力学计算出来。因此,复合材料的宏观性能是可以设计的。这些便是复合材料与传统材料的显著区别,也是对材料的认识及力学分析方法的进一步深化。

Ⅵ.2.2　复合材料力学的研究内容

复合材料的宏观力学主要研究平面应力单层板强度问题,叠层板的强度、刚度、层间应力,以及弯曲、振动与稳定性问题。把复合材料看做各向异型材料,从本构方程入手,研究复合材料的刚度与强度问题,并以实验为基础建立相应的破坏理论。关于弯曲、稳定与振动研究也存在线性与非线性两种理论,并存在耦合效应影响问题。层板中的拉弯耦合效应一般会增加挠度,降低屈曲临界载荷和振动频率,因此使层板的有效刚度减小;扭弯耦合效应也使层板挠度增加、屈曲临界载荷和频率减小。

细观力学研究方法主要研究单层板的细观力学性能、有效模量理论、和细观强度分析理论等。即以材料力学或弹性力学为基础,用组分材料的弹性常数来预测复合材料的弹性常数,或刚度、柔度;用组分材料的强度来确定复合材料的强度。如纤维增强复合材料的刚度系数 C_{ij} 就可用各向异性纤维弹性常数 E_f、ν_f 与体积含量 $V_f(\%)$ 和基体弹性常数 E_m、ν_m、与体积含量 $V_m(\%)$ 来确定:

$$C_{ij} = F_j(E_f, \mu_f, V_f, E_m, \mu_m, V_m)$$

纤维增强复合材料的强度 X_i(包括轴向拉、压强度,横向拉、压强度,和剪切强度等)可用纤维各强度 X_{if} 与体积含量 V_f、基体强度 X_{im} 与体积含量 V_m 确定:

$$X_i = F_i(X_{if}, V_f, X_{im}, V_m)$$

细观力学研究方法得到的复合材料性能,与实际试验结果之间会存在一定

偏差,虽然如此,细观力学方法对复合材料的设计制造具有独到优势。而宏观力学方法主要适用于复合材料在实际应用中的强度、刚度、稳定性与振动等分析。

与单一材料类似,复合材料的工程应用也存在蠕变、疲劳损伤等重要力学问题。蠕变现象主要是由高分子基体材料的蠕变性质决定的。复合材料抗疲劳性能比金属材料好得多,疲劳损伤的机制与普通金属材料也有较大差异,普通金属材料的疲劳破坏往往是由一个主裂纹的萌生与扩展来控制,疲劳破坏是突发性的;而复合材料的疲劳损伤是积累的,有明显征兆,在高应力区往往出现大面积损伤,情况也较复杂(如纤维断开、基体开裂、相材料界面脱离、层间开裂等或某种组合),复合材料的疲劳破坏很少是由单个裂纹控制的。

作为材料力学进展的复合材料力学,已有一些比较定型的力学理论,为设计和使用复合材料、发展力学理论奠定了基础。限于本书的编写目的,这里仅介绍宏观力学和细观力学关于强度、刚度方面的基本理论,读者可通过复合材料力学专著更为深入地了解复合材料力学的其他相关内容。

Ⅵ.3　复合材料宏观力学

Ⅵ.3.1　单层复合材料的本构方程与强度

（1）单层复合材料的沿轴本构方程　单向纤维的单层复合材料一般不单独使用,而是作为结构层合材料的基本单元使用。对于单层,宏观分析时常看做均匀正交异性弹性体,其材料主轴如图Ⅵ.3 所示,2 轴沿纤维方向,1 轴垂直于纤维方向,3 轴垂直于单层平面。在面内受力情况下,单层处于平面应力状态,本构关系为

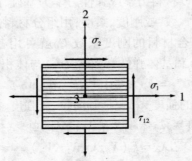

图Ⅵ.3　单层复合材料面内受力状态

$$\boldsymbol{\varepsilon} = \begin{bmatrix} \varepsilon_1 \\ \varepsilon_2 \\ \gamma_{12} \end{bmatrix} = \begin{bmatrix} S_{11} & S_{12} & 0 \\ S_{21} & S_{22} & 0 \\ 0 & 0 & S_{33} \end{bmatrix} \begin{bmatrix} \sigma_1 \\ \sigma_2 \\ \tau_{12} \end{bmatrix} = \boldsymbol{S}\boldsymbol{\sigma} \qquad (Ⅵ.1)$$

其中，S_{12}^{11} 称为沿轴柔度矩阵，其元素

$$S_{12}^{11} = 1/E_2^1, \; S_{21}^{12} = -v/E_1^2, \; S_{33} = 1/G_{12}$$

若将式（Ⅵ.1）求逆，得

$$\boldsymbol{\sigma} = \begin{bmatrix} \sigma_1 \\ \sigma_2 \\ \tau_{12} \end{bmatrix} = \begin{bmatrix} Q_{11} & Q_{12} & 0 \\ Q_{21} & Q_{22} & 0 \\ 0 & 0 & Q_{33} \end{bmatrix} \begin{bmatrix} \varepsilon_1 \\ \varepsilon_2 \\ \gamma_{12} \end{bmatrix} = \boldsymbol{Q}\boldsymbol{\varepsilon} \qquad (Ⅵ.2)$$

其中，$\boldsymbol{Q}$ 称为沿轴刚度矩阵，其元素

$$Q_{12}^{11} = E_2^1/(1 - v_{12}v_{21}), \; Q_{21}^{12} = -v_{21}^{12}E_2^1/(1 - v_{12}v_{21}), \; Q_{33} = G_{12}$$

单层的柔度与刚度系数可由单层宏观试验测定。

（2）单层复合材料的离轴本构方程　在力学分析中常常用到非单层主轴的刚度与柔度，即所谓离轴刚度与柔度。如图Ⅵ.4所示，外力方向与主轴方向有一夹角 θ 的情况。可通过应力的坐标变换求得离轴柔度与刚度。

此时，oxy 坐标系的应力矢量

$$\boldsymbol{\sigma}^x = \begin{bmatrix} \sigma_x \\ \sigma_x \\ \tau_{xy} \end{bmatrix} = \begin{bmatrix} c^2 & s^2 & -2sc \\ s^2 & c^2 & 2sc \\ sc & -sc & c^2 - s^2 \end{bmatrix} \begin{bmatrix} \sigma_1 \\ \sigma_2 \\ \tau_{12} \end{bmatrix} = \boldsymbol{T}\boldsymbol{\sigma} \qquad (Ⅵ.3)$$

其中，$c = \cos\theta, s = \sin\theta$，$\boldsymbol{\sigma}$ 为沿轴应力矢量，$\boldsymbol{T}$ 为应力的转轴变换矩阵。这里的剪应力符号按弹性力学的规定。

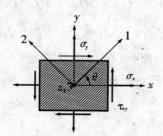

图Ⅵ.4　从沿轴到离轴的坐标变换

同理，oxy 坐标系的应变矢量

$$\boldsymbol{\varepsilon}^x = \begin{bmatrix} \varepsilon_x \\ \varepsilon_x \\ \gamma_{xy} \end{bmatrix} = \begin{bmatrix} c^2 & s^2 & -sc \\ s^2 & c^2 & sc \\ 2sc & -2sc & c^2-s^2 \end{bmatrix} \begin{bmatrix} \varepsilon_1 \\ \varepsilon_2 \\ \gamma_{12} \end{bmatrix} = \boldsymbol{F}\boldsymbol{\varepsilon} \qquad (\text{Ⅵ.4})$$

由（Ⅵ.4）和（Ⅵ.3）可知，$\boldsymbol{F}^T = \boldsymbol{T}^{-1}$（上标 T 表示转置，-1 表示取逆），据此有 $\boldsymbol{F}^{-1} = \boldsymbol{T}^T$。将式（Ⅵ.2）代入到式（Ⅵ.3），得

$$\boldsymbol{\sigma}^x = \boldsymbol{T}\boldsymbol{\sigma} = \boldsymbol{T}\boldsymbol{Q}\boldsymbol{\varepsilon} = \boldsymbol{T}\boldsymbol{Q}\,\boldsymbol{F}^{-1}\,\boldsymbol{\varepsilon}^x = \boldsymbol{T}\boldsymbol{Q}\,\boldsymbol{T}^T\,\boldsymbol{\varepsilon}^x = \boldsymbol{Q}^x\,\boldsymbol{\varepsilon}^x \qquad (\text{Ⅵ.5})$$

其中

$$\boldsymbol{Q}^x = \boldsymbol{T}\boldsymbol{Q}\,\boldsymbol{T}^T = \begin{bmatrix} Q_{11}^x & Q_{12}^x & Q_{13}^x \\ Q_{21}^x & Q_{22}^x & Q_{23}^x \\ Q_{31}^x & Q_{32}^x & Q_{33}^x \end{bmatrix}$$

称为离轴刚度矩阵。

同理，可得

$$\boldsymbol{\varepsilon}^x = \boldsymbol{F}\boldsymbol{\varepsilon} = \boldsymbol{F}\boldsymbol{S}\boldsymbol{\sigma} = \boldsymbol{F}\boldsymbol{S}\,\boldsymbol{T}^{-1}\,\boldsymbol{\sigma}^x = \boldsymbol{F}\boldsymbol{S}\,\boldsymbol{F}^T\,\boldsymbol{\sigma}^x = \boldsymbol{S}^x\,\boldsymbol{\sigma}^x \qquad (\text{Ⅵ.6})$$

其中

$$\boldsymbol{S}^x = \boldsymbol{F}\boldsymbol{S}\,\boldsymbol{F}^T = \begin{bmatrix} S_{11}^x & S_{12}^x & S_{13}^x \\ S_{21}^x & S_{22}^x & S_{23}^x \\ S_{31}^x & S_{32}^x & S_{33}^x \end{bmatrix}$$

称为离轴柔度矩阵。

应用矩阵乘法，可得离轴刚度矩阵各元素分别为

$$Q_{11}^x = Q_{11}c^4 + 2(Q_{12} + 2Q_{66})s^2c^2 + Q_{22}s^4$$

$$Q_{33}^x = Q_{33} + (Q_{11} + Q_{22} - 2Q_{12} - 4Q_{33})s^2c^2$$

$$Q_{23}^x = \pm(Q_{11} - Q_{12} - 2Q_{33})sc^3 \mp (Q_{22} - Q_{12} - 2Q_{33})s^3c$$

其他未列出元素具有对称性，$Q_{ij}^x = Q_{ji}^x$。

同理，可得离轴柔度矩阵各元素分别为

$$S_{11}^x = S_{11}c^4 + (2S_{12} + S_{33})s^2c^2 + S_{22}s^4$$

$$S_{12}^x = S_{12} + (S_{11} + S_{22} - 2S_{12} - S_{33})s^2c^2$$

$$S_{11}^x = \pm(2S_{11} - 2S_{12} - S_{33})sc^3 \mp (2S_{22} - 2S_{12} - S_{33})s^3c$$

$$S_{33}^x = S_{33} + 4(S_{11} + S_{22} - 2S_{12} - S_{33})s^2c^2$$

其他未列出元素具有对称性，$S_{ij}^x = S_{ji}^x$。

由沿轴本构方程可以看出，在二向应力状态，$\tau_{12} = 0$，不会产生切应变，即

也有 $\gamma_{12} = 0$。但由离轴本构方程可以看出,即便是 $\tau_{xy} = 0$ 的二向应力作用下,也存在切应变,即 $\gamma_{12} \neq 0$。这种切应变称为耦合切应变。这是复合材料与各向同性材料的最大差异,也是复合材料的一种固有特性。

(3)单层复合材料强度理论　　由第 6 章知,材料力学中的强度理论使用试验的方法测出单向应力状态下强度指标,再通过强度假说来建立复杂应力状态下的强度理论。对于各向异性单层复合材料,如可能的话也可通过上述途径建立其强度理论,如不可能,就要增加强度指标的个数直至能表达该类材料的强度为止。工程设计中所用的是以各向同性材料第四强度理论为基础,考虑方向性加以合理修正的理论。

由材料力学(Ⅰ)中的第四强度理论

$$(\sigma_1 - \sigma_2)^2 + (\sigma_2 - \sigma_3)^2 + (\sigma_3 - \sigma_1)^2 = 2\sigma_s^2$$

其中,σ_s 为各向同性材料的屈服强度。

对于单层复合材料,修正后的第四强度理论为

$$L(\sigma_1 - \sigma_2)^2 + M(\sigma_2 - \sigma_3)^2 + N(\sigma_3 - \sigma_1)^2 = 2\sigma_s^2 \qquad (Ⅵ.7)$$

式中,L、M、N 为与方向性有关的常数,分别由下式决定:

$$L = 2(\sigma_s / \sigma_{01})^2 - (\sigma_s / \sigma_{03})^2 [\beta^2 - (\beta / \alpha)^2 + 1]$$

$$M = 2(\sigma_s / \sigma_{02})^2 - 2(\sigma_s / \sigma_{01})^2 + (\sigma_s / \sigma_{03})^2 [\beta^2 - (\beta / \alpha)^2 + 1]$$

$$N = (\sigma_s / \sigma_{03})^2 [\beta^2 - (\beta / \alpha)^2 + 1]$$

其中,$\alpha = \sigma_{02} / \sigma_{01}$,$\beta = \sigma_{03} / \sigma_{01}$,而 σ_{01}、σ_{02}、σ_{03} 分别为单层材料在三个方向的单向拉伸强度,σ_s 为所选择的某一相关方向的屈服强度。

如单层符合材料制成的两端封闭圆筒,承受内压力 p 作用时,内壁各点的三个主应力为

$$\sigma_1 = \frac{pD}{2\delta}, \; \sigma_2 = \frac{pD}{4\delta}, \; \sigma_3 = -p$$

其中,p 为内压力,D 为平均直径,δ 为壁厚。如材料在环向与径向具有相同的力学性能($\sigma_{01} = \sigma_{03}$),则上述 $\beta = 1$,若以纵向作为确定 σ_s 的相关方向(在这个方向容易直接截取拉伸试样),即 $\sigma_s = \sigma_{02}$,于是知

$$L = 1, \; M = 1, \; N = 2\alpha^2 - 1$$

式(Ⅵ.5)所示的强度条件就变为

$$p^2 \left[\left(1 + \frac{D}{4\delta}\right)^2 + (2\alpha^2 - 1)\left(1 + \frac{D}{2\delta}\right)^2 \right] = 2\sigma_{02}^2$$

Ⅵ.3.2　叠层复合材料的本构方程与强度

(1)叠层复合材料的本构方程　　这里仅考虑对称叠层复合材料受面内载荷

的情形（图Ⅵ.5），因为非对称叠层复合材料即便是受面内载荷,也会附加弯曲变形。

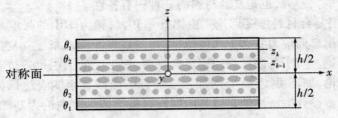

图Ⅵ.5　面内载荷作用下的对称叠层板

在对称叠层复合材料受面内载荷作用的情况下,假定各单层产生相同的应变 ε^x,由于各层的纤维取向不同使它们的刚度不同,故各单层的应力 σ^x 亦不相同。在工程实际中,有意义的是建立总体的应力-应变关系,为此,定义沿板厚的平均应力

$$\bar{\sigma}^x = \frac{1}{h} \int_{-\frac{h}{2}}^{\frac{h}{2}} \sigma^x \mathrm{d}z$$

由式（Ⅵ.5）,并由于沿 z 轴各层的应变矢量 ε^x 相同,得

$$\bar{\sigma}^x = \frac{1}{h} \int_{-\frac{h}{2}}^{\frac{h}{2}} Q^x \varepsilon^x \mathrm{d}z = \left(\frac{1}{h} \int_{-\frac{h}{2}}^{\frac{h}{2}} Q^x \mathrm{d}z \right) \varepsilon^x = A \varepsilon^x \qquad （Ⅵ.8）$$

其中

$$A = \begin{bmatrix} A_{11} & A_{12} & A_{13} \\ A_{21} & A_{22} & A_{23} \\ A_{31} & A_{32} & A_{33} \end{bmatrix}$$

称为叠层复合材料承受面内载荷时的刚度矩阵。设叠层板有 $2K$ 层,各层厚度为 Δh_k,并利用对称性, A 的各个元素 A_{ij} 可通过下式计算

$$A_{ij} = \frac{2}{h} \sum_{k=1}^{K} \int_{z_{k-1}}^{z_k} (Q_{ij}^x)^{(k)} \mathrm{d}z = \frac{2}{h} \sum_{k=1}^{K} (Q_{ij}^x)^{(k)} \Delta h_k$$

再将式（Ⅵ.8）写成

$$\varepsilon^x = A^{-1} \bar{\sigma}^x = B \bar{\sigma}^x \qquad （Ⅵ.9）$$

其中

$$B = \begin{bmatrix} B_{11} & B_{12} & B_{13} \\ B_{21} & B_{22} & B_{23} \\ B_{31} & B_{32} & B_{33} \end{bmatrix}$$

称为叠层板承受面内载荷时的柔度矩阵。其元素 B_{ij} 可由矩阵求逆的方法获得

$$B_{ij} = \frac{A_{ij}^*}{\det A}$$

其中，A_{ij}^* 为矩阵 A 的元素 A_{ji} 的代数余子式，$\det A$ 为矩阵 A 的系数行列式。A、B 都是对称矩阵，满足条件 $A_{ij}=A_{ji}$，$B_{ij}=B_{ji}$。

　　关于一般叠层复合材料弯曲问题，通过类似推导也可得到类似的结果，但由于超出本教材的相关性范围，这里不再详述。

　　(2) 叠层复合材料的强度问题　叠层强度是复合材料强度问题的代表，是非常复杂的问题。叠层的破坏有一个明显的破坏过程，而且是随机的。复合材料的复合效应，除混合效应外(如有效模量与湿热膨胀系数的各种混合)，还有协同效应。对于强度问题，往往是协同效应在起作用。材料的强度本身不再是一个常数，而具有就位性——不同部位、不同场合其表现不同，并可发挥其潜在性能的作用。对于这样复杂的破坏问题，人们已建立以实验为基础的半经验实用理论。

　　可把叠层材料的破坏分为第一破坏(FPF)和第二破坏(LPF)。先用宏观强度分析方法计算出各层面内应力，然后利用单层强度条件搜索出最不利的一层或几层，随着载荷增加，首先破坏的将是这些层，称为第一破坏。为了简单，往往以第一破坏当作叠层破坏。显然，这是保守的。其实在叠层里发生第一破坏后的某一层并非完全被粉碎，破坏是局部的，其他未破坏部位仍可传递载荷，仅仅是不如初始状态而已。如何估计已破坏层的剩余强度(或刚度)是一个很困难的问题，于是便产生许多假说，提出许多半经验性质的所谓刚度退化准则。其代表性的是蔡氏所提出的方法。

　　在某单层产生破坏的条件下，蔡氏提出如下看法：1 方向是单层材料主要受力方向，当其应力大于或等于 1 向沿轴强度时，该层便不起作用了，当应力小于沿轴强度时，1 向的作用仍可保留，但由于顺纤维的基体裂纹大量出现，使得其刚度退化为零。这个退化准则的表达为

　　(1) 如 $X \leqslant \sigma_1$ 或 $\sigma \leqslant -X'$，则令其 $Q_{11,22,12,33} = 0$；

　　(2) 如 $-X' < \sigma_1 < X$，则令其 $Q_{22,12,33} = 0$，而 Q_{11} 不变。

　　其中，X 为单层沿轴拉伸强度，X' 为单层沿轴压缩强度。

　　事实上，对于方向性很好的材料，如 T300/5208，保留了 Q_{11} 的作用，就基本上保留了它的全部作用。为了简便计算，不论 σ_1 为何值，而认为已破坏的单层仍能继续承担载荷，不必退化。但这在具体计算时，由于刚度退化至零，会出现零除现象。

　　其后蔡氏又修正了上述看法，提出按基体损伤从细观力学计算刚度退化的

方法:认为叠层中某单层的破坏多始于顺纤维基体裂纹。当第一裂纹出现后,该层近裂纹处的应力将卸除(并非指该层平均应力),因此第二个裂纹不可能太靠近第一裂纹。这样发展下去,最后变成等间距的饱和裂纹群。这一损伤可用基体刚度 E_m 下降至 $0.4E_m$ 来概括,其他细观性能保持不变。这样便可从细观力学(见Ⅵ.4)算出破坏单层退化后的刚度。其结果是:

$$E_1 , \nu_{21} \qquad 基本不变;$$
$$E_2 \qquad 降至 0.56E_2;$$
$$G_{12} \qquad 降至 0.44G_{12}。$$

这一准则称为 $0.4E_m$ 准则,它有两个明显优点:①利用了细观力学;②避免了某些刚度分量退化为零。

Ⅵ.4 复合材料细观力学

由相材料复合成复合材料是基于复合效应。复合效应可分为混合效应与协同效应。混合效应指某种平均作用,它与刚度问题密切相关,大体上已形成颇为成熟的理论。协同效应指通过复合可改变原来相材料的性能并可激发潜在能力的作用(包括界面、界相影响),它与强度问题、破坏现象等密切相关,理论上还不成熟。虽然如此,细观力学对于一些基本问题的研究已进入应用阶段,如对本构方程、湿热影响以及沿轴强度等问题的研究。有效模量理论就是关于本构方程的细观力学理论。

复合材料通常是由许多细小的增强相与基体组成,增强材料的分布可以是规则的,也可以是随机的,但总体看来,它还是宏观均匀的。因此在研究复合材料的某些性能时,只需取一有代表性的单元来研究。如图Ⅵ.6 所示纤维按方形排列的复合材料,只需从中取代表性单元 RVE(英文全称:Representative Volume Element),这个单元可看做一个点,但又比纤维直径大的多。设复合材料中纤维的含量用体积分数表示为 V_f,单元的纤维体积分数必须保持复合材料的纤维体积分数值。

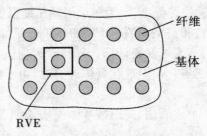

纤维

基体

RVE

　　　　图Ⅵ.6　复合材料及其代表性体积单元

Ⅵ.4.1　有效模量理论

对于宏观均匀的复合材料,如图Ⅵ.7a 所示的体积元,其边界为 s,体积为 v,在给定边界条件下,可分别算出纤维和基体的细观应力 σ_{ij},或应变 ε_{ij},其分布是复杂的。定义这些应力、应变按体积平均的值

$$\bar{\sigma}_{ij} = \frac{1}{v}\int_v \sigma_{ij}dv, \quad \bar{\varepsilon}_{ij} = \frac{1}{v}\int_v \varepsilon_{ij}dv \quad (Ⅵ.10)$$

为复合材料宏观应力、应变。以同一性状的均匀等效体(图Ⅵ.7b)代替原来的复合材料,其应力、应变为上述平均应力,则可写出等效体的本构方程

$$\bar{\sigma}_{ij} = C^*_{ijkl}\,\bar{\varepsilon}_{kl} \quad (Ⅵ.11)$$

其系数 C^*_{ijkl} 就定义为复合材料的有效模量(或称为体积模量、宏观模量)。前述宏观理论的应力、应变及弹性模量就是在这种意义下的物理量。

在计算有效模量时,加在复合材料体积元上的边界条件不能随意指定,一般采用下列两种边界条件以保证等效体内产生均匀应力、应变场。

(1)均匀应变边界条件

$$u_j(s) = \varepsilon^0_{ij}x_j \quad (Ⅵ.12a)$$

(2)均匀应力边界条件

$$T_j(s) = \sigma^0_{ij}n_j \quad (Ⅵ.12b)$$

其中,ε^0_{ij}、σ^0_{ij} 为常量。

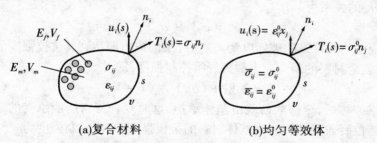

(a)复合材料　　　　　　　(b)均匀等效体

图Ⅵ.7　体积单元及其边界条件

在采用均匀应力边界条件的情况下,可算出代表性体积单元的细观应力 σ_{ij},应变 ε_{ij},和宏观应力、应变:

$$\bar{\sigma}_{ij} = \frac{1}{v}\int_v \sigma_{ij}dv = \sigma^0_{ij}$$

$$\bar{\varepsilon}_{ij} = \frac{1}{v}\int_v \varepsilon_{ij}dv \quad (Ⅵ.13)$$

本构方程变为

$$\sigma_{ij}^0 = C_{ijkl}^* \bar{\varepsilon}_{kl}$$　　　　　　（Ⅵ.14）

同理，在采用均匀应变边界条件的情况下，可得

$$\bar{\varepsilon}_{ij} = \frac{1}{v}\int_v \varepsilon_{ij}dv = \varepsilon_{ij}^0$$

$$\bar{\sigma}_{ij} = \frac{1}{v}\int_v \sigma_{ij}dv$$　　　　　　（Ⅵ.15）

于是，有

$$\bar{\sigma}_{ij} = C_{ijkl}^* \varepsilon_{kl}^0$$　　　　　　（Ⅵ.16）

若在两种边界条件下所得的有效模量 C_{ijkl}^* 是一致的，才算是有效模量的严格理论解。但从应用角度看，无须求取严格理论解，按上述任意边界条件计算确定有效模量即可。

有效模量也可由材料力学半经验解法确定（略）。

Ⅵ.4.2　复合材料细观强度分析

这里采用材料力学的半经验解法。

（1）纵向拉伸强度　将复合材料看成"套筒式"受拉超静定弹性杆系（见图Ⅵ.8a），纤维和基体的应力应变关系如图Ⅵ.8b 所示。由于这一"杆系"在受拉时变形必须一致，即具有相同应变，于是可得总平均应力 σ_c 与纤维应力 σ_f、基体应力 σ_m 的关系为

$$\sigma_c = \sigma_f V_f + \sigma_m V_m$$　　　　　　（Ⅵ.17）

当应变达到纤维的破坏应变 ε_{fmax}，纤维的应力即达到其抗拉强度值 X_f 而破坏，此时复合材料的最大应力称为纤维控制强度，即

$$X = X_f V_f + (\sigma_m)_{\varepsilon fmax}(1 - V_f)$$　　　　　　（Ⅵ.18）

纤维破坏后，全部载荷就由基体承担，这时复合材料所能承受的最大应力称为基体控制强度，设 X_m 为基体材料的抗拉强度，基体控制强度为

$$X_1 = X_m(1 - V_f)$$　　　　　　（Ⅵ.19）

由式（Ⅵ.18）、（Ⅵ.19）作图Ⅵ.8c 可见：当 $V_f < V_{min}$，即纤维体积含量偏低时，$X_1 > X$，由基体控制复合材料强度，但当 $V_f > V_{min}$，$X > X_1$，由纤维控制复合材料强度。设计复合材料时，必须保证复合材料强度 X 不低于基体材料的强度 X_m，否则"复合"就没有意义。即在图Ⅵ.8c 中的实线部分才有实际意义。因此，必须使纤维的体积分数 V_f 不小于某个临界值 V_{fc}，即

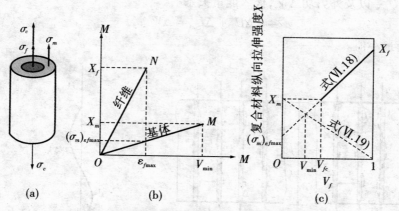

图Ⅵ.8 计算单向复合材料拉伸强度的材料力学方法

$$V_f \geqslant V_{fc} \qquad (\text{Ⅵ}.20)$$

这一临界值可由图Ⅵ.8c 按比例求得

$$V_{fc} = \frac{X_m - (\sigma_m)_{\varepsilon f max}}{X_f - (\sigma_m)_{\varepsilon f max}} \qquad (\text{Ⅵ}.21)$$

式(Ⅵ.21)称为拉伸强度混合律。

（2）纵向压缩强度　与纵向拉伸不同,如果没有集体的黏结与支撑,纤维是无法承受压力的。因此,复合材料纵向压缩强度的细观力学分析要比纵向拉伸复杂得多,具有更多破坏机制与破坏形式。对于纵向压缩,通常使用屈曲理论和横向拉断理论来描述。

1）纤维屈曲理论。这个理论认为,纵向受压破坏是由于纤维屈曲失稳所致。单向纤维复合材料固化时,由于不均匀收缩,会使纤维受压。纤维/树脂板材在固化力作用下的光弹性照片表明,纤维的屈曲变形大体呈正弦波形的周期性变化。假定纤维按图Ⅵ.9(a)、(b)两种形式屈曲,图(a)为"异相"屈曲,基体受横向拉压作用,故称横向型屈曲;图 b 为"同相"屈曲,基体受剪,故称剪切型。计算时略去纤维的剪切变形（因为 $G_f \gg G_m$ ）,基体起到弹性支撑作用,分别求出这两种情况下的屈曲载荷,取其较小者。这里没有考虑出平面及螺旋屈曲失稳形式。

用铁木辛柯能量法求屈曲载荷。设纤维的屈曲位移函数（图Ⅵ.10）为

$$v = \sum_{n=1}^{\infty} a_n \sin \frac{n\pi x}{l} \qquad (\text{Ⅵ}.22)$$

其中 a_n 为待定系数。分别求出纤维和基体由于屈曲所引起的应变能改变量

$\Delta U_f, \Delta U_m$, 以及外力功 ΔW, 代入能量关系

$$\Delta U_f + \Delta U_m = \Delta W \qquad (\text{Ⅵ.23})$$

求载荷最小值。

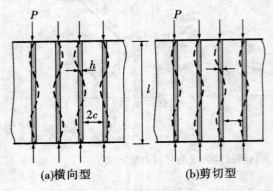

   (a)横向型   (b)剪切型

图Ⅵ.9　纤维屈曲类型图

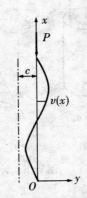

图Ⅵ.10　纤维屈曲示意图

对于横向型屈曲,结果为

$$\sigma_{fcr} = 2\sqrt{\frac{V_f E_m E_f}{3(1-V_f)}} \qquad (\text{Ⅵ.24})$$

其中, $V_f = \dfrac{h}{2c+h}$ 。由此算得复合材料压缩强度

$$X' = V_f \sigma_{fcr} + V_m \sigma_m = 2\left[V_f + (1-V_f)\frac{V_m}{V_f}\right]\sqrt{\frac{V_f E_m E_f}{3(1-V_f)}} \qquad (\text{Ⅵ.25})$$

其中, $\sigma_m = \sigma_{fcr} E_m/E_f$ 。对于 $E_m/E_f \ll 1$ 的情况,上式可略去 σ_m 项,近似成为

$$X' = 2V_f \sqrt{\frac{V_f E_m E_f}{3(1-V_f)}} \qquad (\text{Ⅵ.26})$$

对于剪切型屈曲,结果为

$$\sigma_{fcr} = \frac{G_m}{V_f(1-V_f)} + \frac{\pi^2 E_f}{12}\left(\frac{h}{l/m}\right)^2 \qquad (\text{Ⅵ.27})$$

式中的 l/m 为半波长($\gg h$),因此上式第二项也可以略去。据此得到复合材料的压缩强度为

$$X' = V_f \sigma_{fcr} = \frac{G_m}{(1-V_f)} \qquad (\text{Ⅵ.28})$$

实验表明,屈曲理论给出的理论值有些偏高(见图Ⅵ.11中虚线)。

2)横向拉断理论。实验表明,纵向压缩时往往会出现沿纤维方向的劈裂和

脱黏,最终形成横向断裂而破坏(图Ⅵ.12)。这时复合材料的横向拉应变 ε_2 达到其横向破坏应变 ε_{2u},横向破坏应变 ε_{2u} 比基体破坏应变 ε_{mu} 小,并有经验公式

$$\varepsilon_{2u} = (1 - V_f^{1/3})\varepsilon_{mu} \qquad (Ⅵ.29)$$

以破坏时的 $\sigma_1 = -X'$、$\varepsilon_2 = \varepsilon_{2u}$,以及式(Ⅵ.19)和 E_1、v_{21} 的混合律代入

$$\varepsilon_2 = -v_{21}\frac{\sigma_1}{E_1}$$

即得

$$X' = \frac{E_fV_f + E_mV_m}{v_fV_f + v_mV_m}(1 - V_f^{1/3})\varepsilon_{mu} \qquad (Ⅵ.30)$$

对于环氧树脂,$\varepsilon_{mu} \approx 0.05$,由式(Ⅵ.30)所得的理论曲线与实验结果基本相符(见图Ⅵ.11)。

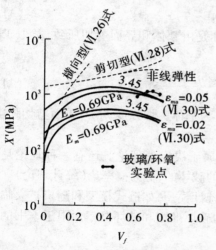

图Ⅵ.11　纵向压缩强度的理论值与实验值比较

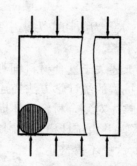

图Ⅵ.12　求纵向压缩强度的横向拉断模型

(3)横向拉伸强度　复合材料细观力学对于横向拉伸强度,横向压缩强度以及面内剪切强度,目前还不够成熟。但因为纤维的存在会引起基体中的应力集中,这些强度通常是由基体或界面强度所控制的。这里作以简单介绍。

横向拉伸时,定义

$$\eta_y = \frac{\bar{\sigma}_{m2}}{\bar{\sigma}_{f2}} \qquad (Ⅵ.31)$$

和应力集中系数

$$K_{my} = \frac{(\sigma_{m2})_{\max}}{\bar{\sigma}_{m2}} \qquad (Ⅵ.32)$$

可得复合材料的平均应力

$$\bar{\sigma}_2 = V_f \bar{\sigma}_{f2} + V_m \bar{\sigma}_{m2} = \frac{1 + V_f(1/\eta_y - 1)}{K_{my}}(\sigma_{m2})_{\max} \qquad (Ⅵ.33)$$

当 $(\sigma_{m2})_{\max} = X_{m,\mathrm{int}}$（为基体拉伸强度 X_m 和界面拉伸强度 X_{int} 中的较小者）时，$\bar{\sigma}_2 = Y$，于是

$$Y = \frac{1 + V_f(1/\eta_y - 1)}{K_{my}} X_{m,\mathrm{int}} \qquad (Ⅵ.34)$$

(4)横向压缩强度 实验表明,复合材料的横向压缩强度大约为横向拉伸强度的 4~7 倍,即

$$Y' = (4 \sim 7)Y \qquad (Ⅵ.35)$$

(5)面内剪切强度 面内剪切破坏是由基体和界面剪切所致,类似于拉伸强度,面内剪切强度 S 可表达为

$$S = \frac{1 + V_f(1/\eta_s - 1)}{K_{ms}} S_{m,\mathrm{int}} \qquad (Ⅵ.36)$$

其中,K_{ms} 为剪切应力集中系数,$S_{m,\mathrm{int}}$ 为基体剪切强度 S_m 与界面剪切强度 S_{int} 中较小者。

上述关于复合材料细观强度理论属于决定论理论。还有一种理论是利用裂纹扩展的统计学方法描述复合材料的破坏的,称为概率论(统计理论)。这种理论首先对复合材料破坏提出一定的统计模型,如链式模型和随机扩大临界核模型等,并由统计模型得到复合材料的破坏准则和破坏概率。限于本书的编写目的,这里不再赘述。

参考文献

[1] 孙训方. 材料力学(上、下). 北京:人民教育出版社,1979.

[2] 孙训方. 材料力学(Ⅰ、Ⅱ).4 版. 北京:高等教育出版社,2002.

[3] 孙训方. 材料力学(Ⅰ、Ⅱ).5 版. 北京:高等教育出版社,2009.

[4] 刘鸿文. 材料力学(上、下).3 版. 北京:高等教育出版社,1992.

[5] 刘鸿文. 材料力学(Ⅰ、Ⅱ).4 版. 北京:高等教育出版社,2004.

[6] 单辉祖. 材料力学(Ⅰ、Ⅱ). 北京:高等教育出版社,1999.

[7] 单辉祖. 材料力学(Ⅰ、Ⅱ).2 版. 北京:高等教育出版社,2004

[8] 苟文选. 材料力学(Ⅰ、Ⅱ),北京:科学出版社,2005

[9] 栗一凡. 材料力学(上、下).2 版. 北京:高等教育出版社,1984.

[10] 张如三. 材料力学. 西安:中国建筑工业出版社,2002.

[11] 许德刚. 材料力学. 郑州:郑州大学出版社,2007.

[12] 梁枢平. 材料力学题解. 武汉:华中科技大学出版社,2002.

[13] 郭维林. 高校经典教材同步辅导丛书:材料力学(Ⅰ、Ⅱ)同步辅导及习题全解.5 版. 北京:中国水利水电出版社,2010.

[14] [美]W. 纳什. 全美经典学习指导系列:静力学与材料力学. 郭长铭,译. 北京:科学出版社,2002.

[15] 刘鸿文. 高等材料力学. 北京:高等教育出版社,1985.

[16] [美]S. 铁木辛柯. 材料力学(高等理论及问题). 汪一凡,译. 北京:科学出版社,1964.

[17] [苏] B. И. 费奥多谢夫. 材料力学. 蒋维城等,译. 北京:高等教育出版社,1965.

[18] 赵渠森. 复合材料. 北京:国防工业出版社,1979.

[19] 周履. 复合材料力学. 北京:高等教育出版社,1991.

[20] [日]西田正孝. 应力集中.2 版. 东京:森北出版株式会社,昭和44.

[21] 穆霞英. 蠕变力学. 西安:西安交通大学出版社,1990.

[22] 范钦栅. 材料力学. 北京:高等教育出版社,2000.

[23] [美] R. G. 巴德纳斯. 高等材料力学及实用应力分析. 北京:机械工业出版社,1983.

[24] [美] Andrew N. Cleland. 纳米力学基础-从固态理论到器件应用. 赵军,译. 北京:化学工业出版社,2007.

[25] [美] W. 杨,R. 布迪纳斯著. 罗氏应力应变公式手册.7 版. 岳珠峰,译. 北京:科学出版社,2005.